普通高等教育"十二五"重点规划教材·计算机基础教育系列

Visual Foxpro 数据库
程序设计实用教程

高　昱　李纪文　赵文硕　主　编
赵　慧　宋敏杰　赵　亮　佟　力　副主编
尚丹梅　吴　静　耿　或　参　编

科学出版社

北　京

内 容 简 介

本书根据教育部考试中心《全国计算机等级考试二级 Visual FoxPro 数据库程序设计考试大纲》要求编写，基于多年的教学实践和计算机二级考试培训工作经验，力求做到全面解读 Visual FoxPro 系统面向对象的程序设计和结构化程序设计两种方式，并有意将侧重点从命令窗口的命令操作模式向鼠标操作模式倾斜，以适应 2013 年开始的取消纸考全部上机考试的现状。

本书还配有《Visual FoxPro 数据库程序设计实用实践教程》。理论教程结构更合理，思路更清晰，例题更贴切。实践教程提供大量上机操作例题和习题，操作步骤详细，结构清晰。

本书可作为高等学校非计算机专业学生的学习用书，也可以作为 Visual FoxPro 程序设计的教材使用，还可以作为全国计算机等级考试二级 Visual FoxPro 程序设计的辅导和培训教材。

图书在版编目(CIP)数据

Visual Foxpro 数据库程序设计实用教程/高昱，李纪文，赵文硕主编. —北京：科学出版社，2014

（普通高等教育"十二五"重点规划教材·计算机基础教育系列）

ISBN 978-7-03-039980-9

Ⅰ.①V… Ⅱ.①高… ②李… ③赵… Ⅲ.①关系数据库系统－程序设计－高等学校－教材 Ⅳ.①TP311.138

中国版本图书馆 CIP 数据核字（2014）第 040983 号

责任编辑：宋 丽 张 斌 / 责任校对：刘玉靖
责任印制：吕春珉 / 封面设计：东方人华平面设计部

科 学 出 版 社 出版
北京东黄城根北街 16 号
邮政编码：100717
http://www.sciencep.com

三河市骏杰印刷有限公司 印刷
科学出版社发行　　各地新华书店经销

*

2014 年 3 月第 一 版　　开本：787×1092　1/16
2018 年 6 月第十次印刷　　印张：17 1/4
字数：415 000

定价：43.00 元

（如有印装质量问题，我社负责调换〈骏杰〉）

销售部电话 010-62134988　编辑部电话 010-62135741（VF07）

前言

Visual Foxpro 6.0 关系数据库系统是由 Foxpro 发展而来的一种面向对象的数据库程序设计语言，是一种既支持面向过程又支持面向对象的混合型编程语言。是新一代小型关系数据库系统的杰出代表。

传统的结构化程序设计是自顶向下的功能设计，通过顺序、条件分支和循环 3 种控制流程进行编程。但随着软件规模的扩大、功能的提高和需求的变化，结构化程序开发方法的开发效率和维护问题越来越突出。往往一个简单的用户界面，如菜单、按钮，都需要花费大量的时间编写程序代码。Visual Foxpro 6.0 引进面向对象的程序设计方法，只需使用鼠标便可完成这些工作，使开发人员从最底层的程序设计中解放出来。该方法可以使用最少的代码完成尽可能多的功能，有利于降低软件的开发成本和开发周期。

从实用的角度出发，面向对象的程序设计及菜单式的工作方式优势非常突出，越来越多地被使用者接受。但是以往的教程都是延续以结构化程序设计为基础、以命令工作方式为主的方式，在全面讲解编程知识并基本掌握各种操作命令的前提下介绍面向对象的程序设计理念。这种模式对于计算机基础薄弱的初学者来说，起不到事半功倍的效果，非常容易使其望而却步或初探即弃。本教程完全颠覆教学和实践的结构顺序，推出先接触操作对象，逐渐加强理解内涵，最终总结性学习系统知识的模式。全书以菜单方式为起点，由浅入深地引导学生步步深入，激发学生的学习兴趣和探索欲望。使本书成为学生开启计算机智慧和编程思想的启蒙课。所以，结构新颖、详略得当是本书的一大亮点，也恰如其分地适应了计算机二级考试全机考模式，强调了实用性、适用性和先进性。

本书在教学实践的基础上编写而成，在完成《Visual Foxpro 程序设计》教学大纲基础上，兼顾全国计算机等级考试 Visual Foxpro 考试大纲的要求，注意了知识点、题型和难易度的结合，是很好的考试复习参考用书。全书共包括 9 章和 3 个附录，主要内容包括 Visual FoxPro 6.0 概述、数据库和表操作、查询与视图、面向过程的程序设计、面向对象的程序设计、关系数据库标准语言 SQL、报表与标签设计、菜单设计与应用、应用程序开发，附录中收集了本书所用数据表、Visual FoxPro 常用函数、Visual FoxPro 常用命令。

本书编者全部由多年从事教学的一线教师组成，是本着程序设计知识由浅入深、数据库理论知识全面、教学课件全公开、教学资源交流共享的原则来编写的。为方便教师教学和学生学习，本书提供配套的多媒体电子课件和所有案例相关素材，如有需要请与作者（lnyxy0606@163.com）或科学出版社（http://www.abook.cn）联系。

本书由高昱、李纪文、赵文硕任主编，负责整体结构设计及统稿和编审，由赵慧、宋敏杰、赵亮、佟力任副主编，尚丹梅、吴静、耿彧为参编。本书编写过程中参考了大量同行著作及网络资料，在此表示感谢！

由于编者水平有限，加之时间紧、任务重，书中仍然有疏漏和错误之处，敬请广大读者批评指正。

作 者

2014 年 1 月

目录

第 1 章　程序设计基础

计算机所做的每一次动作、每一个步骤，都是按照已经用计算机语言编好的程序来执行的。程序是计算机要执行的指令的集合，而程序是用我们所掌握的语言来编写的。在过去的几十年间，大量的程序设计语言被发明、取代、修改或组合在一起。尽管人们多次试图创造一种通用的程序设计语言，却没有一次尝试是成功的，因此多种不同的编程语言同时存在着。

不同的计算机语言有各自的特点，编程人员可以根据条件各取所需。选用语言不同可能因为编写程序的目标和应用方向各不相同；也可能因为新程序员与有经验的程序员之间技术差距很大，而选用难易程度不同的语言；还可能因为不同程序之间运行成本的差别。

1.1　计算机语言种类及特点

1.1.1　计算机语言种类

计算机语言（Computer Language）指用于人与计算机之间通信的语言。为了使电子计算机进行各种工作，需要有一套用以编写计算机程序的数字、字符和语法规划，由这些字符和语法规则组成计算机各种指令（或各种语句），这些就是计算机能接受的语言。

计算机语言的种类非常多，总体来说可以分成机器语言、汇编语言、高级语言 3 大类。高级语言向可视化方向发展，如图 1-1 所示。

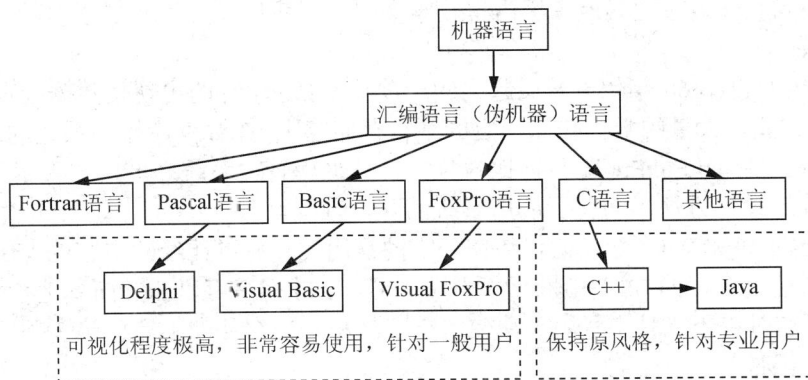

图 1-1　计算机语言种类

1. 机器语言

机器语言是最低级的语言，由二进制码组成，最早期的程序员通过在纸带上打点来写程序。

2. 汇编语言

汇编语言用助记符和地址符代替了二进制码，更易于编写。

3. 高级语言

高级语言更接近于自然语言，如 C 语言、Pascal、Java、C++、Visual FoxPro、FoxPro 等都是高级语言。其中可视化的高级语言采用面向对象程序设计，是语言发展的方向。

1.1.2 计算机高级语言种类和特点

1. 高级语言种类

计算机高级语言主要是相对于汇编语言而言，它并不是特指某一种具体的语言。高级语言种类繁多，如 BASIC（True basic、Qbasic、Visual Basic）、C、C++、Pascal、FORTRAN、FoxPro、Visual FoxPro、智能化语言（LISP、Prolog、CLIPS、OpenCyc、Fazzy）、动态语言（Python、PHP、Ruby、Lua）等。这些语言的语法、命令格式都各不相同。

高级语言是绝大多数编程者的选择。和汇编语言相比，它不但将许多相关的机器指令合成为单条指令，并且去掉了与具体操作有关但与完成工作无关的细节，如使用堆栈、寄存器等，这样就大大简化了程序中的指令。由于省略了很多细节，所以编程者也不需要具备太多的专业知识。

2. 典型高级语言的个性特点

在 C 语言诞生以前，系统软件主要是用汇编语言编写的。但是汇编语言程序依赖于计算机硬件，其可读性和可移植性都很差；而一般的高级语言又难以实现对计算机硬件的直接操作。C 语言应运而生，兼有汇编语言和高级语言的特性，非常适合用于开发操作系统。C 语言的优点很多，如简洁紧凑、灵活方便、数据类型丰富、生成目标代码质量高、程序执行效率高等。缺点主要表现在数据的封装性上，这一点使得 C 语言在数据的安全性上有很大缺陷。从应用的角度看，C 语言比其他高级语言较难掌握。也就是说，对用 C 语言的人，要求对程序设计更熟练一些。

数据库是 20 世纪 60 年代末发展起来的一项重要技术，它的出现使数据处理进入了一个崭新的时代，它能把大量的数据按照一定的结构存储起来，在数据库管理系统的集中管理下，实现数据共享。Visual FoxPro 是目前比较优秀的数据库管理系统之一，它采用了可视化的、面向对象的程序设计方法，简化了应用系统的开发过程。

Visual Basic 简称 VB，最大的优势在于它的易用性，可以让经验丰富的 VB 程序员或刚刚入门的人都能用自己的方式快速开发程序。而且 VB 的程序可以非常简单地和数据库连接。但由于 VB 语言具有不支持继承、无原生支持多线程、异常处理不完善等 3 项明显缺点，使其应用有所局限性。

1.2 数据的存储及文件类型

1.2.1 数据的概念

1. 数据定义

在现实生活和工作中，人们通常使用各种各样的物理符号来表示客观事物的特性和特征，这些符号及其组合就是数据。数据（Date）的概念包括两个方面，即数据内容和数据形式。数据内容是指所描述客观事物的具体特性，也就是通常所说数据的"值"；数据形式则是指数据内容存储在媒体上的具体形式，也就是通常所说数据的"类型"。例如，某位老师的出生日期是"1985 年 8 月 22 日"，基本工资是"1560"元等，分别归结于日期型和数值型。

简言之，数据指存储在某一种媒体上能够被识别的物理符号。数据包括数字、文字、图形、图像、声音、动画、影像等多种表现形式。使用最多、最基本的主要有数字、文字。

2. 数据处理

数据处理就是将数据转换为有用信息的过程。数据处理的内容主要包括：数据的收集、整理、存储、加工、分类、维护、排序、检索和传输等一系列活动的总和。数据处理的目的是从大量的数据中，根据数据自身的规律及其相互联系，通过分析、归纳、推理等科学方法，利用计算机技术、数据库技术等技术手段，提取有效的信息资源，为进一步分析、管理、决策提供依据。数据处理也称信息处理。

例如，学生各门成绩为原始数据，经过计算得出平均成绩和总成绩等有意义的信息，计算处理的过程就是数据处理。

在计算机中，通过计算机软件来管理数据，通过应用程序来对数据进行加工处理。用外存储器来存储数据。

1.2.2　计算机硬件存储设备

1. 计算机硬件

计算机硬件（Hardware）是软件系统赖以存在的物质基础，是指有形的物理设备，它是计算机系统中实际物理装置的总称。主要包括中央处理器、主存储器、辅助存储器、输入/输出设备、总线等 5 个部分。

中央处理器（CPU）：主要由控制器、运算器等组成，采用由大规模集成电路工艺制成的芯片，用来对数据进行各种算术运算和逻辑运算，是计算机的执行单元。

主存储器：也称内存，直接与 CPU 相连，是计算机中的工作存储器，计算机当前正在运行的程序与数据必须存放在内存内。其存取速度快，但存储容量小。

辅助存储器：也称外存，存储容量大，几乎存放计算机中所有的信息，在计算机实际执行程序和处理数据时，辅助存储器中的信息需要先传送入内存后才能被 CPU 使用。

输入/输出设备：简称 I/O 设备，是计算机与外界联系的桥梁。输入设备是指能向计算机系统输入信息的设备，包括键盘、鼠标、扫描仪等。输出设备是指能从计算机系统输出信息的设备，包括显示器、打印机、绘图仪等。

总线：连接计算机中 CPU、内存、外存、各种输入/输出部件的一组物理信号线及其相关的控制电路，是计算机中用于在各部件间运载信息的公共机构。

2. 外存储器

外存储器是计算机记忆或暂存数据的部件。计算机中的全部信息，包括原始的输入数据、经过初步加工的中间数据及最后处理完成的有用信息都存放在外存储器中。而且，指挥计算机运行的各种程序，即规定对输入数据如何进行加工处理的一系列指令也都存放在存储器中。

外存包括硬盘、光盘、U 盘、移动硬盘、存储卡等。

1.2.3　数据在计算机硬件上的存储

在计算机中数据是以文件的形式存储在存储介质上的。

1. 文件的定义

文件是用文件名来标识的一组相关信息的集合体。文件名格式为：主文件名.扩展名。其中扩展名一般为 3 个英文字母，如 AA.txt，毕业照 1.jpg，mm.gif 等。

主文件名命名规则：

1）允许文件或者文件夹名称不得超过 255 个字符。

2）文件名除了开头之外任何地方都可以使用空格。

3）文件名中不能有下列符号："?"、"、"、"\"、"*"、""""、"/"、"<"、">"、"|"。

4）Windows 文件名不区分大小写，但在显示时可以保留大小写格式。

5）文件名中可以包含多个间隔符，如"我的文件.我的图片.001"。

2. 文件类型列表

文件类型列表如表 1-1 所示。

表 1-1　文件类型

扩　展　名	文　件　类　型	扩　展　名	文　件　类　型
.dbf	表文件	.hlp	图形方式帮助文件
.cdx、.idx	符合索引文件、单索引文件	.pjx、.pjt	项目、项目备注文件
.fpt	表备注文件	.frx、.frt	报表文件、报表备注文件
.dbc	数据库文件	.lbx、.lbt	标签文件、标签备注文件
.dct、.dcx	数据库备注文件/索引文件	.mnx、.mnt	菜单文件、菜单备注文件
.mem	内存变量文件	.mpr、.mpx	菜单程序文件、编译后的菜单程序文件
.dll	Windows 动态链接库文件	.ocx	OLE 控件文件
.err	编译错误文件	.qpr、.qpx	查询程序文件、编译后的查询程序文件
.esl	VFP 支持的库文件	.scx、.sct	表单文件、表单备注文件
.fll	FoxPro 动态链接库文件	.spr、.spx	表单程序文件、编译后的表单程序文件
.prg	解释执行的程序文件	.txt	文本文件
.fxp	编译后的程序文件	.vcx、.vct	可视类库文件、可视类库备注文件
.app	生成的应用程序文件	.vue	FoxPro 2.X 视图文件
.exe	可执行程序文件	.h	头文件（VFP 或 C/C++程序需要包含的）

1.3　数据库基础

随着计算机技术的发展，计算机的主要应用已从科学计算转变为事务数据处理。在事务处理过程中，并不需要进行复杂的科学计算，而是要进行大量数据的存储、查找、统计等工作，如教学管理、人事管理、财务管理等，就需要对大量数据进行管理，而数据库技术就是目前最先进的数据管理技术。数据库技术主要研究在计算机环境下如何合理组织数据、有效管理数据和高效处理数据。

简言之，数据处理的核心问题是数据管理。数据管理技术经历了 3 个阶段：人工管理、文件系统、数据库管理。数据库管理主要解决了数据冗余度、数据独立性、数据一致性等问题。

1.3.1　数据库基本概念

数据库系统（DataBase System，DBS）由计算机硬件、数据库管理系统、数据库、应用程序和用户等部分组成。涉及以下几个概念。

1. 数据库

数据库（DataBase，DB），指以一定的组织方式存储在计算机存储设备上，且能为多个用户所共享的、与应用程序彼此独立的相关数据的集合。它不仅包括描述事物的数据本身，而且包括相关事物之间的联系。

2. 数据库管理系统

数据库管理系统（DataBase Management System，DBMS），是为数据库的建立、使用和维护而配置的软件，是数据库系统的核心组成部分。

3. 数据库系统

数据库系统（DataBase System，DBS），指引进数据库技术后的计算机系统。

4. 数据库应用程序

数据库应用程序（Application）指系统开发人员利用数据库系统资源开发出来的，面向某一类信息处理问题而建立的软件系统。

5. 数据库用户

数据库用户（User）是指管理、开发、使用数据库系统的所有人员，通常包括数据库管理员、应用程序员和终端用户。

1.3.2　数据模型

计算机信息处理的对象是现实生活中的客观事物，在对客观事物实施处理的过程中，首先要经历了解、熟悉的过程，从观测中抽象出大量描述客观事物的信息，再对这些信息进行整理、分类和规范，进而将规范化的信息数据化，最终由数据库系统存储、处理。在这一过程中，涉及不同的层次，经历了抽象和转换。

数据模型按不同的应用层次分成 3 种类型，它们是概念数据模型、逻辑数据模型、物理数据模型。概念数据模型又称 E-R 模型、逻辑数据模型又称数据模型，分为层次模型、网状模型、关系模型，物理数据模型又称物理模型。

1. 概念模型

概念模型又称实体联系模型（E-R 模型），是反映实体之间联系的模型。数据库设计的重要任务就是建立实体模型，建立概念数据库的具体描述。在建立实体模型时，实体要逐一命名以示区别，并描述它们之间的各种联系。实体模型只是将现实世界的客观对象抽象为某种信息结构，这种信息结构并不依赖于具体的计算机系统，所以一般我们用 E-R 图即实体联系图（Entity Relationship Diagram）表示。

（1）E-R 模型的基本概念

1）实体。客观事物在信息世界中称为实体（Entity），它是现实世界中任何可区分、识别的事物。实体可以是具体的人或物，也可以是抽象概念。

2）属性。实体具有许多特性，实体所具有的特性称为属性（Attribute）。一个实体可用若干属性来刻画。每个属性都有特定的取值范围即值域（Domain），值域的类型可以是整数型、实数型、字符型等。

3）实体集。性质相同的同类实体的集合称为实体集（Entity set），如一个班的学生。

4）实体联系。建立实体模型的一个主要任务就是要确定实体之间的联系。常见的实体联系有 3 种：一对一联系、一对多联系和多对多联系，如图 1-2 所示。

① 一对一联系（1∶1）。若两个不同型实体集中，任一方的一个实体只与另一方的一个实体相对应，称这种联系为一对一联系，如学号与学生的联系，一个学号只对应一个学生，一个学生也只有一个学号［图 1-2（a）］。

② 一对多联系（1∶n）。若在两个不同型实体集中，一方的一个实体对应另一方若干个实体，而另一方的一个实只对应本方一个实体，称这种联系为一对多联系，如班主任与学生的联系，一个班主任对应多个学生，而本班每个学生只对应一个班主任［图 1-2（b）］。

③ 多对多联系（m∶n）。若两个不同型实体集中，两实体集中任一实体均与另一实体集中若干个实体对应，称这种联系为多对多联系，如教师与学生的联系，一位教师为多个学生授课，每个学生也有多位任课教师［图 1-2（c）］。

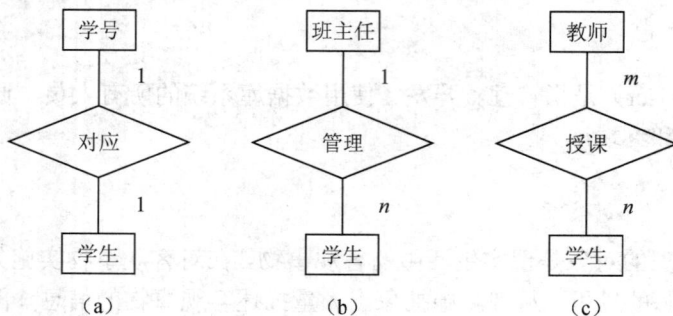

图 1-2　E-R 图

（2）E-R 模型的图示法

通常情况下，我们用图形表示 E-R 模型。

1）矩形表示实体集。

2）菱形表示实体联系。

3）椭圆形表示属性。

4）直线表示实体集与属性间的联结关系。

例如，商场各实体属性如下：

商场：商场号、名称、地址、规模。

经理：姓名、性别、电话、地址、商场号。

商品：商品号、名称、类别、价格、生产日期、库存量、商场号、顾客编号。

顾客：顾客编号、姓名、会员否、性别、年龄。

可以绘制出 E-R 图，如图 1-3 所示。

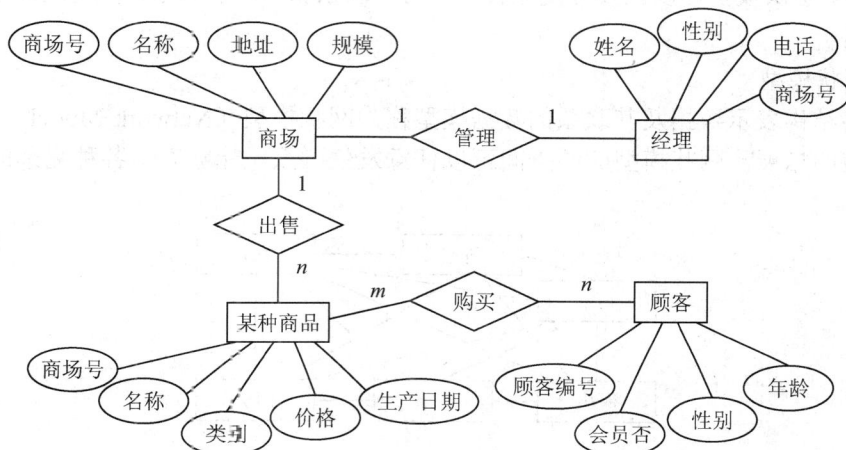

图 1-3　商场 E-R 图

2. 逻辑数据模型

逻辑数据模型通常称为数据模型，是指数据库中数据与数据之间的关系。

数据模型是数据库系统中一个关键概念，数据模型不同，相应的数据库系统就完全不同，任何一个数据库管理系统都是基于某种数据模型的。数据库管理系统常用的数据模型有下列三种：层次模型、网状模型、关系模型。

（1）层次模型

用树形结构表示数据及其联系的数据模型称为层次模型（Hierarchical Model），如图 1-4 所示。

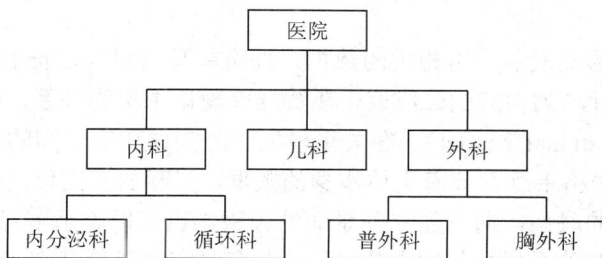

图 1-4　层次模型

树由结点和连线组成，结点表示数据集，连线表示数据之间的联系，树形结构只能表示一对多联系。通常将表示"一"的数据放在上方，称为父结点；而表示"多"的数据放在下方，称为子结点。树的最高位置只有一个结点，称为根结点。根结点以外的其他结点都有一个父结点与它相连，同时可能有一个或多个子结点与它相连。没有子结点的结点称为叶结点，它处于分枝的末端。

层次模型的基本特点如下：

1）有且仅有一个结点无父结点，称其为根结点。

2）其他结点有且只有一个父结点。

支持层次数据模型的 DBMS 称为层次数据库管理系统，在这种系统中建立的数据库是层次数据库。层次模型可以直接方便地表示一对一联系和一对多联系，但不能用它直接表示多对多联系。

（2）网状模型

用网络结构表示数据及其联系的数据模型称为网状模型（Network Model）。网状模型是层次模型的拓展，网状模型的结点间可以任意发生联系，能够表示各种复杂的联系，如图 1-5 所示。

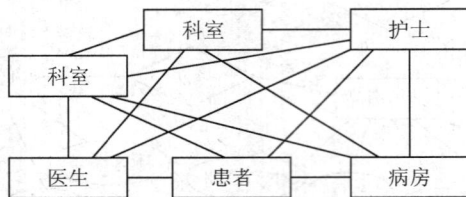

图 1-5　网状模型

网状模型的基本特点如下：

1）一个以上结点无父结点。

2）至少有一个结点有多于一个的父结点。

网状模型和层次模型在本质上是一样的。从逻辑上看，它们都是用结点表示数据，用连线表示数据间的联系；从物理上看，层次模型和网络模型都是用指针来实现两个文件之间的联系。层次模型是网状模型的特殊形式，网状模型是层次模型的一般形式。

支持网状模型的 DBMS 称为网状数据库管理系统，在这种系统中建立的数据库是网状数据库。网络结构可以直接表示多对多联系，这也是网状模型的主要优点。但网状模型在实现时比较困难。

（3）关系模型

人们习惯用表格形式表示一组相关的数据，既简单又直观，如表 1-2 所列就是一张学生基本情况表。这种由行与列构成的二维表，在数据库理论中称为关系，用关系表示的数据模型称为关系模型（Relational Model）。在关系模型中，实体和实体间的联系都是用关系表示的，也就是说，二维表格中既存放着实体本身的数据，又存放着实体间的联系。关系不但可以表示实体间一对多的联系，通过建立关系间的关联，也可以表示多对多的联系。

关系模型是建立在关系代数基础上的，因而具有坚实的理论基础。与层次模型和网状模型相比，具有数据结构单一、理论严密、使用方便、易学易用等特点，因此，目前绝大多数数据库系统的数据模型，都是采用关系数据模型，成为数据库应用的主流。

Visual FoxPro 是一种典型的关系型数据库管理系统。

表 1-2 学生基本情况表（student.dbf）

记 录 号	学 号	姓 名	性 别	民 族	出 生 日 期
1	20100101	朱银	女	汉	01/09/92
2	20100102	李仪军	男	汉	03/18/92
3	20100103	王立明	男	汉	02/20/92
4	20100104	杨小灵	女	汉	09/29/91
5	20100105	吴峻	男	满	11/19/91
6	20100106	李光	男	汉	02/28/92
7	20100107	赵小静	女	藏	05/12/92
8	20100108	刘言旭	男	汉	09/21/91
9	20100109	杨一凡	男	汉	03/08/92
10	20100110	韦小庆	男	回	01/11/92

1.3.3 关系数据库

1. 关系模型中常用关系术语

（1）关系

一个关系就是一张二维表，每个关系有一个关系名。每个关系用一个文件来存储，扩展名为.dbf。

（2）元组

二维表的每一行叫一个记录，在关系中称为元组。在 Visual FoxPro 中，一个元组对应表中一个记录。

（3）属性

二维表的每一列叫一个字段，在关系中称为属性，每个属性都有一个属性名。每个属性包括属性名、数据类型、长度。在 Visual FoxPro 中，一个属性对应表中一个字段，属性名对应字段名。

（4）域

在关系中属性的取值范围称为域。

（5）关键字

关系中能唯一区分、确定不同元组（记录）的属性或属性组合，称为该关系的一个关键字。单个属性组成的关键字称为单关键字，多个属性组合的关键字称为组合关键字。需要强调的是，关键字的属性值不能取"空值"，所谓空值就是"不知道"或"不确定"的值，否则导致无法唯一地区分、确定元组。

表 1-2 中"学号"属性可以作为单关键字，因为学号不允许相同。而"姓名"及"出生日期"则不能作为关键字，因为学生中可能出现重名或相同出生日期。如果所有同名学生的出生日期不同，则可将"姓名"和"出生日期"组合成为组合关键字。

（6）候选关键字

关系中能够成为关键字的属性或属性组合可能不是唯一的。凡在关系中能够唯一区分、确定不同元组的属性或属性组合的，称为候选关键字。如表 1-2 中，假设要求记录中不能有重名的学生，那么"学号"、"姓名"属性都是候选关键字。

（7）主关键字

在候选关键字中选定一个作为关键字，称为该关系的主关键字。关系中主关键字是唯一的。

（8）外部关键字

关系中某个属性或属性组合并非关键字，但却是另一个关系的主关键字，称此属性或属性组合为本关系的外部关键字。关系之间的联系是通过外部关键字实现的。例如，表1-3中的"学号"字段有重复值，不是chengji关系的主关键字，但是"学号"是xuesheng关系的主关键字，所以称"学号"属性是chengji关系的外部关键字。

表1-3 chengji 关系

记 录 号	学 号	课 程 号	成 绩
1	20100101	1	98.0
2	20100102	1	74.0
3	20100103	1	66.0
4	20100104	1	84.0
5	20100105	2	69.0
6	20100106	2	81.0
7	20100101	3	82.0
8	20100102	3	77.0
9	20100103	3	91.0
10	20100104	4	70.0
11	20100105	4	69.0
12	20100106	4	50.0

（9）关系模式

对关系结构的描述称为关系模式，一个关系模式对应一个关系的结构。其格式为

　　关系名(属性名1,属性名2,…,属性名n)

关系既可以用二维表格描述，也可以用数学形式的关系模式来描述。一个关系模式对应一个关系的数据结构，也就是表的数据结构。

如表1-2对应的关系，其关系模式可以表示为

　　学生(学号,姓名,性别,民族,出生日期)

其中，"学生"为关系名，括号中各项为该关系所有的属性名。

2. 关系的基本特点

一个关系就是一个二维表，但是一个二维表并不一定就是一个关系。不能把日常手工管理所用的各种表格，按照一张表一个关系直接存放到数据库系统中。在关系模型中，关系必须具有以下基本特点：

1）关系必须规范化，属性不可再分割。

规范化是指关系模型中每个关系模式都必须满足一定的要求，最基本的要求是关系必须是一张二维表，每个属性值必须是不可分割的最小数据单元，即表中不能再包含表。

2）在同一关系中不允许出现相同的属性名。

3）关系中不允许有完全相同的元组。

4）在同一关系中元组及属性的顺序可以任意。

以上是关系的基本性质，也是衡量一个二维表格能否构成关系的基本要素。其中属性不可再分割是关键要素。

3．关系数据库

以关系模型建立的数据库就是关系数据库（Relational Data Base，RDB）。

关系数据库中包含若干个关系，每个关系都由关系模式确定，每个关系模式包含若干个属性和属性对应的域，所以，定义关系数据库就是逐一定义关系模式，对每一关系模式逐一定义属性及其对应的域。

一个关系就是一张二维表格，表格由表格结构与数据构成，表格的结构对应关系模式，表格每一列对应关系模式的一个属性，该列的数据类型和取值范围就是该属性的域。因此，定义了表格就定义了对应的关系。换言之，要定义一个关系，只要定义此关系对应的二维表就可以了。

在 Visual FoxPro 系统中，与关系数据库对应的是数据库文件，一个数据库文件包含若干个表，表由表结构及若干个数据记录组成，表结构对应关系模式；每个记录由若干个字段构成，字段对应关系模式的属性，字段的数据类型和取值范围对应属性的域。

1.3.4 关系运算

1．传统的集合运算（并、差、交等）

进行并、差、交集合运算的两个关系必须具有相同的关系模式，即结构相同。运算结果关系模式不变，元组发生变化。

（1）并

两个相同结构关系的并是由属于这两个关系的元组（记录）组成的集合。

（2）差

关系 R 和关系 S 的差是由属于 R 而不属于 S 的元组组成的集合，从 R 中去掉 S 中已有的元组。

（3）交

关系 R 和关系 S 的交是由既属于 R 又属于 S 的元组组成的集合。

2．专门的关系运算

在关系数据库中查询用户所需数据时，需要对关系进行一定的关系运算。关系运算主要有选择、投影和联接 3 种。

（1）选择

选择（Selection）运算是从关系中查找符合指定条件元组的操作。

以逻辑表达式指定选择条件，选择运算将选取使逻辑表达式为真的所有元组。选择运算的结果构成关系的一个子集，是关系中的部分元组，其关系模式不变。

选择运算是从关系中选取若干行的操作，在表中则是选取若干个记录的操作。

在 Visual FoxPro 中，通过命令子句 FOR<逻辑表达式>、WHILE<逻辑表达式>和设置记录过滤器实现选择运算。例如，表 1-2 按照"性别='女'"的条件进行选择运算，可得到如表 1-4 所示的结果。

表 1-4　选择运算结果

记 录 号	学 号	姓 名	性 别	民 族	出 生 日 期
1	20100101	朱银	女	汉	01/09/92
4	20100104	杨小灵	女	汉	09/29/91
7	20100107	赵小静	女	藏	05/12/92

（2）投影

投影（Projection）运算是从关系中选取若干个属性的操作。

投影运算从关系中选取若干属性形成一个新的关系，其关系模式中属性个数比原关系少，或者排列顺序不同，同时也可能减少某些元组。因为排除了一些属性后，特别是排除了原关系中关键字属性后，所选属性可能有相同值，出现相同的元组，而关系中必须排除相同元组，从而有可能减少某些元组。

因为 Visual FoxPro 允许表中有相同记录，所以可以不排除相同的记录。根据需要，可以由用户删除相同记录。在 Visual FoxPro 中，通过命令子句 FIELDS <字段表>和设置字段过滤器，实现投影运算。

例如，选取表 1-2 中姓名、性别、出生日期三列的投影操作，可得到如表 1-5 所示结果。

表 1-5　投影运算结果

姓　　名	性　别	出 生 日 期
朱银	女	01/09/92
李仪军	男	03/18/92
王立明	男	02/20/92
杨小灵	女	09/29/91
吴峻	男	11/19/91
李光	男	02/28/92
赵小静	女	05/12/92
刘言旭	男	09/21/91
杨一凡	男	03/08/92
韦小庆	男	01/11/92

（3）联接

联接（Join）运算是将两个关系模式的若干属性拼接成一个新的关系模式的操作，对应的新关系中，包含满足联接条件的所有元组。

联接过程是通过联接条件来控制的，联接条件中将出现两个关系中的公共属性名，或者具有相同语义、可比的属性。

联接是将两个二维表格中的若干列，按同名等值的条件拼接成一个新二维表格的操作。在表中则是将两个表的若干字段，按指定条件（通常是同名等值）拼接生成一个新的表。

例如，将表 1-2 和表 1-3 中若干列，以"学号"列为依据，联接生成一个新的表格，结果如表 1-6 所示。

表 1-6 联接运算结果

记 录 号	学 号	姓 名	性 别	民 族	出 生 日 期	课 程 号	成 绩
1	20100101	朱银	女	汉	01/09/92	1	98.0
2	20100101	朱银	女	汉	01/09/92	3	82.0
3	20100102	李仪军	男	汉	03/18/92	1	74.0
4	20100102	李仪军	男	汉	03/18/92	3	77.0
5	20100103	王立明	男	汉	02/20/92	1	66.0
6	20100103	王立明	男	汉	02/20/92	3	91.0
7	20100104	杨小灵	女	汉	09/29/91	1	84.0
8	20100104	杨小灵	女	汉	09/29/91	4	70.0
9	20100105	吴峻	男	满	11/19/91	2	69.0
10	20100105	吴峻	男	满	11/19/91	4	69.0
11	20100106	李光	男	汉	02/28/92	2	81.0
12	20100106	李光	男	汉	02/28/92	4	50.0
13	20100107	赵小静	女	藏	05/12/92		
14	20100108	刘言旭	男	汉	09/21/91		
15	20100109	杨一凡	男	汉	03/08/92		
16	20100110	弓小庆	男	回	01/11/92		

自然联接：以字段值对应相等为条件进行的联接操作称为等值联接。自然联接就是去掉重复属性（字段）的等值联接。

在对关系型数据库的查询中，利用关系的投影、选择和联接运算可以方便地分解或构造新的关系。

3. 关系的完整性约束

关系完整性是为保证数据库中数据的正确性和相容性，对关系模型提出的某种约束条件或规则。完整性通常包括实体完整性、参照完整性和用户定义完整性（又称域完整性）。

（1）实体完整性

实体完整性是指关系的主关键字不能取"空值"。

一个关系对应现实世界中一个实体集，如表 1-2 所示关系就对应一组学生的集合。现实世界中的实体是可相互区分、识别的，也即它们应具有某种唯一性标识。在关系模式中，以主关键字作为唯一性标识，而主关键字中的属性（称为主属性）不能取空值，否则，表明关系模式中存在着不可标识的实体（因为空值是"不确定"的），这与现实世界的实际情况相矛盾，这样的实体就不是一个完整实体。按实体完整性规则要求，主属性不能取空值，如主关键字是多个属性的组合，所有主属性均不得取空值。

如表 1-2 将"学号"列作为主关键字，那么，该列不得有空值，否则无法对应某个具体的学生，这样的表格不完整，对应关系不符合实体完整性规则的约束条件。

（2）参照完整性

参照完整性是定义建立关系之间联系的主关键字与外部关键字引用的约束条件。

关系数据库中通常都包含多个存在相互联系的关系，关系与关系之间的联系是通过公共属性来实现的。所谓公共属性：它是一个关系 R（称为被参照关系或目标关系）的主关键字，同时又是另一关系 S（称为参照关系）的外部关键字。如果参照关系 S 中外部关键字的取值，要么与被参照关系 R 中某元组主关键字的值相同，要么取空值，那么，在这两个关系间建立关联的主关键字和外部关键字引用，符合参照完整性规则要求。如果参照关系 S 的外部关键字也是其主关键字，根据实体完整性要求，主关键字不得取空值，因此，参照关系 S 外部关键字的取值实际上只能取相应被参照关系 S 中已经存在的主关键字值。

（3）用户定义完整性

实体完整性和参照完整性适用于任何关系型数据库系统，主要是对关系的主关键字和外部关键字取值必须有效做出的约束。用户定义完整性则是根据应用环境的要求和实际的需要，对某一具体应用所涉及的数据提出约束性条件。这一约束机制一般不应由应用程序提供，而应由关系模型提供定义并检验。用户定义完整性主要包括如下两方面：

1）字段有效性约束。
2）记录有效性约束。

1.3.5　数据库设计

数据库设计指根据用户需求，创建一个性能良好的数据库，并开发各种应用程序供用户使用。数据库设计是数据库应用的核心。整个数据库应用系统的开发可以分成目标独立的若干阶段。包括需求分析阶段、概念设计阶段、逻辑设计阶段、物理设计阶段。

1. 数据库设计原则

1）关系数据库的设计应遵从概念单一化"一事一地"的原则。
2）避免在表之间出现重复字段。
3）表中的字段必须是原始数据和基本数据元素。
4）用外部关键字保证有关联的表之间的联系。

2. 数据库设计步骤

1）需求分析。确定建立数据库的目的。
2）确定需要的表。可以着手把需求信息划分成各个独立的实体。
3）确定所需字段。确定在每个表中要保存哪些字段。通过对这些字段的显示或计算应能够得到所有需求信息。
4）确定联系。对每个表进行分析，确定一个表中的数据和其他表中的数据有何联系。
5）设计求精。对设计进一步分析，查找其中的错误。

1.4　关系数据库 Visual FoxPro 6.0 初步

1.4.1　Visual FoxPro 6.0 界面及环境设置

1. 界面组成

Visual FoxPro 采用图形用户操作界面，在界面中大量使用窗口、图标和菜单等可视化技术，主要通过以鼠标为代表的指点式设备来操作。

Visual FoxPro 界面由标题栏、菜单栏和工具栏等组成，如图 1-6 所示。

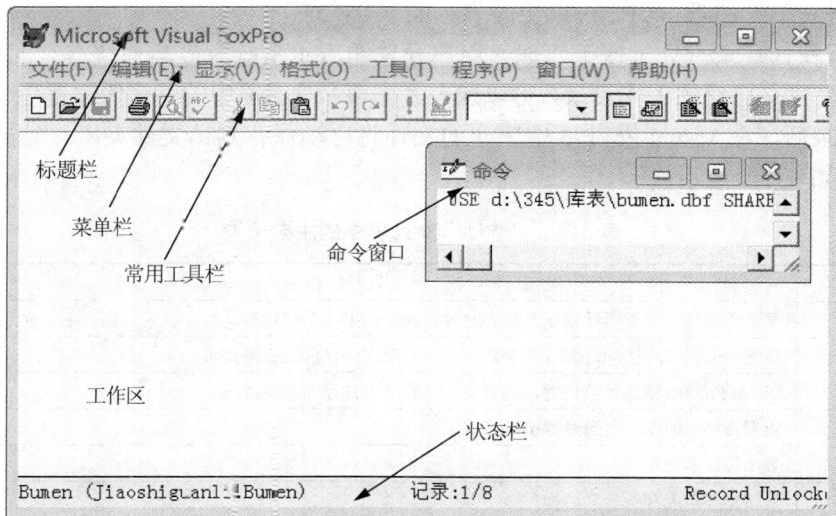

图 1-6　Visual FoxPro 界面

2. 系统环境设置

用户可以定制自己的系统环境。环境设置包括主窗口标题、默认目录、项目、编辑器、调试器、表单工具选项、临时文件存储等内容。Visual FoxPro 可以使用"选项"对话框或 SET 命令进行配置设定，还可以通过配置文件进行设置。

单击"工具"菜单中的"选项"，弹出如图 1-7 所示的"选项"对话框。"选项"对话框中包括有一系列代表不同类别环境选项的选项卡。表 1-7 列出了部分选项卡的设置功能。在各个选项卡中均可以采用交互的方式来查看和设置系统环境。

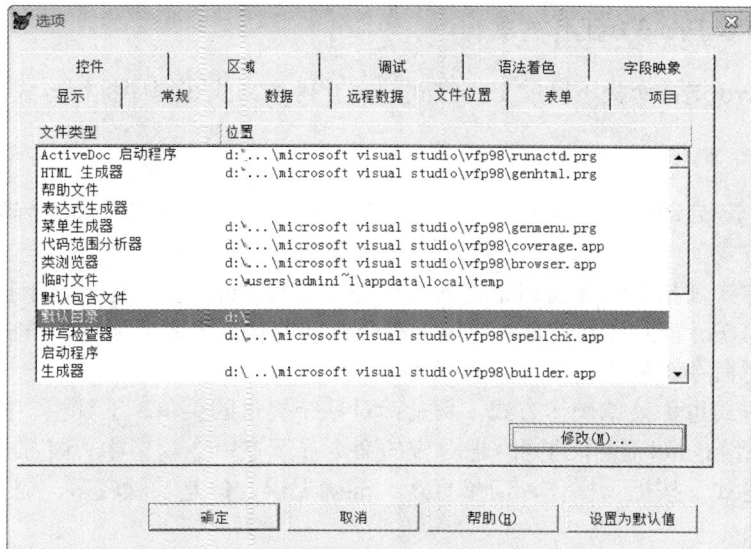

图 1-7　"选项"对话框

1）在"区域"选项卡中，可以设置日期和时间的显示方式。

2）在"表单"选项卡中，可以更改表单的默认大小。

3）设置默认目录。为了便于管理，用户开发的应用系统应当与系统自有的文件分开存放，需要事先建立自己的工作目录，可以通过"选项"对话框中的"文件位置"选项卡实现。设置默认目录后，在 Visual FoxPro 中新建的文件将自动保存到该文件夹中。"选项"对话框的各项设置如表 1-7 所示。

表 1-7   "选项"对话框中的主要设置

选 项 卡	设 置 功 能
显示	显示界面项，如是否显示状态栏、时钟、命令结果或系统信息
常规	数据输入与编程选项，如设置警告声音，改写文件之前是否警告等
文件位置	Visual FoxPro 默认目录位置，设置文件及辅助文件存储在何处
区域	设置日期、时间、货币及数字的格式
表单	表单设计器选项
调试	调试器显示及跟踪选项
字段映象	设置从数据环境设计器、数据库设计器向表单拖放表或字段时创建何种控件

3. 保存设置

（1）将设置保存为仅在本次系统运行期间有效

在"选项"对话框中选择各项设置后，单击"确定"按钮。所改变的设置仅在本次系统运行期间有效，退出系统后，所做的修改将丢失。

（2）保存为默认设置

对当前设置做更改之后，单击"设置为默认值"按钮，会把设置存储在注册表中。以后每次启动 Visual FoxPro 时所做的更改继续有效。

1.4.2   Visual FoxPro 6.0 工作方式

Visual FoxPro 支持两类不同的工作方式：交互操作方式和程序执行方式。

1. 交互操作方式

Visual FoxPro 启动后处在交互操作方式环境下。交互操作方式又分为两种：命令执行方式和界面操作方式。

命令执行方式是指在命令窗口中输入一条命令后按 Enter 键执行，显示执行结果。对于熟练掌握 Visual FoxPro 的用户而言，使用命令执行方式比使用界面操作方式更便捷、更快速。但是需要对命令了解透彻，并且确保不出现语法错误。

界面操作方式也称菜单操作方式，是指针对系统提供的菜单、工具栏、窗口及对话框等用鼠标操作。系统在鼠标操作的同时把对应的命令显示在命令窗口中。该方式的优势是可以不必记忆命令格式，按提示操作，简单直观、准确无误，但是步骤较多，略显繁琐。

2. 程序执行方式

程序员根据用户的需求，将多条命令编辑成命令文件存储起来，用户将事先准备好的程序运行即可。该方式的优势是程序可以反复执行、用户不必了解程序、运行速度快等。但是程序一旦写好，就有一定的局限性，没有交互方式灵活。

随着 Windows 的发展，越来越多的应用程序支持界面操作，把操作方式改变为基于 Windows 的，综合运用菜单、窗口和对话框技术的图形界面操作。如 Word、Excel 等办公应用软件。Visual FoxPro 支持界面操作，提供了丰富的可视化直观界面，如向导、设计器等辅助设计工具，这些工具被越来越多的用户所熟悉和欢迎，从而使交互操作方式逐渐从以命令方式为主转变为以界面操作为主、命令方式为辅。本书顺应了这种改变，以交互式界面方式教学入手，承接交互式的命令执行方式，以程序执行方式为提升，最终实现各种方式的融会贯通。

1.4.3 Visual FoxPro 项目管理器

使用 Visual FoxPro 开发数据库应用系统的过程中，将会建立各种类型的文件，包括数据库文件、表文件、索引文件、查询文件、表单文件、菜单文件、报表文件、程序文件等。项目管理器（Project Manager）是管理和协调这些文件的主要组织工具，是 Visual FoxPro 的控制中心。项目管理器的内容保存在带有.pjx 扩展名的文件中。管理界面如图 1-8 所示。

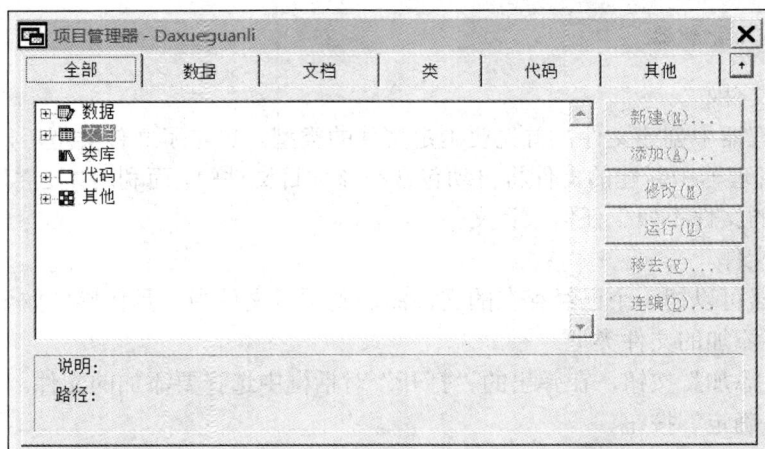

图 1-8　项目管理器

1. 创建项目

选择"文件"菜单中的"新建"命令创建新项目。

1）选择"文件"菜单中的"新建"命令或者单击常用工具栏上的"新建"按钮，弹出"新建"对话框。

2）在"文件类型"区域点选"项目"单选按钮，然后单击"新建文件"按钮，弹出"创建"对话框。

3）在"创建"对话框的"项目文件"文本框中输入项目名称，在"保存在"组合框中选择保存该项目的文件夹。

4）单击"保存"按钮。

也可以在命令窗口中通过 CREATE PROJECT 命令实现。

2．打开和关闭项目

选择"文件"菜单的"打开"命令或者单击常用工具栏上的"打开"按钮可以打开项目。若要关闭项目，单击项目管理器右上角的"关闭"按钮即可。

3．各类文件选项卡

项目管理器包括以下 6 个选项卡：

1）"数据"选项卡：包含了一个项目中的所有数据——数据库、自由表、查询。

2）"文档"选项卡：包含了处理数据时所用的 3 类文件：输入和查看数据所用的表单、打印表和查询结果所用的报表及标签。

3）"类"选项卡：如果自己创建了实现特殊功能的类，可以在项目管理器中修改。

4）"代码"选项卡：包括 3 大类程序——扩展名为.prg 的程序文件、函数库和扩展名为.app 的应用程序文件。

5）"其他"选项卡：包括文本文件、菜单文件和其他如位图文件、图标文件等。

6）"全部"选项卡：以上各类文件的集中显示界面。

4．使用项目管理器

（1）创建文件

在项目管理器中创建文件，首先要确定文件的类型。选定了文件类型后，单击"新建"按钮。在项目管理器中新建的文件将自动包含在该项目文件中，而利用"文件"菜单中的"新建"命令创建的文件不属于任何项目文件。

（2）添加文件

项目管理器可以把一个已经存在的文件添加到项目文件中。具体操作如下：

1）选择要添加的文件类型。

2）单击"添加"按钮，在弹出的"打开"对话框中选择要添加的文件。

3）单击"确定"按钮。

新建或添加一个文件到项目中并不意味把该文件合并到项目文件中，每一个文件仍然以独立文件的形式存在。一个文件可以包含在多个项目中。

（3）修改文件

1）选择要修改的文件。

2）单击"修改"按钮。

3）在设计器中修改选择的文件。

（4）移去文件

如果某个文件不需要了，可以从项目中移去。

1）选择要移去的文件。

2）单击"移去"按钮，系统显示如图 1-9 所示的提示框。

3）若单击"移去"按钮，系统仅仅从项目中移去所选择的文件，被移去的文件仍存在于原目录中；若单击"删除"按钮，系统则不仅从项目中移去文件，还将从磁盘中彻底删除该文件，文件将不复存在。

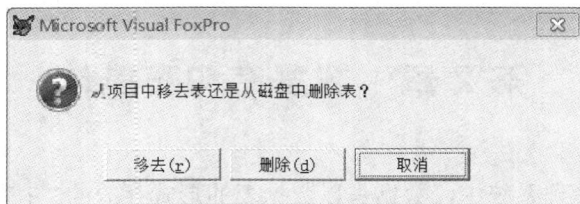

图 1-9　移去或删除提示框

（5）其他按钮

除了上面介绍的按钮之外，随着所选择的文件类型不同，按钮所显示的名称将随之改变。其他按钮包括：浏览、关闭、打开、预览、运行、连编等。

5．定制项目管理器

用户可以改变项目管理器的外观，如可以调整项目管理器窗口的大小、移动项目管理器的显示位置，也可以折叠或拆分项目管理器窗口及使项目管理器中的选项卡永远浮在其他窗口之上，如图 1-10 所示。

图 1-10　项目管理器的外观

第 2 章 数据库和表操作

在关系型数据库管理系统中，数据是以数据表的形式存放的。在 Visual FoxPro 中数据表分为数据库表和自由表两种，独立于数据库的表称为自由表，将一个自由表添加到某个数据库中就是数据库表，两者可以相互转化。数据库是表与表间关系的集合，把许多表组织到一个数据库中，可以减少数据的冗余度，保护数据的完整性。

2.1 数据库操作

2.1.1 建立数据库

Visual FoxPro 系统中数据库文件的扩展名是".dbc"，创建时还会自动建立与该文件相关的一个扩展名为".dct"的数据库备注文件和一个扩展名为".dcx"的数据库索引文件。

常用的建立数据库方法有 3 种：在项目管理器中建立数据库、用菜单方式建立数据库和用命令建立数据库。

1. 在项目管理器中建立数据库

新建或打开一个项目，在项目管理器的"数据"选项卡中选择"数据库"选项，界面如图 2-1 所示，单击右侧的"新建"按钮，将会弹出"新建数据库"对话框，如图 2-2 所示，选择其中的"新建数据库"按钮，在弹出的"创建"对话框中输入数据库的名称（扩展名为.dbc 的文件名），如输入"学生管理"，如图 2-3 所示，单击"保存"按钮则完成了数据库的建立，并打开"数据库设计器"窗口，如图 2-4 所示。

在"新建数据库"对话框中还有一个"数据库向导"按钮，数据库向导是一种交互式的快速设计工具，向导会提供表、视图、主关键字及关系模板，并向用户提出一系列问题，然后根据用户的回答来帮助用户建立数据库。

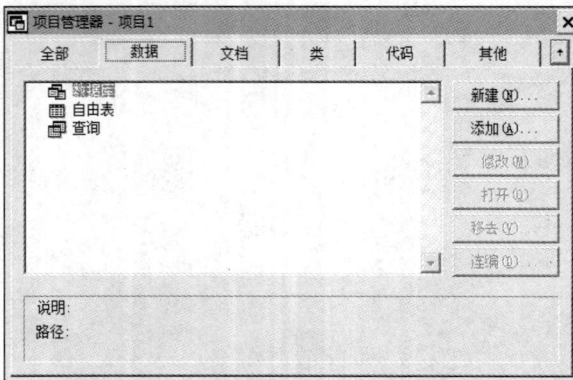

图 2-1　项目管理器中的"数据"选项卡

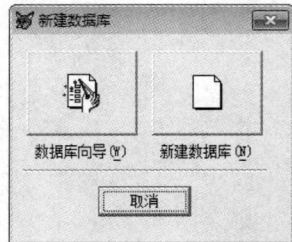

图 2-2　"新建数据库"对话框

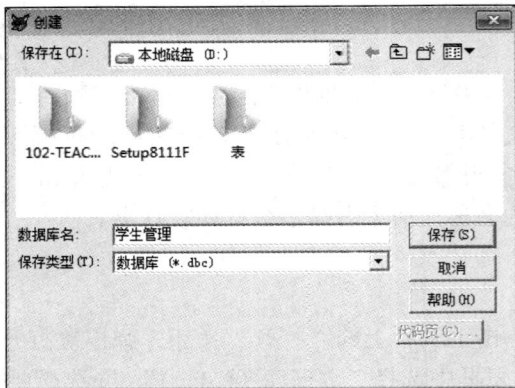

图 2-3 "创建"对话框

图 2-4 数据库设计器

2. 菜单方式建立数据库

选择"文件"菜单中的"新建"命令或单击工具栏上的"新建"按钮，弹出如图 2-5 所示的"新建"对话框，在"文件类型"区域中点选"数据库"单选按钮，单击"新建文件"按钮建立数据库，后面的操作步骤与在项目管理器中建立数据库相同。

3. 命令方式建立数据库

命令方式建立数据库的格式如下：

```
CREATE DATABASE [<数据库名>]
```

建立数据库后，在"常用"工具栏的"数据库列表"中将显示新建立的数据库名。

例 2-1 用菜单方式建立名为"教师管理"的数据库。

选择"文件"菜单中的"新建"命令，弹出如图 2-5 所示的"新建"对话框，在"文件类型"区域中点选"数据库"单选按钮，单击"新建文件"按钮，弹出如图 2-3 所示"创建"对话框。在"数据库名"文本框中输入数据库的名字"教师管理"，单击"保存"按钮，则完成了数据库的建立。

2.1.2 关闭数据库

当数据库不再使用时应该及时关闭，释放内存空间，用下面的命令可以关闭数据库。

```
CLOSE DATABASE
```

2.1.3 打开数据库

数据库在使用前，必须先打开才可以使用，常用的打开数据库的方法也有 3 种：在项目管理器中打开数据库、用菜单方式打开数据库和用命令方式打开数据库。

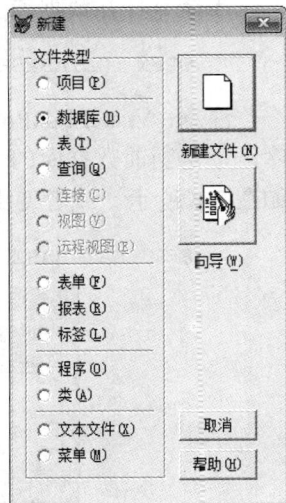

图 2-5 "新建"对话框

1. 在项目管理器中打开数据库

在图 2-1 所示的项目管理器的"数据"选项卡中选择"数据库"选项，单击左侧的"+"会看到已存在于该项目管理器中的所有数据库文件名，如图 2-6 所示，选择要打开的数据库，如"学生管理"，单击右侧的"打开"按钮，即打开数据库。打开的数据库，只是在常用工具栏的"数据库"名称框中显示打开的数据库的名称，而不会显示数据库设计器。

2. 用菜单方式打开数据库

选择"文件"菜单下的"打开"命令或者单击工具栏上的"打开"按钮，弹出"打开"对话框，如图 2-7 所示。在"文件类型"下拉列表框中选择"数据库（*.dbc）"，并选择要打开的数据库文件，单击"确定"按钮打开数据库，在"打开"对话框中还有"以只读方式打开"和"独占"复选框可供选择，它们的含义详见第 4 章的命令解释。

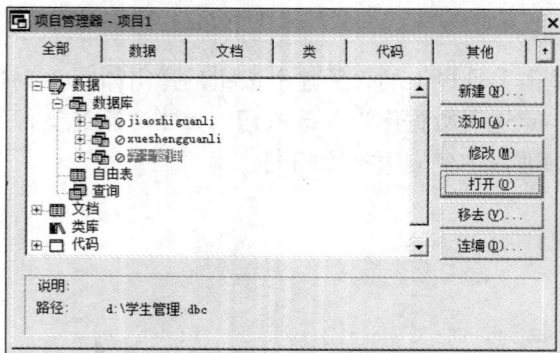

图 2-6　使用"项目管理器"打开数据库　　　　图 2-7　"打开"对话框

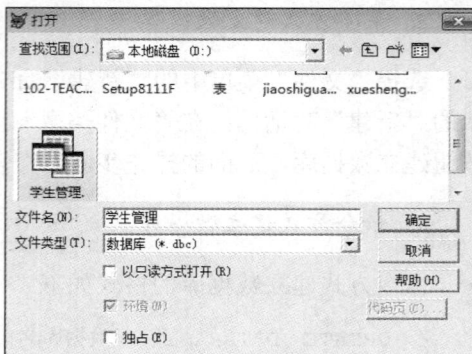

3. 用命令方式打开数据库

用命令打开数据库的格式如下：

```
OPEN  DATABASE  <数据库名>
```

注意：Visual FoxPro 在同一时刻可以打开多个数据库，但在同一时刻只有一个当前数据库，指定当前数据库的一个方法是在"常用"工具栏的数据库列表中单击显示的数据库名，如图 2-8 所示。或者使用下面的命令来实现。

```
SET  DATABASE  TO  <数据库名>
```

图 2-8　数据库列表

2.1.4　修改数据库

在 Visual FoxPro 中修改数据库实际是打开数据库设计器，用户可以在数据库设计器中进行数据库文件的各种编辑操作。打开数据库设计器的方法有 3 种：在项目管理器中打开数据库设计器、用菜单方式打开数据库设计器和用命令方式打开数据库设计器。

1. 在项目管理器中打开数据库设计器

已打开的项目管理器窗口如图 2-6 所示，选择要修改的数据库，单击"修改"按钮，数据库设计器即被打开。

2. 用菜单方式打开数据库设计器

选择"文件"菜单中的"打开"命令或者单击工具栏上的"打开"按钮打开数据库文件，都会自动打开数据库设计器。

3. 用命令方式打开数据库设计器

用命令方式打开数据库设计器的格式如下：

```
MODIFY DATABASE [<数据库名>]
```

2.1.5　删除数据库

删除数据库文件时，首先关闭要删除的数据库，再执行删除数据库的操作。

1. 从项目管理器中删除数据库

打开项目管理器，选择其中要删除的数据库，然后单击"移去"按钮，这时会出现如图 2-9 所示的提示框，可以根据需要进行选择。

1）"移去"：从项目管理器中删除数据库，但并不从磁盘上删除相应的数据库文件。
2）"删除"：从项目管理器中删除数据库，并从磁盘上删除相应的数据库文件。
3）"取消"：取消当前的操作，不进行删除数据库的操作。

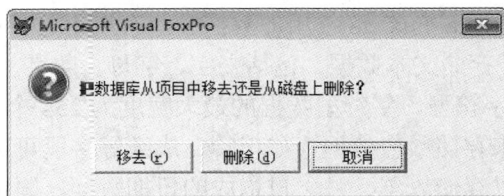

图 2-9　"删除数据库"提示框

2. 用命令方式删除数据库

用命令方式删除数据库的格式如下：

```
DELETE DATABASE <数据库名>
```

2.2　数据库表操作

2.2.1　建立数据库表

Visual FoxPro 的表包括数据库表和自由表两种。脱离数据库的表是自由表，属于数据库的表为数据库表。在建立表时，如果打开了数据库，并设为当前数据库，则建立的表为数据库表，否则，建立的表将是自由表。表文件的扩展名为".dbf"，如果表中有备注型字段或通用型字段，系统会生成一个主名与表名相同，扩展名为".fpt"备注的文件。

1. 表结构

数据表就是一张由行和列组成的二维表，如图 2-10 所示，每一列称为一个字段（FIELD），字段有字段名和字段值的区别，所有字段名的集合构成了表的第一行（表头），称为数据表的结构（STRUCTURE），所有字段值的集合分别构成了表的每一行，称为数据表的数据记录（RECORD）。

职工号	职称	参加工作日期	汉族否	简历	照片
01	教授	07/13/85	T	memo	gen
02	讲师	07/21/03	T	memo	gen
03	助教	08/11/11	T	memo	gen
04	讲师	08/24/01	T	memo	gen
05	副教授	07/23/92	F	memo	gen
06	助教	08/29/12	T	memo	gen
07	副教授	07/25/93	T	memo	gen
08	教授	07/30/89	F	memo	gen
09	讲师	08/08/08	T	memo	gen
10	助教	08/01/12	T	memo	gen

图 2-10　zhicheng 表

建立表时，应首先建立表的结构，再输入表中的数据。表结构是由字段组成的，每个字段包括字段名、字段类型、字段宽度、小数位数等属性。

（1）字段名

字段名是表中列的名称，在定义字段名称时，要遵守下列几项约定：

1）字段名必须以字母或汉字开头，可以由字母、汉字、数字和下划线组成。

2）数据库表字段名最长为 128 个字符。

3）自由表字段名最长为 10 个字符。

4）字段名中不能包含空格。

（2）字段类型和宽度

字段类型是表中每个字段输入数据的类型，由于表中每个字段代表信息的意义不同，因而都有不同的数据类型，Visual FoxPro 常用的数据类型有以下几种：

1）字符型（C）：用于存储文本数据，包括文字、字母、数字、空格、符号等，如学号、电话号码等字段都定义成字符型。字符型数据的最大宽度为 254 个字符。

2）数值型（N）：用来存储数值数据，如年龄、成绩等字段可定义成数值型。

3）日期型（D）：用以存储以年、月、日构成的日期数据，固定宽度为 8。

4）逻辑型（L）：值为.T.（逻辑真）或.F.（逻辑假），固定宽度为 1。

5）备注型（M）：若所要存储的文字数据超过 254 个字符而无法容纳于字符类型字段中，则必须采用备注类型字段。如"简历"等大量的文字数据。事实上表中所有备注类型字段的数据都是另外存储在一个与表文件同名，但扩展名为.fpt 的备注文件中的。备注字段的宽度固定为 4。

6）通用型（G）：用于存放图片、电子表格、文件、声音、影片、统计分析图等数据。

通用类型的数据也存储在.fpt 备注文件中。通用型字段的宽度固定为 4。

7）日期时间型（T）：用于存储日期和时间值，固定宽度为 8。

8）浮点型（F）：类似于数值型字段。

9）整型（I）：不包含小数点的数值，固定宽度为 4。

10）双精度型（B）：用于精度要求很高的数值型数据，固定宽度为 8。

（3）小数位数

数值型字段、浮点型字段和双精度型字段可规定小数位数，小数位数至少应比该字段的宽度小 2。

（4）NULL

NULL 表示本字段是否接受空值 NULL，空值是指不确定的值。

2．表结构的建立

要创建 zhicheng 表的结构，各字段的属性如表 2-1 所示。

表 2-1　zhicheng 表结构

字　段　名	字　段　类　型	字　段　宽　度	小　数　位　数	是否允许 NULL
职工号	字符型	2	-	否
职称	字符型	10	-	否
参加工作日期	日期型	8	-	否
汉族否	逻辑型	1	-	否
简历	备注型	4	-	否
照片	通用型	4	-	否

（1）利用菜单或工具栏创建表结构

选择"文件"菜单中的"新建"命令或单击"常用"工具栏上的"新建"按钮，在弹出的"新建"对话框中的文件类型区域中点选"表"单选按钮，再单击"新建文件"按钮，在弹出的"创建"对话框中选择文件的保存位置，并给出新表文件名，如图 2-11 所示，单击"保存"按钮，则会弹出如图 2-12 所示的"表设计器"对话框。

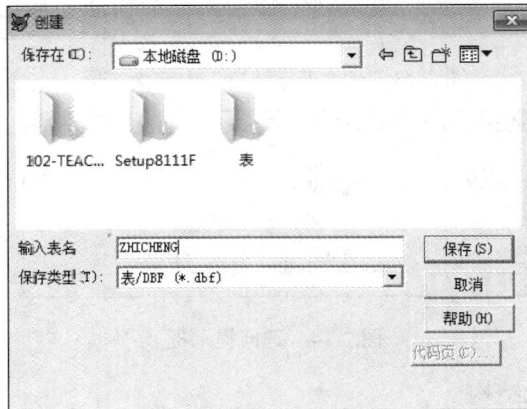

图 2-11　"创建"对话框

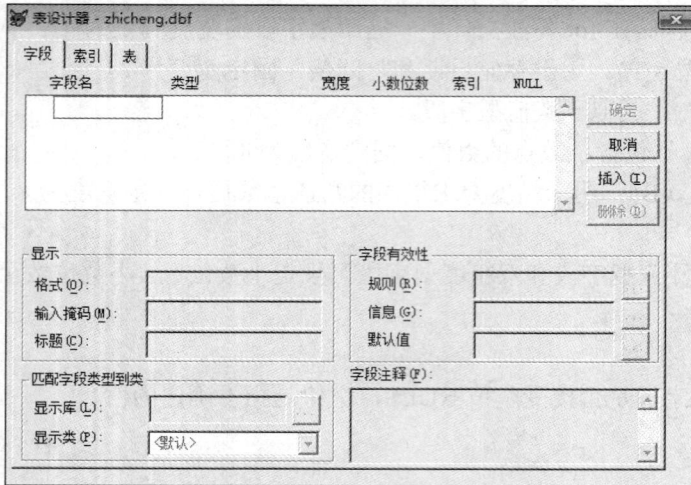

图 2-12 "表设计器"对话框

在"表设计器"对话框中输入每个字段的属性，如图 2-13 所示，然后单击"确定"按钮，即完成了表结构的建立，会弹出如图 2-14 所示的询问提示框。

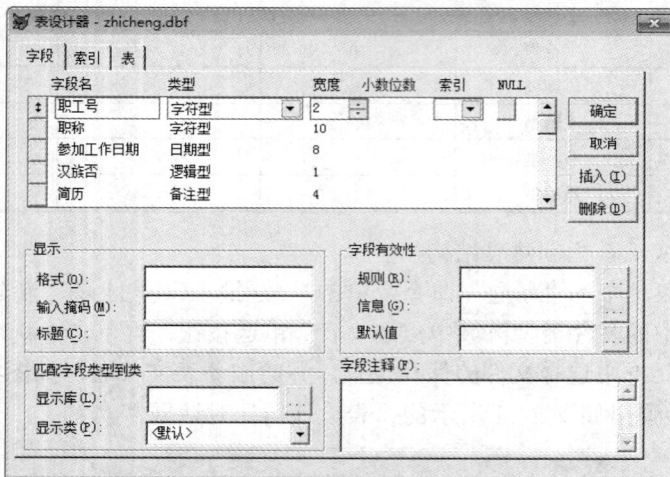

图 2-13 在"表设计器"中定义字段

图 2-14 询问提示框

（2）命令方式创建表结构

用命令方式创建表结构的格式如下：

```
CREATE  <表文件名>
```

（3）在数据库设计器中创建表结构

在打开的"数据库设计器"窗口中，右击空白区域，在弹出的快捷菜单中选择"新建表"命令，如图 2-15 所示，或者单击数据库设计器中"新建表"工具按钮，会弹出"新建表"对话框，如图 2-16 所示，单击其中的"新建表"按钮，会弹出"创建"对话框，后面的操作同方法（1），最终实现表结构的建立。

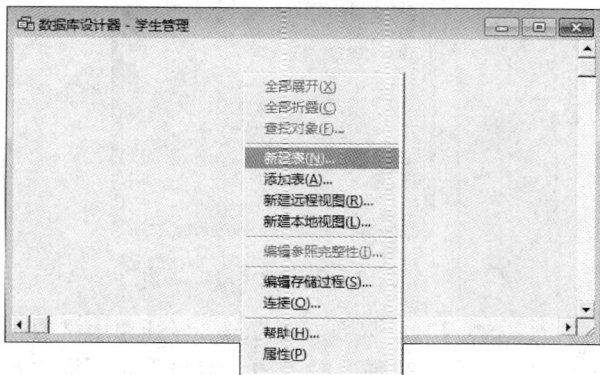

图 2-15　"数据库设计器"中新建表

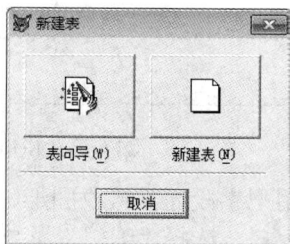

图 2-16　"新建表"对话框

（4）在项目管理器中创建表结构

打开项目管理器，选择"数据"选项卡中的"数据库"选项，将要新建表的数据库展开到表，如图 2-17 所示，单击"新建"按钮，在弹出的对话框中单击"新建表"按钮，后面的操作参照方法（3），最终实现表结构的建立。

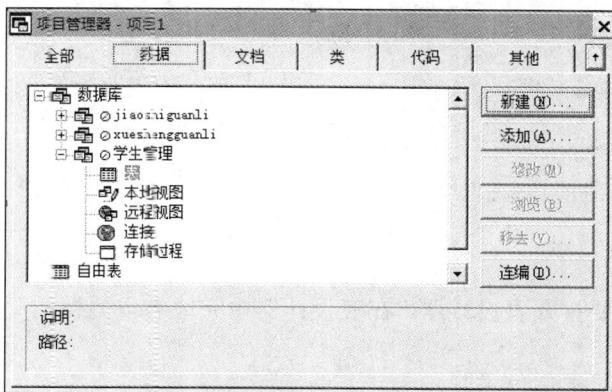

图 2-17　"项目管理器"中新建数据库表

3. 表记录的输入

表结构创建完成后，就可以向其中输入记录了，可以采用以下方法输入记录。

（1）直接输入数据

在图 2-14 所示的提示框中单击"是"按钮，会打开如图 2-18 所示的表记录输入窗口，可以按照记录顺序逐条输入数据，其中备注型和通用型数据的输入与其他字段不同。

备注型字段的数据输入时，只要双击 memo，打开备注型数据的编辑窗口，输入数据即可，如图 2-19 所示。

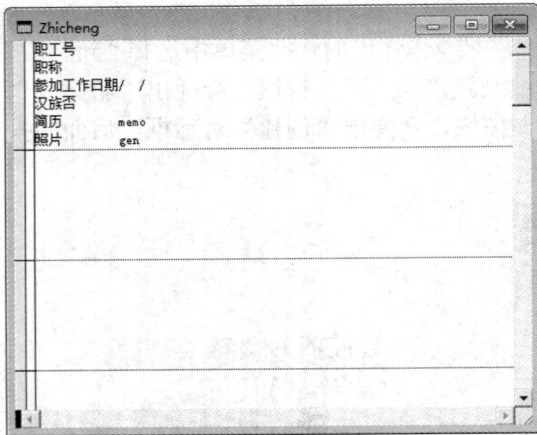

图 2-18　输入记录窗口

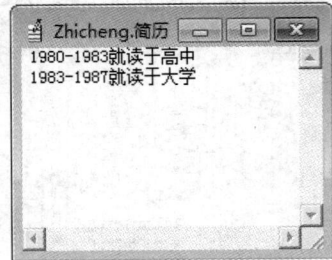

图 2-19　备注型字段编辑窗口

通用型字段通常接收图形、图表等数据，数据输入时，只要双击 gen，打开通用型数据的编辑窗口，选择"编辑"菜单中的"插入对象"命令，在弹出的"插入对象"对话框中点选"由文件创建"单选按钮，选择出要插入的图片文件，单击"确定"按钮，即可插入指定的图片，如图 2-20 所示。

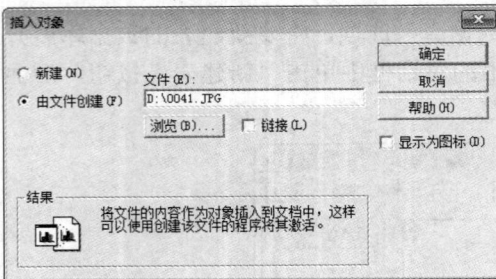

图 2-20　"插入对象"对话框

（2）追加方式

首先选中要填加记录的表，选择"显示"菜单中的"浏览"命令，然后再选择"显示"菜单中的"追加方式"命令，可向表中输入一条或多条记录。

（3）命令方式

命令方式的格式如下：

```
APPEND
```

4. 表结构的修改

修改表结构时需要打开表设计器，在表设计器中完成字段属性的更改、字段的插入、字段的删除等操作。

打开表设计器可以采用以下几种方式：

（1）菜单方式

选择"显示"菜单中的"表设计器"命令。

（2）在数据库设计器中打开表设计器

在数据库设计器中的空白区域右击，在弹出的快捷菜单中选择"修改"命令；或者选择"数据库"菜单中的"修改"命令；或者单击"数据库设计器"工具栏中的"修改表"按钮，都可以打开表设计器。

（3）命令方式

命令方式的格式如下：

```
MODIFY  STRUCTURE
```

5. 表结构的显示

在修改表结构时也可以显示表结构的内容，因此显示表结构的前 3 种方法与表结构的修改方法相同，另外采用命令也可以显示表结构。格式如下：

```
LIST|DISPLAY  STRUCTURE
```

注意：使用命令显示表结构时，在输出区域显示表的结构，所显示的表中各字段的宽度总计比表中各字段实际的宽度之和多 1 个字节，多出的 1 个字节是用于存放删除标记的。

例 2-2　利用菜单方式为"教师管理"数据库创建一个数据库表"职称.dbf"，结构和内容如图 2-10 所示。

打开"教师管理"数据库，并打开"数据库设计器"窗口，右击空白区域，在弹出的快捷菜单中选择"新建表"命令，在弹出的"新建表"对话框中单击"新建表"按钮，弹出"创建"对话框，在该对话框中的"输入表名"文本框中输入"职称"，单击"保存"按钮即可弹出"表设计器"对话框，输入各个字段的信息，并单击"确定"按钮，在弹出的提示框中单击"是"按钮，输入数据记录对话框如图 2-18 所示。

2.2.2　将数据库表移出

Visual FoxPro 的表分为两种：数据库表和自由表。两种类型的表是可以相互转换的。将自由表加入数据库，自由表就成为数据库表；将数据库表移出数据库，数据库表就成为自由表。并且，数据库表只能属于一个数据库，如果要将一个数据库表添加到另一个数据库，必须先将它移出数据库成为自由表，才能将其加入其他数据库。

将数据库表移出数据库，可以采用以下几种方法：

1. 在项目管理器中移出表

打开项目管理器，将数据库展开至表，选择要移去的表，单击"移去"按钮，会弹出如图 2-21 所示的提示框，单击其中的"移去"按钮，会将表从数据库中移去。若选择了"删除"按钮，则不仅从数据库中移去了该表，同时也从磁盘上删除了该表。

2. 在数据库设计器中移出表

打开"数据库设计器"窗口，选择要移去的表，然后选择"数据库"菜单中的"移去"命令，或者右击该表，在弹出的快捷菜单中选择"删除"命令，最后在图 2-21 所示的提示框中单击"移去"按钮。

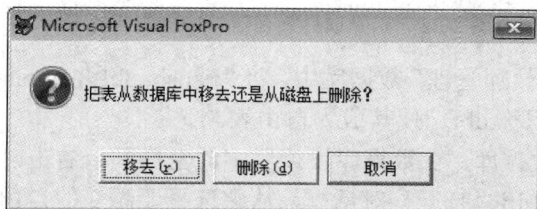

图 2-21　从数据库中移去表提示框

3. 使用命令移出表

使用命令移出表的格式如下：

```
REMOVE  TABLE  <表文件名>
```

2.2.3 将自由表移入数据库

将自由表移入数据库也非常容易，可以采用以下几种方法：

1. 在项目管理器中添加自由表

打开项目管理器，将要添加自由表的数据库展开到表，如图 2-22 所示，单击"添加"按钮，在弹出的"打开"对话框中选择要添加的表，单击"确定"按钮即可。

2. 在数据库设计器中添加自由表

打开"数据库设计器"窗口，在"数据库设计器"工具栏上单击"添加"按钮或在数据库设计器中的空白区域右击，在弹出的快捷菜单中选择"添加表"命令，都会弹出"打开"对话框，从中选择要添加的自由表，并单击"确定"按钮即可。

3. 使用命令添加自由表

使用命令添加自由表的格式如下：

```
ADD  TABLE  <表文件名>
```

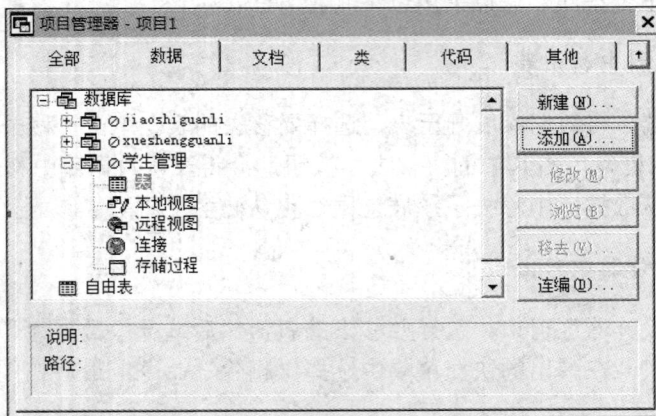

图 2-22 在"项目管理器"中添加自由表

例 2-3 在建立的"教师管理"数据库中，将"jiaoshi.dbf"，"gongzi.dbf"，"zhicheng.dbf"表添加进去，并移去"职称.dbf"使其成为自由表。

打开"教师管理"数据库，在数据库设计器中的空白区域右击，并在弹出的快捷菜单中选择"添加表"命令，弹出"打开"对话框，从中选择要添加的自由表，并单击"确定"按钮。添加完成的结果如图 2-23 所示。

接下来选中"职称"表，单击"数据库设计器"工具栏上的"移去表"按钮，在弹出的对话框中选择"移去"命令，会弹出如图 2-24 所示的提示框，单击"是"按钮，这时可以看到"职称"表从"教师管理"数据库设计器中消失了。

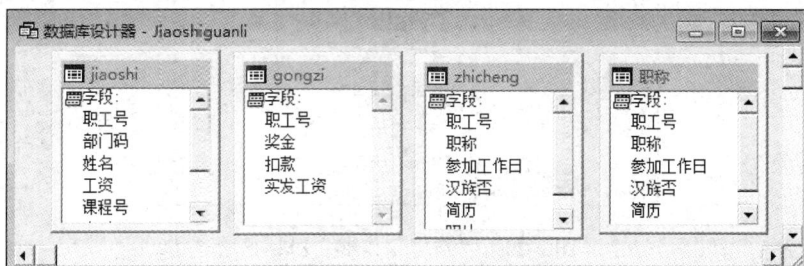

图 2-23　向"教师管理"数据库中添加表

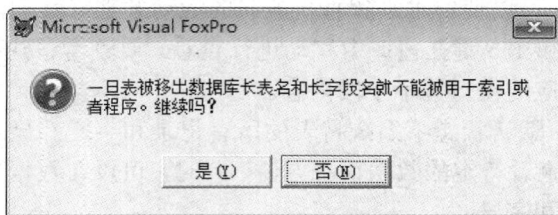

图 2-24　表移去前的提示框

2.2.4　数据库表记录的浏览、修改和追加

创建完成的数据库表，可以对其进行浏览、修改和追加等编辑操作。

1. 数据库表记录的浏览

（1）在项目管理器中浏览数据库表

打开项目管理器，将数据库展开至表，选择要浏览的数据库表，单击右侧的"浏览"按钮，如图 2-22 所示。

（2）在数据库设计器中浏览数据库表

打开数据库设计器，选择要操作的表右击，在弹出的快捷菜单中选择"浏览"命令；或者选择"数据库"菜单中的"浏览"命令；或者直接双击选择的表都可以浏览表的内容。

（3）在"数据工作期"窗口中浏览表

选择"窗口"菜单中的"数据工作期"命令，弹出"数据工作期"对话框。在对话框中单击"打开"按钮，将弹出"打开"对话框，选择要打开的表文件，确定后在"数据工作期"对话框的"别名"列表框中就会出现被打开的表名，如图 2-25 所示。选中要浏览的表名后单击"浏览"按钮，也可以在浏览窗口中浏览表记录。

（4）使用命令浏览数据库表

使用命令浏览数据库的格式如下：

```
BROWSE
```

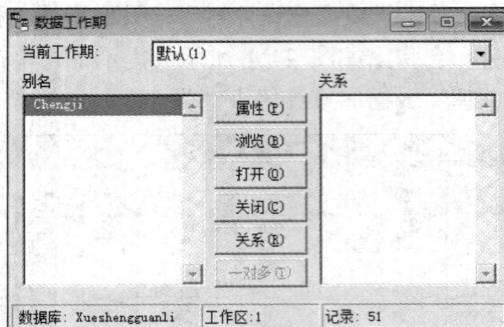

图 2-25　"数据工作期"对话框

注意：

1）在浏览窗口中，可以使用水平和垂直方向的滚动条来回移动，显示表中不同的字段和记录，也可用方向键和 Tab 键在窗口中移动进行查看。要查看备注型和通用型字段，只要双击该字段就能打开相应的窗口显示字段内容。

2）在浏览窗口中，默认状态下系统将表的所有记录和字段都显示出来。当表的记录数和字段数都很大时，要查看特定的数据很不方便，此时，可以在数据过滤器中设置记录过滤和字段筛选来显示记录和字段。

例 2-4　在浏览窗口中显示 xuesheng 表中所有女生记录的姓名、性别和出生日期字段。

（1）过滤记录

浏览记录时，如果只需要查看满足某些条件的记录，可以通过设置过滤器对要显示的记录进行限制。

首先打开 xuesheng 表的浏览窗口，选择"表"菜单中的"属性"命令，弹出"工作区属性"对话框，如图 2-26 所示，在"数据过滤器"文本框中输入过滤条件"性别="女""。

若要恢复对所有记录的显示，在"数据过滤器"文本框中将过滤条件取消即可。

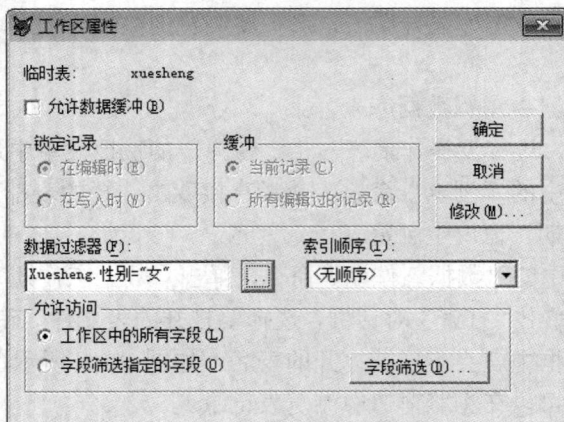

图 2-26　"工作区属性"对话框

（2）筛选字段

如果只需要显示某些字段，可以设置字段筛选来定制对这些字段的显示。

在"工作区属性"对话框的"允许访问"区域中点选"字段筛选指定的字段"单选按钮后，单击"字段筛选"按钮，弹出如图 2-27 所示的"字段选择器"对话框。将姓名、性别、和出生日期字段添加到"选定字段"列表框内，确定后的浏览窗口如图 2-28 所示。

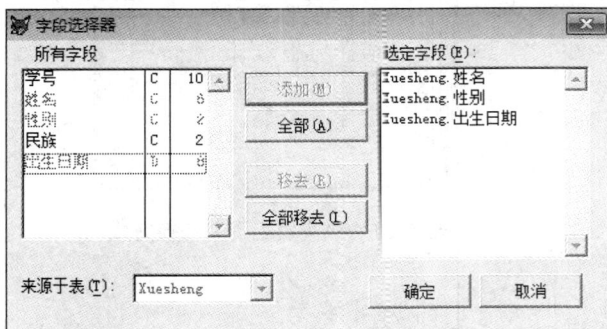

图 2-27 "字段选择器"对话框

图 2-28 记录过滤和字段筛选后的浏览窗口

若要恢复对所有字段的显示，在"工作区属性"对话框的"允许访问"区域中点选"工作区中的所有字段"单选按钮。

2. 数据库表记录的修改

（1）浏览修改

浏览数据库表的同时，在浏览窗口中还可以进行记录内容的修改，可以实现边浏览边修改。

（2）替换修改

若成批替换修改表中的字段值，可用"替换修改"来完成。例如，打开表的浏览窗口，如图 2-29 所示，对 gongzi 表要求求出实发工资的值。选择"表"菜单中的"替换字段"命令，会弹出"替换字段"对话框。在"字段"下拉列表框中选择"实发工资"选项，在"替换为"文本框中输入"gongzi.奖金-gongzi.扣款"，在"作用范围"下拉列表框中选择"All"选项，如图 2-30 所示，单击"替换"按钮，可以看到 gongzi 表的"实发工资"列填入了对应值，如图 2-31 所示。

图 2-29 gongzi 表

其中"替换字段"对话框中的"替换条件"包括以下 3 项：

1）作用范围：有 All、Next、Record、Rest 四个选项，每个选项代表的含义如下：

① All：当前表中的全部记录。

② Next：从当前记录开始的连续几条记录。

③ Record：当前表中的第几号记录。

④ Rest：从当前记录开始到最后一条记录为止的所有记录。

2）For：选择条件，将选择表中符合条件的所有记录。

3）While：选择条件，将选择表中从当前记录开始符合条件的记录，直到第一个不符合条件的记录为止。

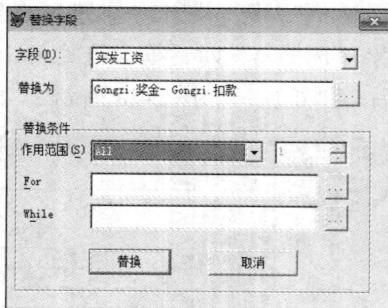

图 2-30　"替换字段"对话框

图 2-31　"实发工资"替换完成

3．数据库表记录的追加

当浏览数据库表时，系统主菜单中将出现"表"菜单项，选择其中的"追加新记录"命令，可以在当前表中追加一条空白新记录，并等待用户输入相应记录内容。

若向当前表中一次追加多条记录，可以选择"显示"菜单中的"追加方式"命令。

若从别的数据表向当前数据表中追加数据，则可以选择"表"菜单中的"追加记录…"命令，会弹出"追加来源"对话框，如图 2-32 所示，选择来源于的表文件，单击"确定"按钮。

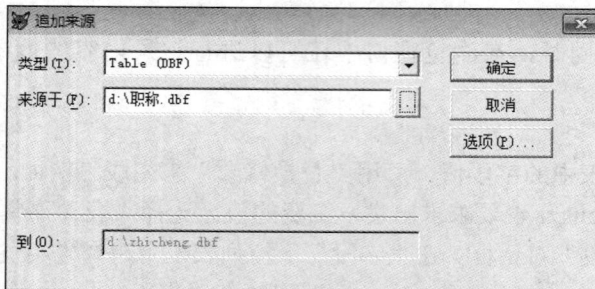

图 2-32　"追加来源"对话框

2.2.5　数据库表记录的删除和恢复

Visual FoxPro 中表记录的删除分为逻辑删除和物理删除两种，其中逻辑删除只是给记录加上删除标记，并没有将记录真正从表中删除，并且可以随时取消删除标记恢复成正常记录；而物理删除则是将记录从表中彻底清除掉，并且不能恢复。

在对记录进行删除前，首先打开浏览器窗口，可以看到在每条记录前有一个矩形方格，单击方格会出现黑色标记，这就是对记录加的逻辑删除标记，再次单击可以取消删除标记，如图 2-33 所示。

还可以选择"表"菜单中的"删除记录"命令，则会弹出如图 2-34 所示的"删除"对话框，在对话框中输入作用范围及条件，然后单击"删除"按钮，即可以逻辑删除指定范围内满足条件的记录。若要将逻辑删除的记录恢复，则选择"表"菜单中的"恢复记录"命令。若要将逻辑删除的记录真正清除，选择"表"菜单中的"彻底删除"命令，此时会弹出一个如图 2-35 所示的提示框，可根据需要进行选择。

图 2-33　对表中记录加删除标记

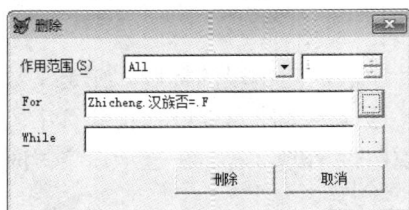

图 2-34　"删除"对话框

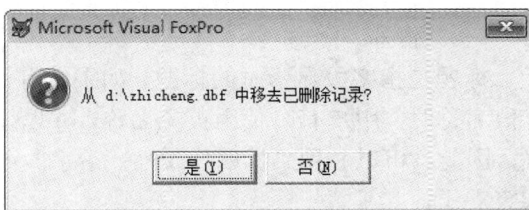

图 2-35　彻底删除提示框

2.2.6　数据库表设计器

数据库表具有自由表所没有的一些属性，如字段的显示属性、字段的有效性规则、给字段添加注释等。这些属性的设置都是在数据库表的表设计器中进行的。

1. 设置字段的显示属性

"显示"区域可以对字段的格式、输入掩码、标题进行设置。

（1）格式

格式码实际上是一种输出掩码，决定了字段在表单、浏览窗口中的显示风格，格式码应用于字段控件表达式中的所有字符，但必须在格式码前面加一个@符号，格式码及其功能如表 2-2 所示。

表 2-2　格式码及其功能

格 式 码	功　能	应用数据类型	格 式 码	功　能	应用数据类型
A	只允许输出文字字符，不允许输出数字、空格和标点符号	字符型	E	使用欧洲日期格式	所有类型
B	左对齐	所有类型	L	前导零	仅数值型
J	右对齐	所有类型	Z	为零时置空	数值、日期、日期时间型
I	居中对齐	所有类型	(	用( )扩住负数	仅数值型
D	使用当前系统设置的日期格式	所有类型	$	使用货币符号	仅数值型

（2）输入掩码

输入掩码是字段的一种属性，用以限制或控制用户输入的格式。使用输入掩码可以减少人为的数据输入错误，保证数据的统一有效。

输入掩码及其功能如表 2-3 所示。

表 2-3 输入掩码及其功能

掩码字符	功　能	掩码字符	功　能
X	可输入任何字符	9	可输入数字和正负符号
#	可输入数字、空格和正负符号	$	在某一固定位置显示由 SET CURRENCY 命令指定的货币符号
*	在值的左侧显示星号	.	句号分隔符指定小数点位置
,	逗号可以用来分隔小数点左边的整数部分		

（3）标题

标题是指字段显示时的标题。如果没有设置标题，字段名为字段的标题，在定义数据库字段名称时，用户有时使用英文名称，并以缩写为多，这样定义使人难以真正理解字段的含义，因此，可以利用“标题”属性，给字段添加一个说明性标题，这样在显示该字段时就比较直观了。

例如，在 chengji 表中，将“计算机”字段的标题设置为“计算机成绩”，在“浏览”窗口中，这些说明性标题会显示在字段的列标题中，这样增强了字段的可读性，如图 2-36 所示。

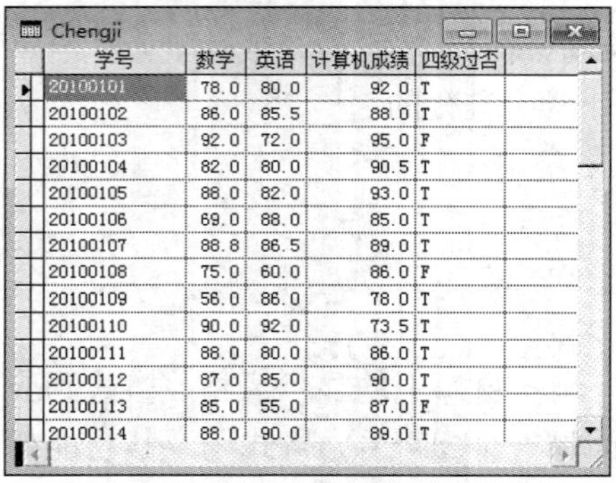

学号	数学	英语	计算机成绩	四级过否
20100101	78.0	80.0	92.0	T
20100102	86.0	85.5	88.0	T
20100103	92.0	72.0	95.0	F
20100104	82.0	80.0	90.5	T
20100105	88.0	82.0	93.0	T
20100106	69.0	88.0	85.0	T
20100107	88.8	86.5	89.0	T
20100108	75.0	60.0	86.0	F
20100109	56.0	86.0	78.0	T
20100110	90.0	92.0	73.5	T
20100111	88.0	80.0	86.0	T
20100112	87.0	85.0	90.0	T
20100113	85.0	55.0	87.0	F
20100114	88.0	90.0	89.0	T

图 2-36 设置“标题”

2. 设置字段的有效性规则

“字段有效性”区域用于定义字段的有效性规则、违反规则时的提示信息和字段的默认值，这个规则是对一个字段的约束，主要用来检查数据输入的正确性。

1）“规则”：一个逻辑表达式，用来检查字段中输入的数据是否合理有效。

2）“信息”：一个字符串表达式，是输入有错误时的提示信息。

3）“默认值”：用于指定字段在没有输入时的默认值。

例 2-5 对 xuesheng 表，设置“性别”字段的字段有效性规则。

1）首先打开“表设计器”对话框，单击“字段”选项卡，选择“性别”字段。

2）在“字段有效性”区域中单击“规则”文本框右侧的“…”按钮，会弹出“表达式生成器”对话框，在该对话框中输入有效规则：性别="男"OR 性别="女"，如图 2-37 所示，单击“确定”按钮。

3）在“信息”文本框中输入出错时出现的提示信息："性别只能输入男或女"。

4）在“默认值”中输入一个默认值："女"。

5）结果如图 2-38 所示，单击“确定”按钮，在弹出的表设计器提示框中单击“是”按钮。

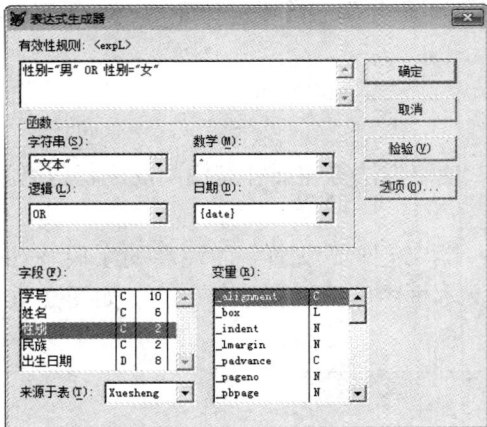

图 2-37 "表达式生成器"对话框

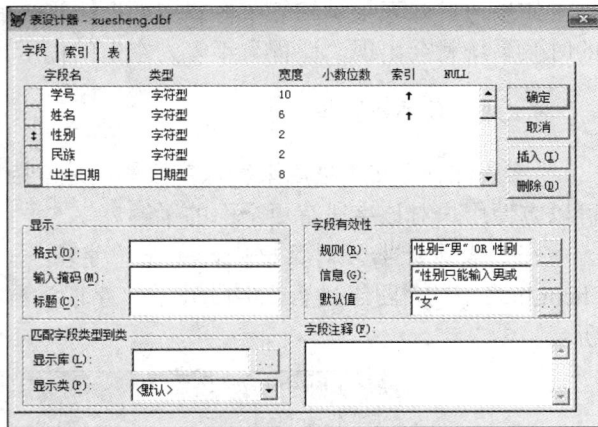

图 2-38 性别的"字段有效性"设置

3. 设置记录的有效性规则

记录有效性是对同一记录中不同字段之间的逻辑关系进行验证。在表设计器中，单击"表"选项卡，就会出现"记录有效性"区域。

1）"规则"：输入记录有效性规则的逻辑表达式。

2）"信息"：一个字符串表达式，当文本框中的输入违反该规则时显示的错误提示信息。

例 2-6 为 xuanke.dbf 表设置记录有效性验证，不允许"课程号"字段的值为空。

1）打开 xuanke 表设计器，单击"表"选项卡。

2）在"记录有效性"区域的"规则"文本框中输入".NOT EMPTY(课程号)"，或单击"规则"右边的按钮，在表达式生成器中设置规则。

3）在"信息"文本框中输入"课程号不能为空"，或单击"信息"右边的按钮，在表达式设计器中设置。

4）设置完成结果如图 2-39 所示，单击"确定"按钮。

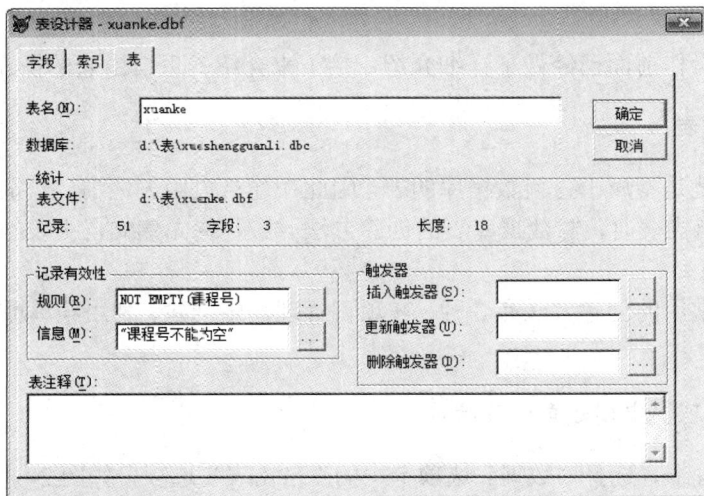

图 2-39 "记录有效性"设置

如果再进入表记录的修改方式中，将任意记录的"课程号"字段下的值删除，在保存表的时候系统就会出现"课程号不能为空"的提示。

4. 给字段添加注释

"字段注释"文本框用来输入字段的用途、特性、使用方法等需要补充说明的注释信息，可以方便用户对该字段有更全面的了解。

在"表设计器"对话框中，单击"字段"选项卡，选择要添加字段注释的字段（如chengji 表中的"四级过否"字段），在"字段注释"文本框中输入字段注释信息，如图 2-40所示。

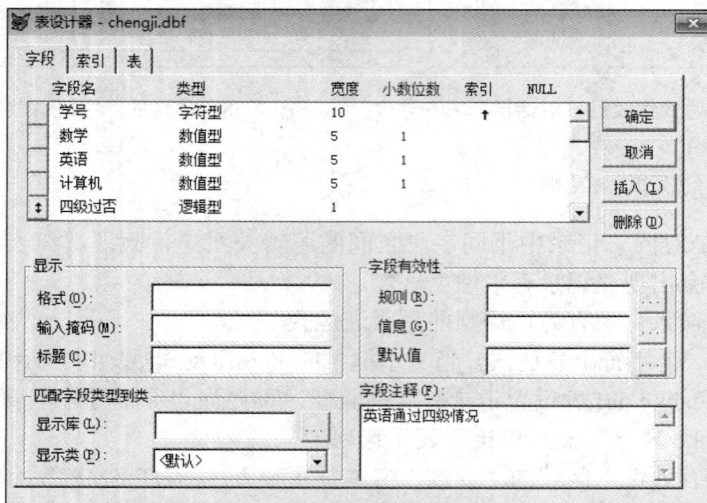

图 2-40　"字段注释"的设置

2.3　自由表操作

数据库表的操作前面已经做了详细介绍，接下来介绍一下自由表的操作。

2.3.1　建立自由表

所谓自由表就是不属于任何数据库的表，因此在建立自由表之前，一定要保证没有打开的数据库。建立自由表时，与数据库表的创建方法一致，首先建立自由表结构，再输入表中的记录。

自由表结构常用的创建方法有 3 种：在项目管理器中创建、利用菜单或工具栏创建和用命令方式创建。

1. 在项目管理器中创建自由表结构

打开项目管理器，选择"数据"选项卡中的"自由表"选项，如图 2-41 所示，单击"新建"按钮，弹出自由表"表设计器"对话框，如图 2-42 所示，输入字段信息，建立表结构。

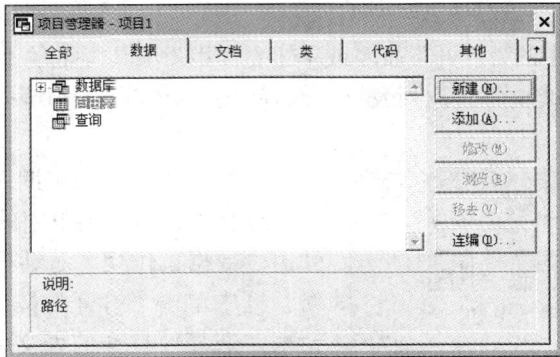

图 2-41 在"项目管理器"中新建自由表

2. 利用菜单或工具栏创建自由表结构

选择"文件"菜单中的"新建"命令或单击"常用"工具栏上的"新建"按钮，从弹出的"新建"对话框的"文件类型"区域中点选"表"单选按钮，再单击"新建文件"按钮，也会弹出自由表"表设计器"对话框建立表结构。

3. 用命令方式创建自由表结构

使用 CREATE 命令打开"表设计器"建立表结构。
自由表结构创建后，输入表记录的方法与数据库表记录的输入方法相同。

2.3.2 自由表设计器

自由表设计器界面如图 2-42 所示，与数据库表设计器（图 2-12）相比较可以看到，自由表的字段不具备"显示"、"字段有效性"、"字段注释"等功能的设置，也就是说，在自由表中不能建立字段级的规则和约束，因此建议大家在用表的时候尽量使用数据库表。

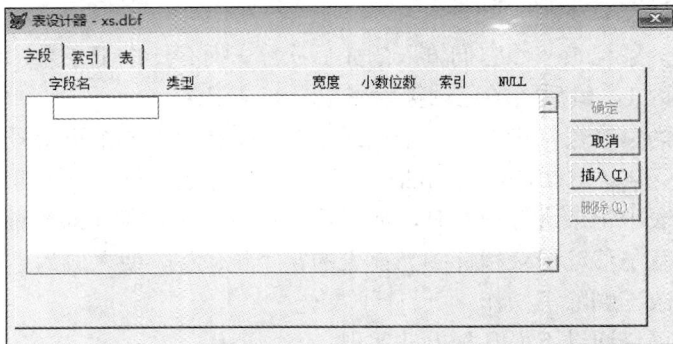

图 2-42 自由表"表设计器"对话框

2.3.3 自由表记录的操作

1. 打开表

在对表记录进行操作之前，首先要打开被操作的表，打开表有以下几种方法：

（1）菜单方式打开表

选择"文件"菜单中的"打开"命令或单击"常用"工具栏上的"打开"按钮，弹出"打开"对话框，在"文件类型"下拉列表框中选择"表"选项，选中表文件后单击"确定"按钮，如图 2-43 所示。

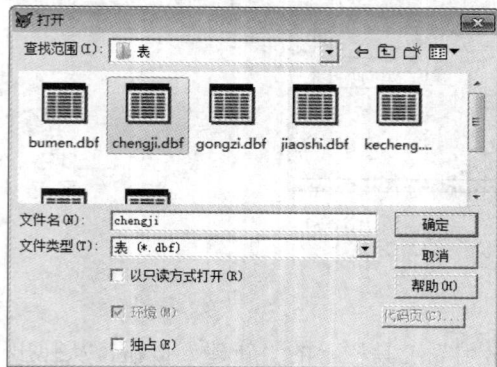

图 2-43　"打开"对话框

（2）在"数据工作期"窗口中打开表

选择"窗口"菜单中的"数据工作期"命令，弹出"数据工作期"对话框，如图 2-25 所示。在对话框中单击"打开"按钮，将弹出"打开"对话框，选择要打开的表文件，确定后在"数据工作期"对话框的"别名"列表框中就会出现被打开的表名。

（3）用命令方式打开表

用命令方式打开表的格式如下：

```
USE <表文件名>
```

2．关闭表

（1）在"数据工作期"窗口中关闭表

在图 2-25 所示的"数据工作期"窗口的"别名"列表框中选定要关闭的表名后，单击"关闭"按钮。

（2）用命令方式关闭表

用命令方式关闭表的格式如下：

```
USE
```

3．记录指针定位

在表文件中每一条记录按照它们输入的先后次序，拥有一个记录号，其中第一条记录称为首记录，记录号为 1，最后一条记录称为尾记录或末记录。

Visual FoxPro 为每个表都设置了一个记录指针，指针存放一个记录号，随着记录操作的变动，指针也随之变化。记录指针指向的记录称为当前记录。一个表被打开时，记录指针自动指向首记录。对表中记录进行操作时，如果没有特别说明，都是对当前记录进行操作。

记录指针定位就是移动记录指针到当前表的某个记录上，使之成为当前记录，以便对该记录进行浏览、修改、删除等操作。

定位记录指针可以通过下面几种方法实现：

1）打开表记录的浏览窗口，单击要定位记录的任意字段，该记录最前面的灰色方框中就出现了一个黑三角标志，表明该记录成为了当前记录。

2）打开表记录的浏览窗口，选择"表"菜单中的"转到记录"命令，在弹出的子菜单中做出选择，如图 2-44 所示。

3）命令方式也可以实现记录指针的定位移动，详见第 4 章的第 4.2～4.4 节内容。

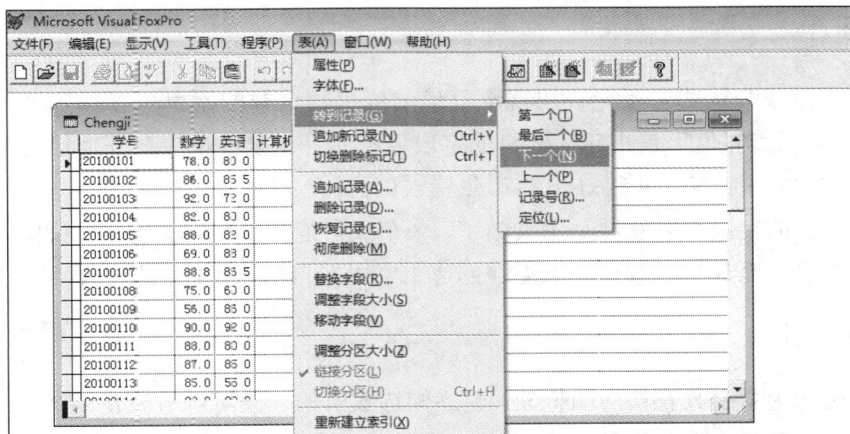

图 2-44 "转到记录"子菜单

4. 自由表记录的浏览、修改、追加、删除等操作

自由表记录的浏览、修改、追加、删除等编辑操作与数据库表的相应操作基本一致，这里就不再赘述了。另外自由表还可以通过命令实现各种编辑操作，详见第 4 章的第 4.2～4.4 节内容。

2.4 表 索 引

索引是一种快速查询和定位技术。若要按特定的顺序定位、查看或操作表中的记录，可以通过索引完成相应的操作。在 Visual FoxPro 中，索引不仅提供一种排序机制，还提供关键字技术。所以用好索引技术可以为开发应用程序提供很大的灵活和方便。根据应用程序的要求，可以灵活地对一个表创建和使用不同的索引，以便按不同的顺序处理记录。

Visual FoxPro 索引是由指针构成的文件，这些指针逻辑上按照索引关键字的值进行排序。索引文件和表文件分别存储，并不改变表中记录的物理顺序。实际上，创建索引是创建一个由指向 dbf 文件记录的指针构成的文件。若要根据特定顺序处理表记录，可以选择一个相应的索引。

2.4.1 索引文件类型

索引文件分为"单索引文件"和"复合索引文件"两种，复合索引文件又分为"独立复合索引文件"和"结构复合索引文件"。单索引文件的扩展名为".idx"。结构复合索引文件是文件名与表名相同，扩展名为".cdx"的复合索引文件。独立复合索引文件是文件名与表名不同，扩展名为".cdx"的复合索引文件。

2.4.2 索引类型

在 Visual FoxPro 中，索引类型分为：主索引、候选索引、唯一索引和普通索引四种。在给表创建索引时，定义什么索引类型，是依靠表中索引关键字段的数据是否有重复值而定的。

1. 主索引

在指定字段或表达式中不允许出现重复值的索引，这样的索引可以起到主关键字的作用，"不允许出现重复值"是指建立索引的字段值不允许重复。如果在任何已含有重复数据的字段中建立主索引，Visual FoxPro 将产生错误信息。

建立主索引的字段可以看做是主关键字，一个表只能有一个主关键字，所以一个表只能创建一个主索引，而且只有数据库表能够创建主索引，自由表不能创建主索引。

2. 候选索引

候选索引和主索引具有相同的特性，建立候选索引的字段可以看做是候选关键字，所以一个表可以建立多个候选索引。

候选索引与主索引一样，要求字段值的唯一性。在数据库表和自由表中均可建立多个候选索引。

3. 唯一索引

唯一索引的"唯一性"是指当索引表达式的值出现重复值的时候，只保留第一次出现的索引关键字值。唯一索引以指定字段的首次出现值为基础，选定一组记录，并对记录进行排序。

在数据库表和自由表中均可建立多个唯一索引。

4. 普通索引

普通索引不仅允许索引表达式中出现重复值，并且索引项中也允许出现重复值。在一个表中可以建立多个普通索引。

在数据库表和自由表中均可建立多个普通索引。

2.4.3 建立索引文件

利用表设计器或通过命令 INDEX 都可以对表创建索引文件。命令方式可以建立单索引文件、独立复合索引文件和结构复合索引文件，表设计器中建立的索引为结构复合索引。本节主要介绍结构复合索引文件的建立，用 INDEX 命令建立其他几种索引文件的方法详见第4章的4.5节内容。

在表设计器中建立结构复合索引，包括建立"主索引"、"候选索引"、"唯一索引"和"普通索引"。可以通过表设计器中的"字段"选项卡来建立"普通索引"，通过"索引"选项卡建立四种索引中的任意一种类型的索引。

首先打开表设计器，单击"字段"选项卡，在每一个字段中都对应一个"索引"项，单击"索引"下拉列表框会显示"索引"列表，分别为"无"、"↑升序"、"↓降序"（默认为"无"），如图 2-45 所示。若选定"↑升序"或"↓降序"，则在对应的字段上建立了一个普通索引，索引名与字段名相同，索引表达式就是对应字段。

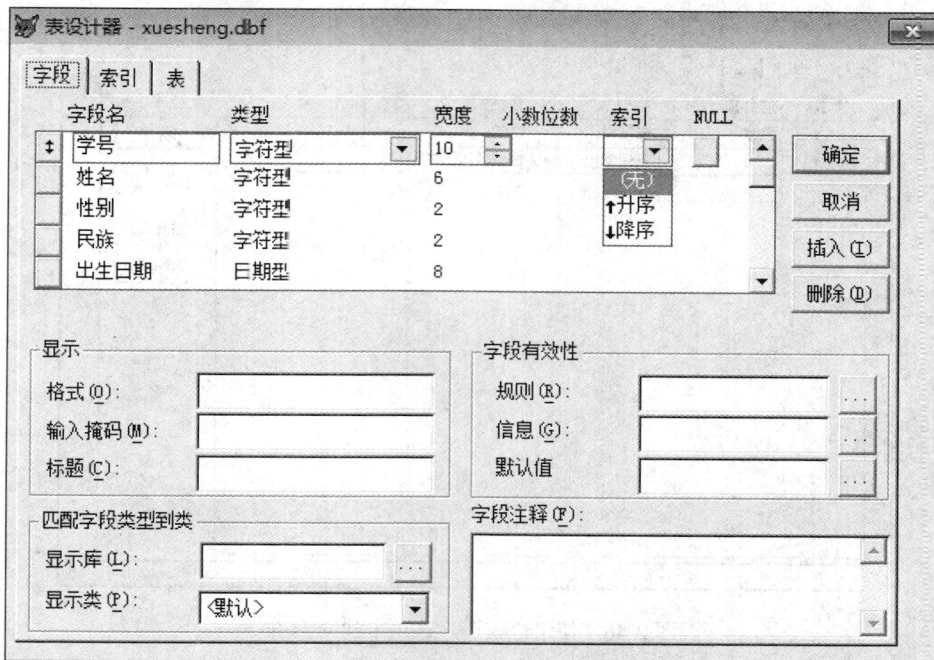

图 2-45　用"字段"选项卡建立普通索引

单击"索引"选项卡，设置以下内容来创建索引文件：

1）索引名：通过索引名使用索引，索引名只要是用户定义的合法名称即可。

2）类型：指定索引类型：主索引、候选索引、唯一索引和普通索引中的一种。

3）表达式：指定索引表达式，是包含表中字段的合法表达式。可以是单独的一个字段，如学号；也可以是包含表中字段的合法表达式，如"SUBSTR(学号, 7, 2)"；还可以包含多个字段，多个字段类型不同时，需要统一类型。如由性别(C)和出生日期(D)建立索引，则正确的表达式应："性别+DTOC(出生日期, 1)"。

4）筛选：指定筛选条件，可以是关系表达式或逻辑表达式，用于限定参加索引的记录。

5）排序：单击"排序"按钮，可以更改索引的排序方式。

还可以在表设计器的"字段"选项卡中先建立索引，然后在建立索引字段的"索引"下拉列表框中选择"升序"或"降序"选项，确定索引排序方式，并在"索引"选项卡中确定索引的索引名、类型和索引表达式等内容。

例 2-7　在"xuesheng"表中，为"学号"字段建立一个主索引，根据"性别"和"出生日期"两个字段建立一个普通索引，其中索引名为 xbrq。索引顺序都是升序。

打开"xuesheng"表的表设计器，单击"索引"选项卡，输入"索引名"为"学号"和"xbrq"；选择"索引类型"为"主索引"和"普通索引"；输入"索引表达式"为"学号"、"性别+DTOC(出生日期, 1)"。设置完成如图 2-46 所示，单击"确定"按钮关闭"表设计器"对话框。

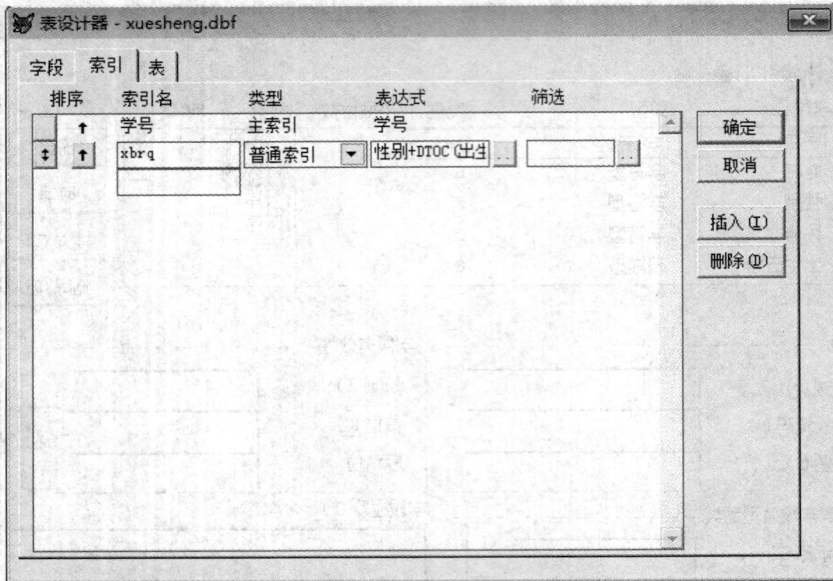

图 2-46　使用"索引"选项卡建立索引

2.4.4　主控索引

　　当创建完索引的表文件被关闭后，再次打开表文件及其结构复合索引文件时，其中的索引标识都是不起作用的，数据表记录仍然保持原来的物理排列顺序。此时必须指定某个索引标识为主控索引，才能使数据表中的记录顺序按照索引标识的排列顺序发生变化。设置主控索引的操作步骤如下：

　　1）首先打开数据表，再打开浏览窗口（查看此时的记录顺序依然是表原来的物理顺序），选择"表"菜单中的"属性"命令，将弹出"工作区属性"对话框，如图 2-47 所示。

　　2）单击"索引顺序"下拉列表框，将会列出该数据表的全部索引标识项，选择任意一个索引标识项后，单击"确定"按钮。

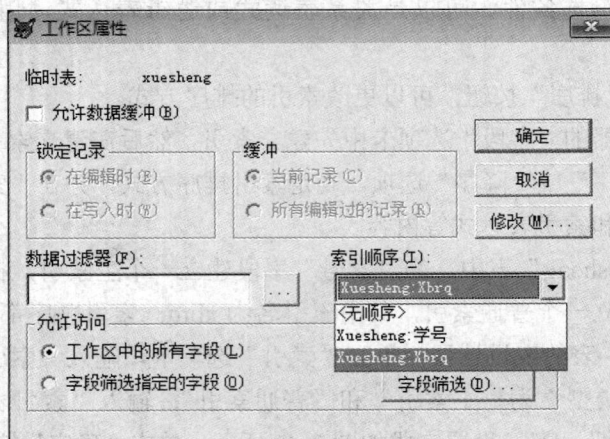

图 2-47　"工作区属性"对话框

2.5　创建和编辑关系

建立表间关系的目的是为了能够在多个彼此之间存在一定关系的表间进行数据处理。例如，在一个表中插入、删除或修改记录时，相应的操作也能反映在另一表中，以及在一个表间移动记录指针的同时，其他相关的记录能自动调整到相应的位置上，以便于多表之间的数据处理。

根据表中记录的对应关系，把两表所建立关系的类型分为三种：一对一关系，一对多关系和多对多关系。

1．一对一关系

所谓一对一关系是指依据关联字段的值，表 A 的一条记录仅对应表 B 的一条记录，同时表 B 的任何一条记录也只对立表 A 的一条记录。通常把一方的表 A 称为父表，另一方的表 B 称为子表，一般记做 $1：1$。

2．一对多关系

一对多关系是最常见的关系方式。依据关联字段的值，使表 A 中的一个记录与表 B 中的多个记录相对应，框反表 B 中的一条记录最多仅能对应表 A 中的一条记录。表 A 与表 B 之间的关系就叫做一对多关系，并记做 $1：n$。

3．多对多关系

所谓多对多的关系，依据关联字段的值，表 A 的任何一条记录对应表 B 中的多条记录；同时表 B 的任何一条记录也对应表 A 中的多条记录。

Visual FoxPro 中提供了父表和子表间建立关系的两种方法：建立表间永久性关系和建立表间临时性关系。

2.5.1　建立和编辑永久性关系

永久关系是建立在数据库表间的一种关系，这种关系不仅运行时存在，而且作为数据库的一部分一直保存在数据库文件中。

在 Visual FoxPro 口，可使用索引在数据库中建立表间的永久关系。索引关键字（或标识）的类型决定了要创建的永久关系类型。

在一对一关系中，父表和子表中的同名字段要创建为主索引或候选索引。这种关系中的每一条记录只与相关表中的一个记录相关联。

在一对多关系中，父表必须要创建主索引或候选索引，在子表中则使用普通索引。这种关系中，主表中的每一条记录与相关表中的多个记录相关联。

1．创建表间的永久关系

打开"数据库设计器"窗口，选择想要关联的索引名，然后将其拖到相关表的索引名上。所拖动的父表索引必须是一个主索引或候选索引。建立好关系后，在"数据库设计器"窗口中会显示为一条连接两个表的直线，即表示建立了新的永久关系。

例 2-8　在 Xueshengguanli 数据库中，包含三个表："xuesheng"表、"chengji"表、"xuanke"表，对"xuesheng"表和"chengji"表间建立一对一的永久关系，"xuesheng"表和"xuanke"表间建立一对多的永久关系。

1）打开 Xueshengguanli 数据库，进入"数据库设计器"窗口。

2）为"xuesheng"表按"学号"字段建立主索引或候选索引，为"chengji"表按"学号"字段建立主索引或候选索引，为"xuanke"表按"学号"字段建立普通索引。

3）将父表的主索引拖动到子表的相应索引上，数据库中的两个表间就会出现连线，表示永久关系已经建立，如图 2-48 所示。

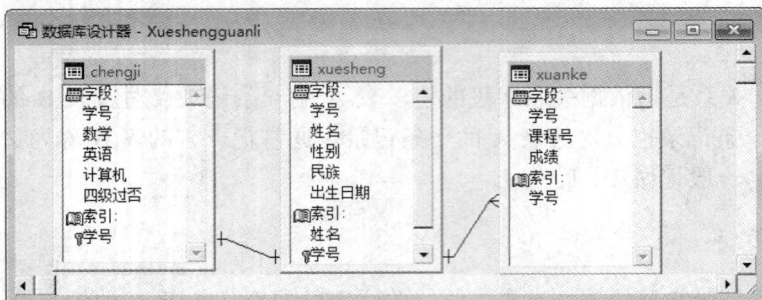

图 2-48　创建表间的永久关系

2．删除表间的永久关系

想删除已创建好的表间的永久关系，可在"数据库设计器"窗口中单击对应的关系连线，当连线变粗后，按 Delete 键；或右击关系连线，在弹出的快捷菜单中选择"删除关系"命令。

3．编辑关系

可以随时编辑修改已经创建好的关系，右击两个表之间的连接线，在弹出的快捷菜单中选择"编辑关系"命令，此时弹出"编辑关系"对话框，如图 2-49 所示。在"编辑关系"对话框中可以改选其他相关表索引名或修改"参照完整性"规则。

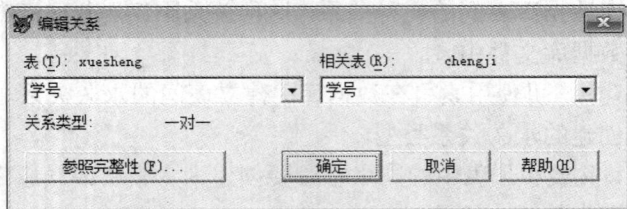

图 2-49　"编辑关系"对话框

2.5.2　建立和编辑临时性关系

临时关系是可以在任意类型表间建立的一种关系，自由表只能建立临时关系。对于建立临时关系的两表，只要有一个表关闭，则临时关系将不被保存，当再次需要使用这种关系时，必须重新建立。

两表间要建立临时性关系，通常要求这两个表具有共同的字段，且子表必须根据共同字段建立索引，索引的类型可以根据子表的实际情况而定。

当两个表建立了临时性关系时，父表记录指针移动时，子表记录指针会随之移动。

例 2-9 在 Jiaoshiguanli 数据库中对 Jiaoshi 表和 Gongzi 表按职工号建立临时关系。

1）在 Gongzi 表设计器中按职工号建立普通索引。

2）打开"数据工作期"窗口，在其中分别打开 Jiaoshi 表和 Gongzi 表。

3）在"别名"列表框中选定 Jiaoshi 表后单击"关系"按钮，此时 Jiaoshi 表出现在"关系"列表框中，它将作为关系中的父表。

4）双击 Gongzi 表，弹出"设置索引顺序"对话框，对话框中会出现事先已建立好的索引关键字，如图 2-50 所示，选择索引标识 Gongzi:职工号，单击"确定"按钮。将弹出"表达式生成器"对话框，用户可以在其中编辑建立关系依据的表达式，系统默认的表达式为所打开索引的索引字段"职工号"，确定后返回"数据工作期"窗口。如图 2-51 所示。这样就建立了父表为 Jiaoshi 表，子表为 Gongzi 表的一对一关系。

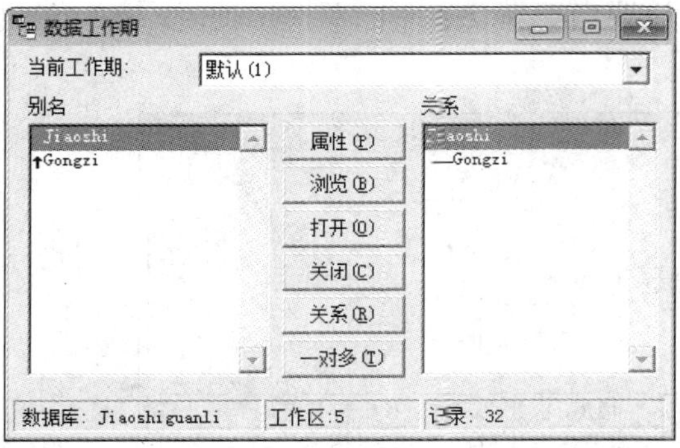

图 2-50 在"数据工作期"对话框中建立表间临时关系 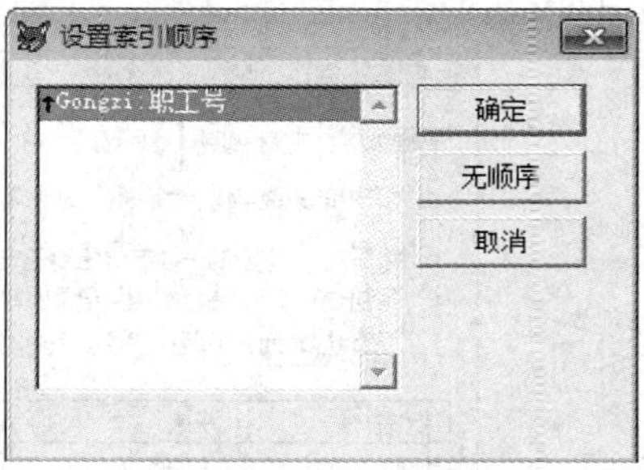 　图 2-51 "设置索引顺序"对话框

下面来观察两表间记录指针的联动情况。

在"数据工作期"窗口中选择父表 Jiaoshi 表，单击"浏览"按钮，打开该表的浏览窗口，再以同样的方式打开子表 Gongzi 表，在父表的浏览窗口中用鼠标选择不同的记录时，在子表的浏览窗口中将出现和父表当前记录的"职工号"字段相匹配的记录，如图 2-52 所示。

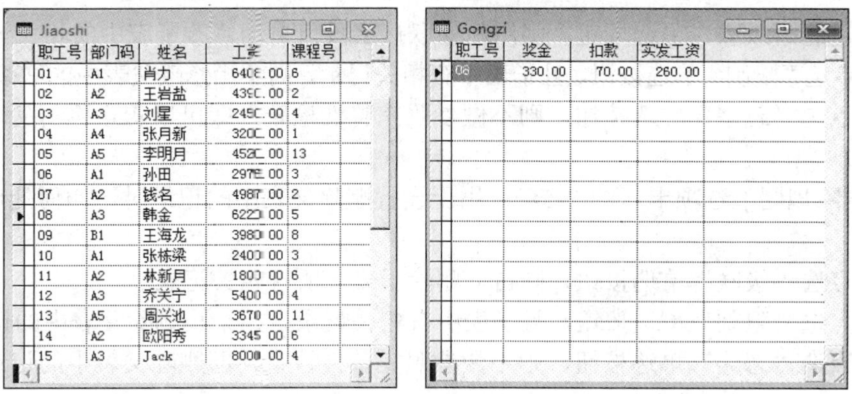

图 2-52 "子表"记录指针随"父表"记录指针的移动而移动

2.6　建立参照完整性

参照完整性是指根据某些规则，在建立了永久关系的两个表之间插入、删除、更新一个表中的数据时，通过参照引用相互关联的另一个表中的数据，来检查对表的数据操作是否正确。

建立参照完整性可以在"参照完整性生成器"对话框中进行，具体建立方法如下：

1）首先选择"数据库"菜单中的"清理数据库"命令。

2）选择以下3种方法之一进入"参照完整性生成器"对话框。

① 在"编辑关系"对话框中单击"参照完整性"按钮。

② 在"数据库设计器"窗口中右击，从弹出的快捷菜单中选择"编辑参照完整性"命令。

③ 选择"数据库"菜单中的"编辑参照完整性"命令。

进入"参照完整性生成器"对话框中设置更新、删除、插入父表与子表记录时应遵循的规则。

3）"更新规则"选项卡（图2-53）：用于设置当更新父表中的关键字值时，如何处理子表中的相关记录。

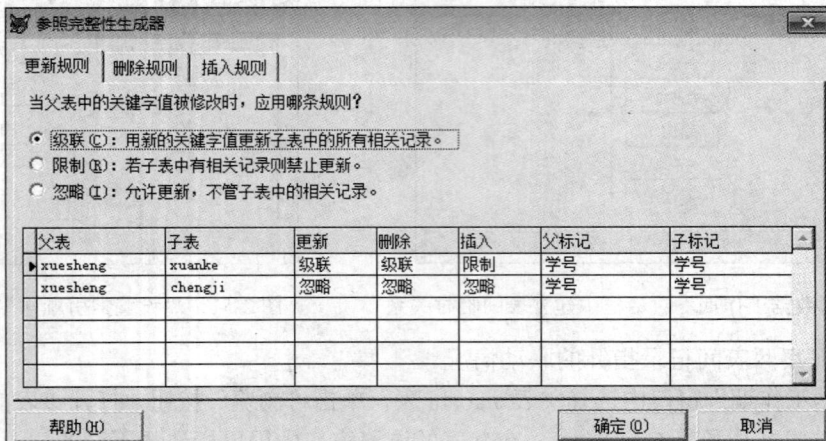

图2-53　设置参照完整性"更新规则"对话框

① 若点选"级联"单选按钮，则用新的联接字段值自动修改子表中的相关记录。

② 若点选"限制"单选按钮，且子表中有相关记录，则禁止修改父表中的联接字段的值。

③ 若点选"忽略"单选按钮，则不做参照完整性检查，即可以随意更新父表中联接字段的值。

4）"删除规则"选项卡（图2-54）：用于设置删除父表中的记录时，如何处理子表中的相关记录。

① 若点选"级联"单选按钮，则自动删除子表中所有相关记录。

② 若点选"限制"单选按钮，且子表中有相关记录，则禁止删除父表中的记录。

③ 若点选"忽略"单选按钮，则不做参照完整性检查，即删除父表中的记录时与子表无关。

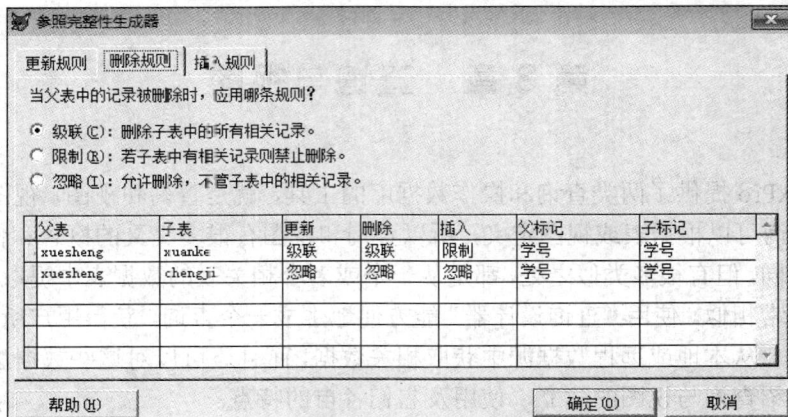

图 2-54 设置参照完整性"删除规则"对话框

5)"插入规则"选项卡（图 2-55）：用于设置当插入子表中的新记录时，是否进行参照完整性检查。

① 若点选"限制"单选按钮，且父表中没有匹配的关键字值，则禁止插入子记录。

② 若点选"忽略"单选按钮，则不做参照完整性检查，即可以随意插入子记录。

6）完成参照完整性设置后，单击"确定"按钮，并在弹出的提示框中单击"是"按钮，如图 2-56 所示，则系统将生成参照完整性代码，并把这些代码存储在数据库中。

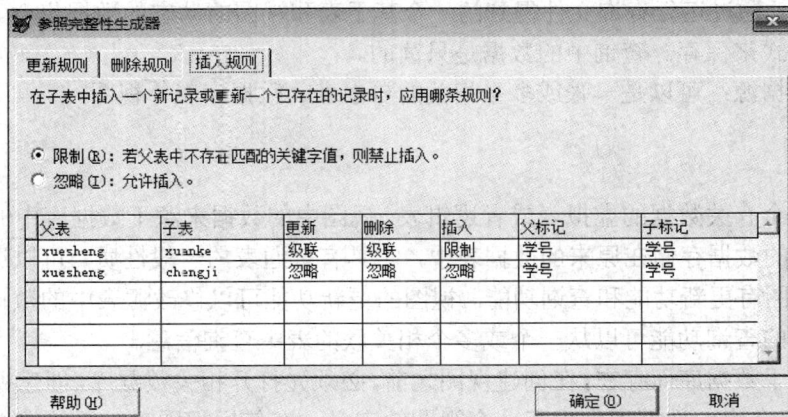

图 2-55 设置参照完整性"插入规则"对话框

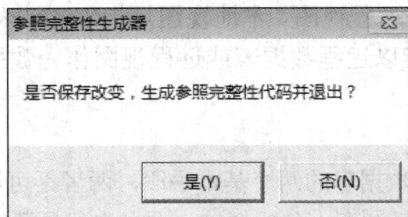

图 2-56 "参照完整性生成器"提示框

第3章 查询与视图

Visual FoxPro 提供了两类查询和操作数据库的工具，就是查询和视图，视图兼有表和查询的特点，查询可以根据表或视图定义，所以查询和视图有很多交叉的概念和作用。查询和视图的用途不同，但有很多类似之处，都是从一个或多个相关联的数据表中提取有用的信息，创建步骤也非常相似。使用"查询设计器"能方便地生成一个查询，获得用户所需要的数据。视图能帮助用户从本地或远程数据源中获取相关数据，而且还可以对这些数据进行修改并更新，本章将介绍查询与视图的建立、使用及它们各自的特点。

3.1 查询与视图

3.1.1 查询

查询：就是向一个数据库发出检索信息的请求，从中提取符合特定条件的记录。

查询文件：即保存实现查询的 SELECT-SQL 命令的文件。查询文件保存时，系统自动给出扩展名.qpr；查询被运行后，系统还会生成一个编译后的查询文件，扩展名为.qpx。

查询结果：通过运行查询文件得到的一个基于表和视图的动态的数据集合。查询结果可以用不同的形式来保存。查询中的数据是只读的。

查询的数据源：可以是一张或多张相关的自由表、数据库表、视图。

3.1.2 视图

视图是一个有关数据的虚拟表或者逻辑表，视图中的数据来源于数据库中的表或者其他视图。视图中的数据存储在原来的数据表中，它具有普通表的一般性质，可以进行浏览、修改和使用。视图有更新功能和查询功能。视图的更新功能可以修改源表中的数据，进行永久的保存；视图的查询功能可以从一个或多个相关联的表中查询信息。

视图依赖于数据库而存在，在创建视图之前，必须先打开相关数据库。创建视图时，Visual FoxPro 系统仅在当前数据库中保存一个视图的定义。在使用视图时，系统根据视图的定义构造一条 SQL 语句，定义视图的数据。

视图有两种，本地视图和远程视图。本地视图是指以本地表或其他本地视图作为数据源而创建的视图。远程视图是指以远程数据表或远程视图作为数据源而创建的视图。

3.1.3 查询与视图的区别

查询和视图是检索和操作数据库的两个基本手段，两者都可以从一个或多个相关联的数据表中提取有用的信息，查询与视图有十分相似的一面，也有显著的不同点，它们的区别如下：

1）在 Visual FoxPro 系统中，视图可以更新数据并将更新结果发送回源数据表，而查询不能。

2）在 Visual FoxPro 系统中，生成的查询将以一个独立的文件形式存储在磁盘上，文件的扩展名为.qpr，而视图虽然具有表的一般特性，但只能存储于数据库中，不能独立存在。

3）由于查询是一个独立的文件，即一个应用程序，所以用户可以"运行"它，而视图只能"浏览"。

4）查询的输出结果可以由用户定制，而视图则不能。

5）在视图设计器中，有"更新条件"选项卡，而查询设计器中没有。

3.2　结构化查询语言 SQL

3.2.1　SQL 简介

SQL 是 Structured Query Language 的缩写，意为"结构化查询语言"，它是数据库的标准语言，现在所有的关系数据库管理系统都支持 SQL 标准。

SQL 是一种非过程化的语言。它与传统的 C、FORTRAN 等过程化语言不同，用 SQL 语言编写的程序，用户需要指出"干什么"，而不需要知道"怎么干"，即存取路径的选择和 SQL 语言操作的过程由系统自动完成，SQL 语言在结构上接近英语口语，是一种用户性能良好的语言，非常便于用户的学习和掌握。

3.2.2　SQL 的格式

在 SQL 语言中，查询操作是用 SELECT 语句来完成的。它是 SQL 语言中最重要、最核心的一条语句。同时它也是 SQL 语句中最复杂并且最难掌握的一条语句。

查询操作的格式如下：

```
SELECT <列名表>
from <表名>
where <条件表达式>
order by <排序项目>[ASC/DESC][,[ASC/DESC]]…
```

【说明】

1）SELECT 子句的<列名表>指出要的列的字段名，可以选择一个或多个字段，字段与字段之间用逗号分开，"*"可以用来表示某一个数据表中的所有字段。

2）from 子句的<表名>，指出在查找过程中所涉及的表，可以是单个表，也可以是多个表，若为多个表，表与表之间应用逗号分开。

3）where 子句的<条件表达式>，指出所需数据应满足的条件。条件表达式中必须用到比较运算符或逻辑运算符。

4）order by 子句，可以控制查询所得记录的排列顺序。<排序项目>指出按哪一列的值进行排序，它可以是字段名或表达式，ASC 表示按升序，DESC 表示降序，默认按升序排列。当有多个排序条件时，它们之间应该用逗号分开。在排序时，先按第一列的值排序，对第一列值相同的记录，再按第二列的值排序，依次类推。

3.2.3 SQL 命令使用举例

1. 单表查询

单表查询，就是所有查询信息均出自一个表中，在 SELECT 语句中表现为 from 子句中只有一个表名。

1）无条件查询。如果要获取表中所有的记录，则无需指定任何条件。无条件查询仅涉及 SELECT 子句和 from 子句，可以通过 SELECT 子句指定获取部分列或全部列的信息。

例 3-1 查询显示已建立的"jiaoshiguanli"数据库中"zhicheng"数据表中的所有信息，并按职称排序。

```
SELECT * from zhicheng order by 职称
```

例 3-2 查询显示"zhicheng"数据表中职工职工号和职称信息。

```
SELECT 职工号,职称 from zhicheng
```

2）条件查询。无条件查询是选取表中的所有记录，而在实际应用中，用得更多的是条件查询，即选取表中满足一定条件的记录。在 SELECT 语句中，条件由 where 子句指出。where 子句后的条件表达式的值可以为真或假，系统在执行 SELECT 语句时，把条件表达式的值为真的记录反馈回来，而对使条件表达式的值为假的那些记录信息，则什么也不执行。格式如下：

```
where 列名 比较运算符 常量(或者列名)
```

例 3-3 查询显示"xuesheng"数据表中少数民族的并且是女生的学生姓名。

```
SELECT 姓名 from xuesheng where 民族=.F. and 性别="女"
```

例 3-4 查询显示"xuesheng"数据表中姓氏为"朱"的学生的信息。

```
SELECT * from xuesheng where 姓名 like "朱%"
```

【说明】"%"代表任意长字符，"_"代表一个字符。

2. 多表查询

数据库是由多个相互关联的数据表组成的。在实际应用中，经常需要同时从多个数据表中提取信息。关系数据库管理系统允许用户将两个或多个表的记录通过相关字段（连接字段）结合在一起，这种运算称为连接运算。连接运算是关系运算中的重要功能，它也是区别关系与非关系系统的重要标志。如在"教工"数据库中"职工档案"数据表中的姓名列和"职工工资"数据表中的姓名列相对应，两个表可以通过职工姓名这一公共字段使行连接运算。

例 3-5 查询显示所有学生的姓名及成绩。

```
SELECT 姓名,成绩 from xuesheng,xuanke where xuesheng.学号=xuanke.学号
```

系统在执行查询时，首先从"xuesheng"表中读出一个记录，然后依次到"xuanke"表中读取每一个记录，与"xuanke"表中数据拼接成一个新的记录，并判别其中的两个学号字段值是否相等，若相等，取 SELECT 语句中相应的列作为结果输出。

3.2.4 SQL 语句在 Visual FoxPro 的使用方法

SELECT 是 SQL 命令，它和其他 VFP 命令一样可以使用。当需要使用一个 SELECT 查询时，其使用方法有以下几种：

1）在"命令"窗口中使厈。将 SQL 命令作为一条独立的 VFP 命令在命令窗口中使用，但在执行 SQL 命令前先要打开要查询的数据库。

2）在 VFP 程序中使用。

3）在查询设计器中使用。

3.3 查 询 数 据

使用 SQL 语言可以构造复杂的查询条件。如果需要快速获取结果，应采用 VFP 的"查询设计器"，根据它提供的交互式应用界面，不用编写代码，即可检索存储在表和视图中的信息。"查询设计器"能够搜索那些满足指定条件的记录，也可以根据需要对记录进行排序和分组，以及基于查询结果创建报表、标签、表和图形。

3.3.1 建立简单查询

1. 建立查询的方法

建立查询的方法有以下两种。

1）在"命令"窗口中执行命令"CREATE QUERY"启动查询设计器建立查询。

2）可以在项目管理器的"数据"选项卡中选中"查询"文件，单击"新建"按钮建立查询。

2. 运行查询的方法

运行查询的方法有以下五种。

1）"查询设计器"窗口为当前窗口时，选择"查询"菜单中的"运行查询"命令。

2）在"查询设计器"窗口的空白部分右击，在弹出的快捷菜单中选择"运行查询"命令。

3）选择"程序"菜单中的"运行"命令。

4）在"项目管理器"窗口中，选择要运行的查询文件，单击右边的"运行"按钮。

5）在"命令"窗口中执行"DO <查询文件名.QPR>"，如"DO 查询 1.QPR"。

3. 查询设计器各个选项卡

1）字段：用来选定包含在查询结果中的字段。

2）排序依据：用来决定查询结果输出中记录或行的排列顺序。

3）联接：用来确定各数据表或视图之间的联接关系。

4）筛选：利用条件过滤，查找一个符合条件的特定的数据子集。

5）分组依据：所谓分组就是将数据表或视图中的数据按同一属性分组，在组内进行统计计算。分组条件的值有几个，分几组查询的结果就有几条记录。

6）杂项：用来控制查询结果中显示哪些查询结果。

下面以使用菜单方式建立查询文件的方法为例，实现查询的建立和运行。

例 3-6　用查询设计器查询表 xuesheng.dbf 中 1992 年出生的王姓学生的的学号、姓名、民族、出生日期、年龄等信息，运行后结果存入表文件 xuesheng1.dbf，查询名为 query1.qpr。

操作步骤如下：

1）选择"文件"菜单中的"新建"命令，在弹出的"新建"对话框中的"文件类型"区域点选"查询"单选按钮，单击"新建文件"按钮，打开"查询设计器"窗口。在如图 3-1 所示的对话框中选择用于建立查询的表。选择表 xuesheng.dbf 后，单击"添加"按钮该表就被添加到"查询设计器"窗口中了。如该窗口中没有需要的表，选择"其他"按钮弹出如图 3-2 所示的"打开"对话框。在"打开"对话框中选择合适的表。如不需添加更多的表或视图，则单击"关闭"按钮，进入如图 3-3 所示的"查询设计器"窗口。

"查询设计器"窗口中可以选择的查询对象有：表和视图，这里的表包括数据库表和自由表。

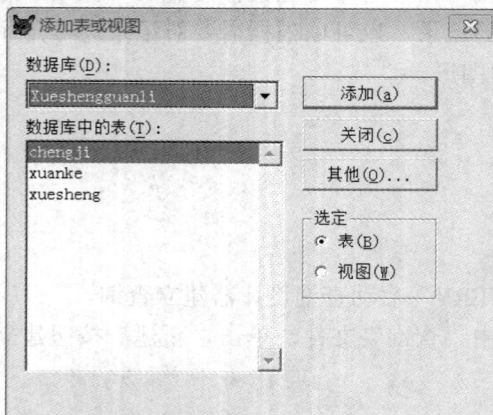

图 3-1　添加表或视图

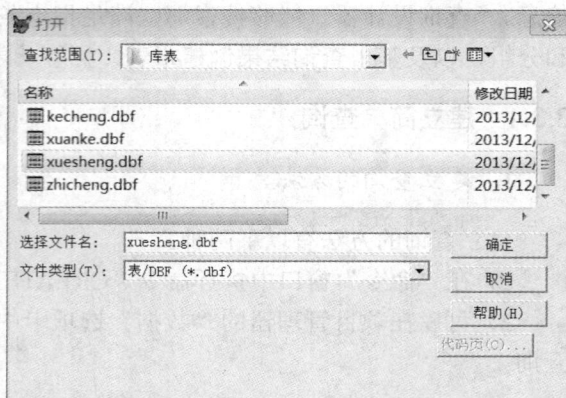

图 3-2　选择其他的表

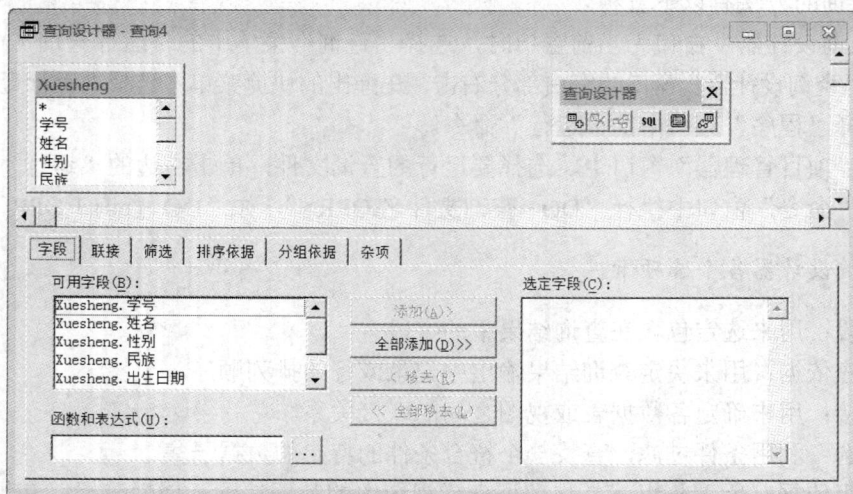

图 3-3　查询设计器

2）选择字段。在"字段"选项卡中的"可用字段"列表框中选择"姓名"字段，单击"添加"按钮将该字段添加到"选定字段"列表框中。按照相同的方法将可用字段中的"学号"、"民族"、"出生日期" 3 个字段都添加"选定字段"列表中，如图 3-4 所示。

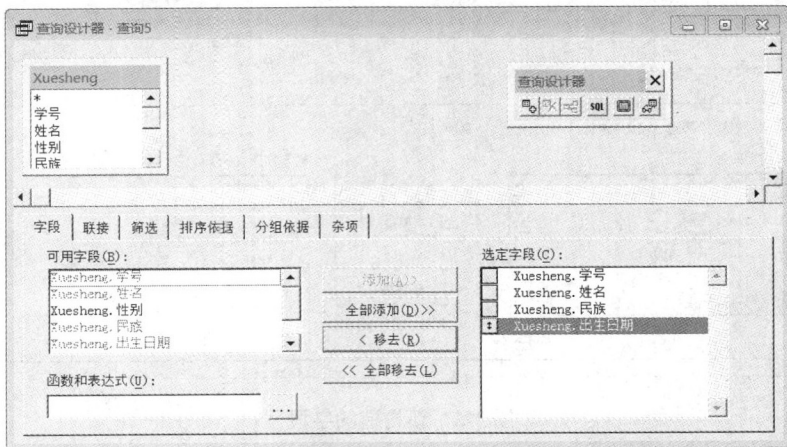

图 3-4　选择查询结果中的字段

在"函数和表达式"文本框中输入表达式"YEAR(DATE( ))–YEAR(出生日期)AS 年龄"。或单击右侧的"…"按钮弹出"表达式生成器"对话框，使用表达式生成器中的函数、字段、变量构造新字段，如图 3-5 所示。

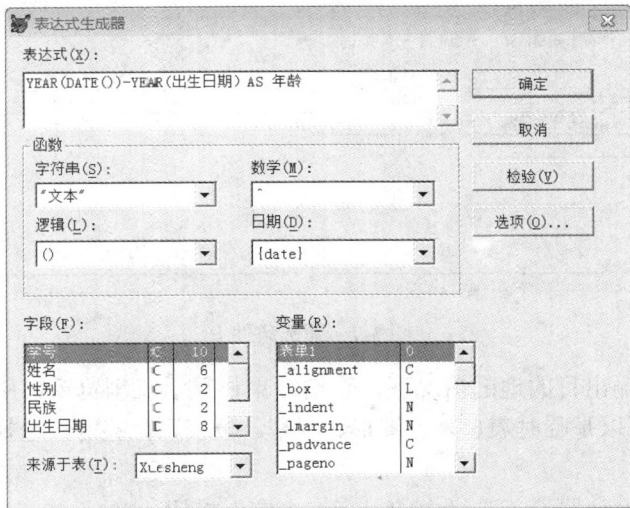

图 3-5　"表达式生成器"对话框

3）单击"添加"按钮，将新构造的字段添加到"选定字段"列表框中，如图 3-5 所示。

4）在"筛选"选项卡中设定"字段名"为"Xuesheng.姓名"，"条件"为"Like"，"实例"文本框中输入"王%"，逻辑关系为"AND"，"字段名"为"YEAR(Xuesheng.出生日期)"，"条件"为"="，"实例"文本框中输入"1992"，如图 3-7 所示。

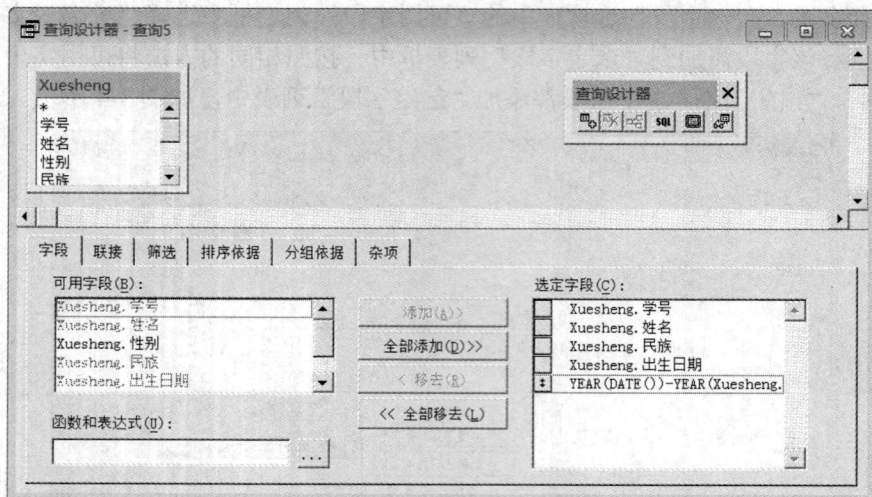

图 3-6　新构造的字段

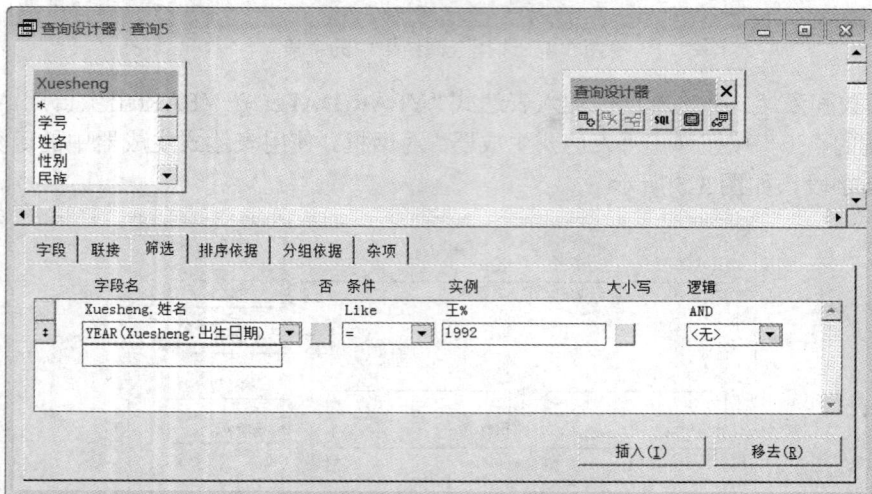

图 3-7　筛选条件

5）在没有选定输出目的地的情况下，查询结果将显示在浏览窗口中。除此之外，查询结果的输出目的地可以是临时表、表、图形、屏幕、报表、标签等。选择结果去向的方法有以下 3 种：

① 单击"查询设计器"工具栏中的"查询去向"按钮。

② "查询设计器"为当前窗口时，从"查询"菜单中选择"查询去向"命令。

③ 在"查询设计器"的空白右击，在弹出的快捷菜单中选择"输出设置"命令。

以上三种方法都可弹出"查询去向"的对话框。单击"表"按钮，在"表名"文本框中输入表文件的名称"xuesheng1"，单击"确定"按钮，如图 3-8 所示。

6）运行查询。使用工具栏上的运行工具 ┇ 运行查询，生成 xuesheng1.dbf 文件，在默认目录下找到该文件，双击查看查询结果，如图 3-9 所示。

7) 保存查询文件。选择"文件"菜单中的"保存"命令，弹出"另存为"对话框。将查询文件保存在默认目录，文件名为 query1.qpr，如图 3-10 所示。qpr 是查询文件的扩展名。查询文件实际上是一个文本文件，这个文本文件中存储了一句 SQL 查询语句。这个查询语句可以在不同的情况下反复被使用。

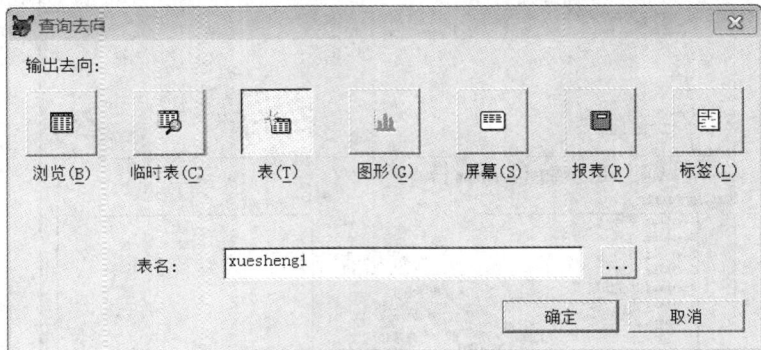

图 3-8 查询去向

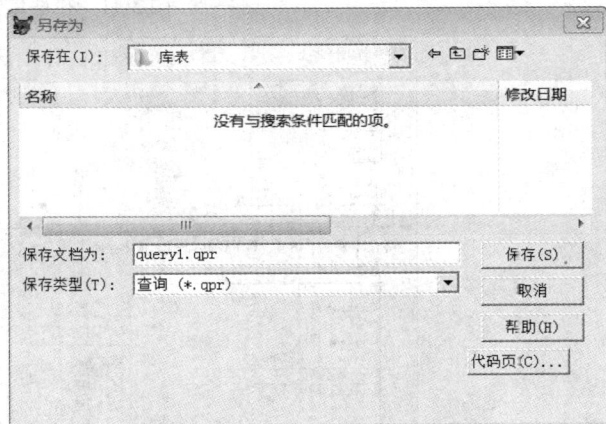

图 3-9 查询结果图

图 3-10 保存查询

3.3.2 为查询结果排序

排序决定了查询输出结果中记录或行的先后顺序，在"查询设计器"窗口中可以通过"排序依据"选项卡设置查询结果的排列次序。在"排序依据"选项卡中，从"选定字段"列表框中选定要使用的字段，并把它们移到"排序条件"列表框中，再在"排序选项"区域中点选"升序"或"降序"单选按钮完成排序条件的设置，如图 3-11 所示。

例 3-7 查询表 xuesheng.dbf 中的所有信息，查询结果按字段"性别"升序排序，"性别"字段值相同的按字段"出生日期"降序排序。

操作步骤如下：

1) 创建查询，将表 xueshneg.dbf 添加到查询设计器中。

2) 在"字段"选项卡中选择所有字段，在"排序依据"选项卡中选择"性别"字段，单击"添加"按钮，添加字段到"排序条件"列表框中，在"排序选项"区域点选"升序"单选按钮；添加字段"出生日期"到"排序条件"列表框中，点选"降序"单选按钮，如图 3-12所示。

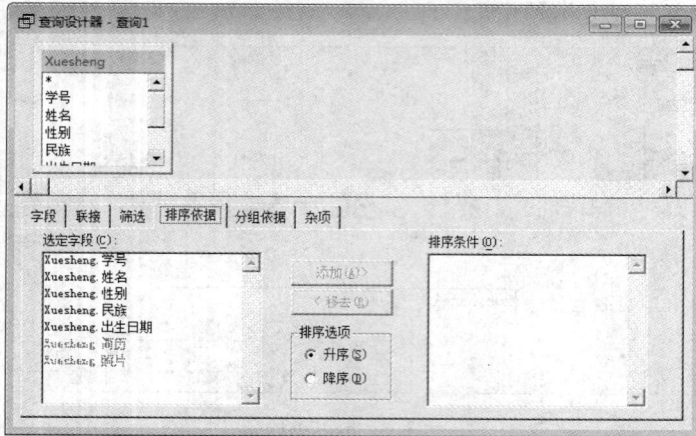

图 3-11　排序依据 1

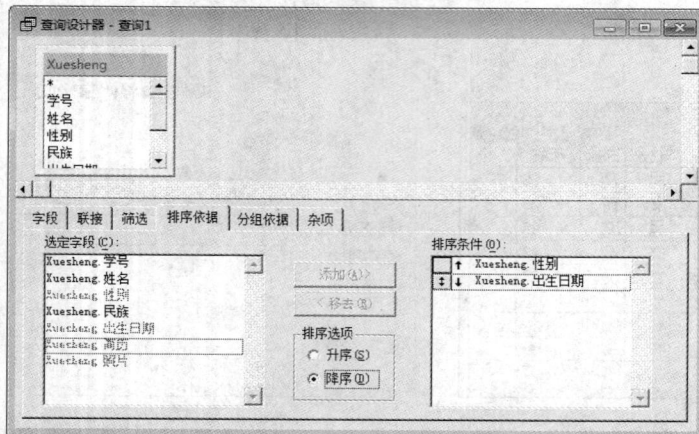

图 3-12　排序依据 2

3）运行查询结果，如图 3-13 所示。

学号	姓名	民族	出生日期	性别
20110212	周立勇	汉	1993/04/07	男
20110221	张盛名	藏	1993/03/04	男
20110209	周一明	汉	1993/02/18	男
20110219	于英东	汉	1993/02/14	男
20110215	历吉鹏	汉	1993/01/16	男
20110205	吴小宇	汉	1993/01/07	男
20110207	杨润博	汉	1992/10/18	男
20110206	李少鹏	汉	1992/10/09	男
20110202	刘君帅	汉	1992/10/08	男
20110223	黄赫	汉	1992/10/02	男
20110216	吴伟	汉	1992/09/08	男
20110220	朱杨	汉	1992/08/10	男

图 3-13　运行结果

3.3.3 查询结果的分组

有些查询不仅仅查询数据源给出的信息，还需要对数据源做一些统计计算查询。例如，查询 xuesheng.dbf 表中男生人数、女生人数。这个查询中不能从数据表中找到男生人数、女生人数这样的字段，但是表中隐含了这些数据，使用查询设计器的"字段"选项卡中的"函数和表达式"文本框或表达式生成器完成统计查询。

例 3-8 查询 xuesheng.dbf 表中男生人数、女生人数，查询结果中包含男生人数、女生人数字段。

操作步骤如下：

1）新建查询，将表 xuesheng.dbf 添加到查询设计器中。

2）在"字段"选项卡中的"函数和表达式"文本框中输入"count(*) as 人数"，如图 3-14 所示。单击"添加"按钮，将新构造的字段添加到"选定字段"列表中，再添加"性别"字段。

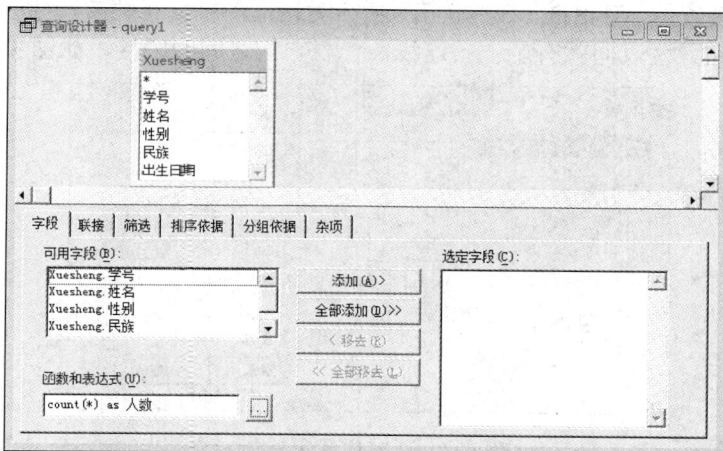

图 3-14 设计 count( )函数

3）单击"分组依据"选项卡，将"可用字段"列表框中的"性别"字段添加到"分组字段"列表框中，如图 3-15 所示。

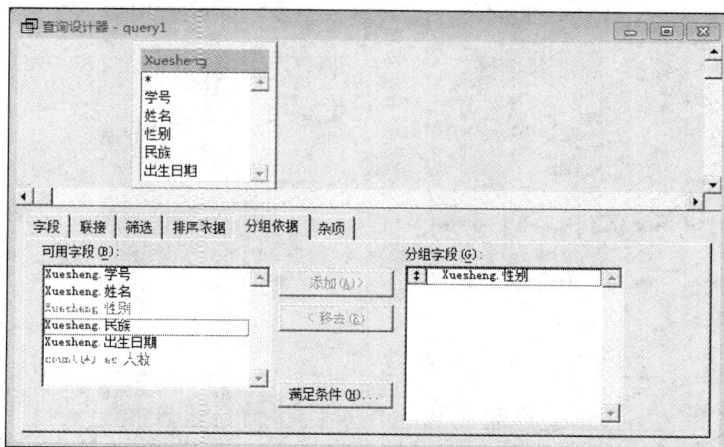

图 3-15 设置分组

4）运行查询，查询结果如图 3-16 所示。

图 3-16　运行结果

3.3.4　创建多个表的查询

在实际应用中很多时候查询的对象不是一个表，大多数情况下所需要的数据来源于多个表文件。对多个表进行查询时，需要指出这些表间的联接关系。

启动查询设计器，使用"添加表或视图"对话框向查询设计器中添加多个表时，系统自动弹出一个"联接条件"对话框。在"联接条件"对话框内根据相关字段建立两个表的联接，单击"确定"按钮，两表间就有了一条连线，代表它们之间的联接，如图 3-17 所示。

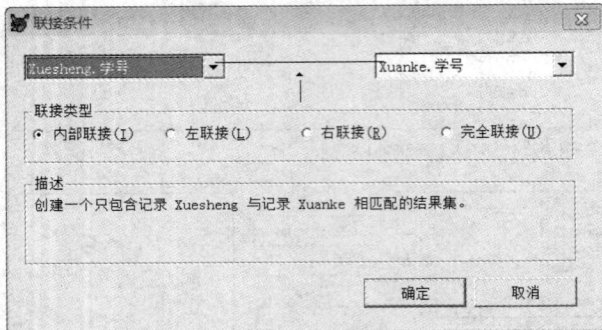

图 3-17　"联接条件"窗口

或者在"查询设计器"中单击"联接"选项卡，在联接选项卡中设置多个表之间的联接关系，如图 3-18 所示。在查询设计器的"联接"选项卡中，可以建立表和表之间的联系，也可以删除联系、修改联系及改变联系的类型。

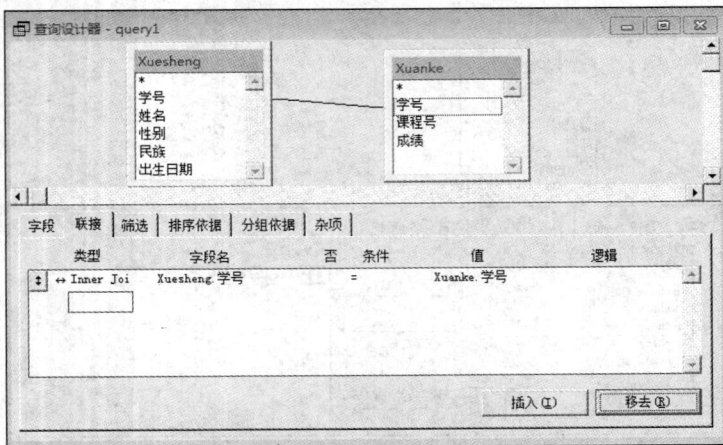

图 3-18　"联接"选项卡

在 Visual FoxPro 6.0 中表间的联接有四种类型，分别如下。

1）内部联接（Inner Join）：查询结果中仅包含满足联接条件的记录，此类型是默认的，也是最常用的。

2）右联接（Right Join）：查询结果中包含满足联接条件的记录，以及右侧的表中所有记录（即使不匹配联接条件）。

左联接（Left Join）：查询结果中包含满足联接条件的记录，以及左侧的表中所有记录（即使不匹配联接条件）。

完全联接（Full Join）：查询结果中包含两个表中所有满足和不满足联接条件的记录。

设置多个表的联接条件时，一般情况下是同名字段相等。个别情况有不同名字段相等情况。后一个联接条件和前一个联接条件之间是"and"关系。

例 3-9 查询 xuesheng.dbf 表、xuanke.dbf 表中学生的成绩。显示"学号"，"姓名"，"成绩"字段。

操作步骤如下：

1）新建查询文件，添加表 xuesheng.dbf 到查询设计器，在"添加表或视图"对话框单击"其他"按钮，弹出"打开"对话框将表 xuanke.dbf 添加到查询设计器。系统自动弹出"联接条件"对话框，默认情况下使用两个表中相同的字段"学号"建立内部联接，单击"确定"按钮退出"联接条件"对话框。

2）在"字段"选项卡中将 xuexheng.学号、xuesheng.姓名、xuanke.成绩添加到"选定字段"列表框中。运行查询，查询结果如图 3-19 所示。

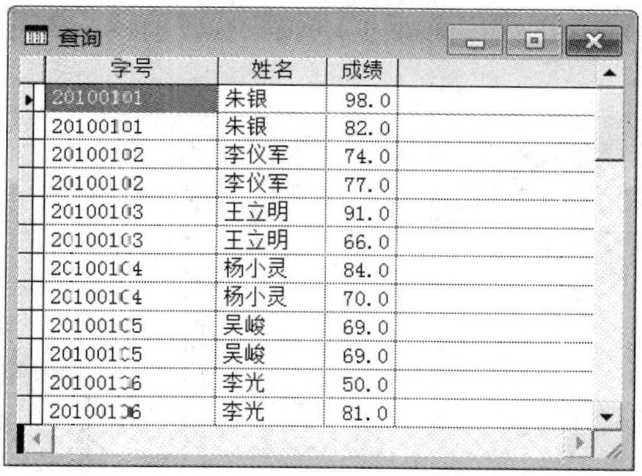

学号	姓名	成绩
20100101	朱银	98.0
20100101	朱银	82.0
20100102	李仪军	74.0
20100102	李仪军	77.0
20100103	王立明	91.0
20100103	王立明	66.0
20100104	杨小灵	84.0
20100104	杨小灵	70.0
20100105	吴峻	69.0
20100105	吴峻	69.0
20100106	李光	50.0
20100106	李光	81.0

图 3-19 运行结果

3.4 视图查询

视图是 VFP 提供的一种定制且可更改的数据集合。它兼有"表"和"查询"的特点，与查询类似的是，它可以从一个或多个相关联的表中提取有用信息；与表类似的是，它可以更新其中的信息，并将更新结果永久保存。利用视图可以将数据暂时从数据库中分离出来成为自由数据，以便在主系统之外收集和修改数据。通过视图不仅可以从多个表中提取数据，还可以在改变视图数据后，把更新结果送回到数据源表中。但视图不能以自由表文件的形式单独存在，它必须依赖于某个数据库，并且只有在打开相关的数据库之后，才能创建和使用视图。视图是数据库中的一个特有功能，如果要保存检索结果，应当使用查询；如果要提取可更新的数据，应当使用视图。

依据数据来源可以将视图分为以下两类。

1）本地视图：使用本地表或视图。

2）远程视图：使用 ODBC 远程数据源。

3.4.1 视图文件的建立

1. 用视图设计器建立本地视图

使用"本地视图"选项创建本地视图，如果需要在 ODBC 数据源的表上建立可更新的视图，则选择"远程视图"选项。若要创建本地表的视图，请使用"视图设计器"。本地表包括本地 VFP 表、使用.dbf 格式的表和储存在本地服务器上的表。

若要使用"视图设计器"，则应先创建或打开一个数据库。当展开项目管理器中数据库名称旁边的加号时，将显示出数据库中的所有组件。

创建本地视图的步骤如下。

1）在"项目管理器"对话框中的"数据"选项卡中选定一个数据库，这里选择"jiaoshiguanli"数据库。

2）点击数据库符号旁边的加号。

3）在"数据库"项目下，选定"本地视图"选项，如图 3-20 所示，再单击"新建"按钮。

4）屏幕上弹出"新建本地视图"对话框，如图 3-21 所示，在对话框中单击"新建视图"按钮。

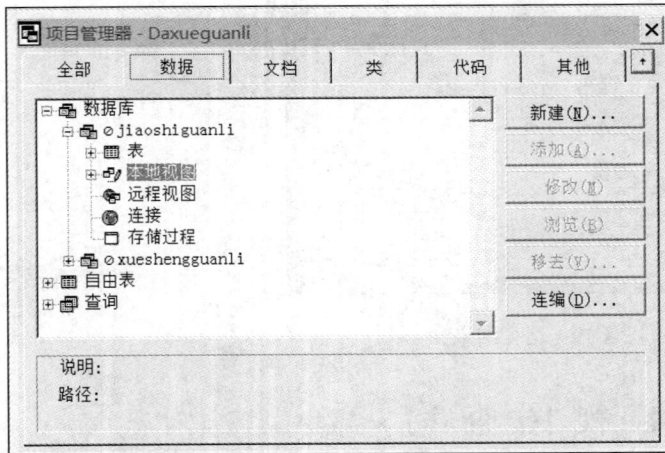

图 3-20　"项目管理器"对话框中的"本地视图"选项　　　图 3-21　新建"本地视图"对话框

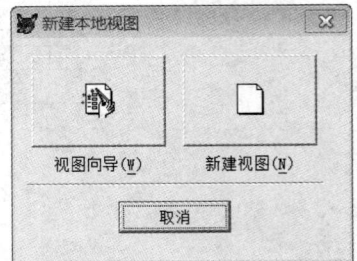

5）屏幕上弹出"添加表或视图"对话框，如图 3-22 所示，在对话框中选定要使用的表或视图，这里选择"jiaoshi"表，然后单击"添加"按钮。

6）关闭"添加表或视图"对话框。

7）此时屏幕上显示出"视图设计器"窗口，同时显示出选定的表或视图，如图 3-23 所示。

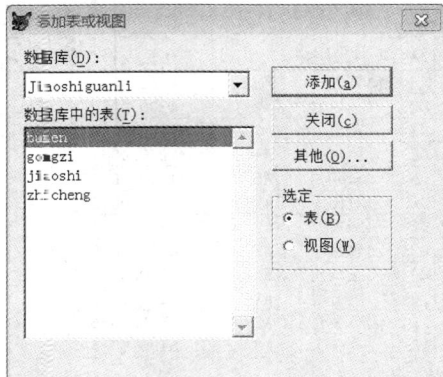

图 3-22　添加"表或视图"对话框

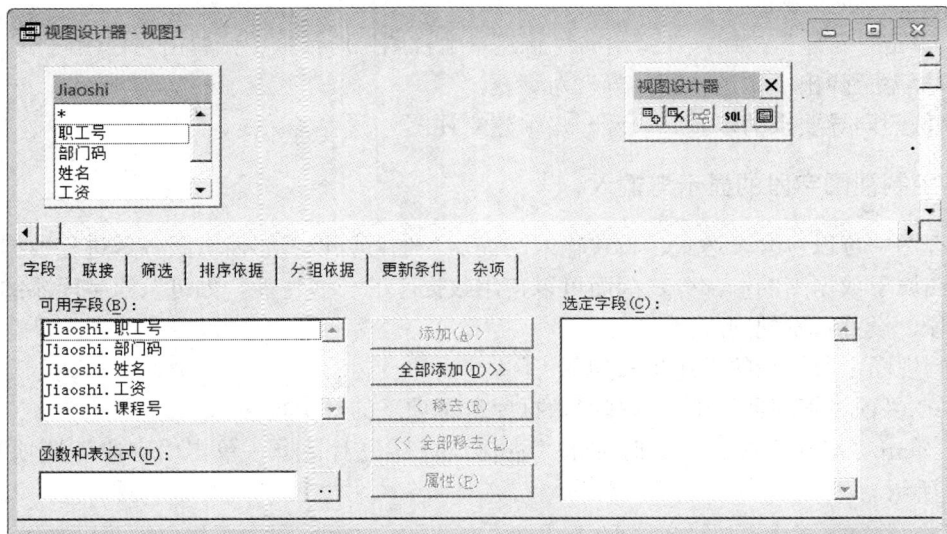

图 3-23　"视图设计器"窗口

"视图设计器"与"查询设计器"的选项卡很相似，只是"视图设计器"多了一个"更新条件"选项卡，用它可以控制数据的更新。"字段"、"联接"、"筛选"、"排序依据"等选项卡的操作方法与"查询设计器"相同。

8）在"项目管理器"对话框中，选择"本地视图"选项下已建立的视图文件，单击"浏览"按钮，可以浏览已经建立的视图文件内容，如图 3-24 所示。

2. 用视图向导建立视图

用视图向导建立视图的操作步骤如下：

1）选择"文件"菜单中的"打开"命令，打开要建立视图的数据库所在的项目表，这里选中的项目是"用户项目"。

2）在"项目管理器"对话框中，选择"数据库"选项下的"jiaoshiguanli"，然后选择"本地视图"或"远程视图"选项。

图 3-24　视图文件内容

3）单击"新建"按钮，在弹出的"新建本地视图"对话框中，单击"视图向导"按钮。

4）屏幕上弹出"本地视图向导"对话框。

5）按照向导要求的步骤，一步一步地建立视图。

3.4.2　控制视图字段的显示与输入

在视图中可以包含表达式、设置输入的提示，也可以设置如何与服务器进行数据通信。因为视图属于数据库的一部分，因而可以使用数据库的一些特性，如可以给字段添加标题、添加注释、设置触发规则。

控制视图字段显示的操作步骤如下：

1）在"项目管理器"中，选择"数据库"选项下的一个视图。

2）单击"修改"按钮，这时弹出"视图设计器"对话框，单击"字段"选项卡，如图 3-25 所示。

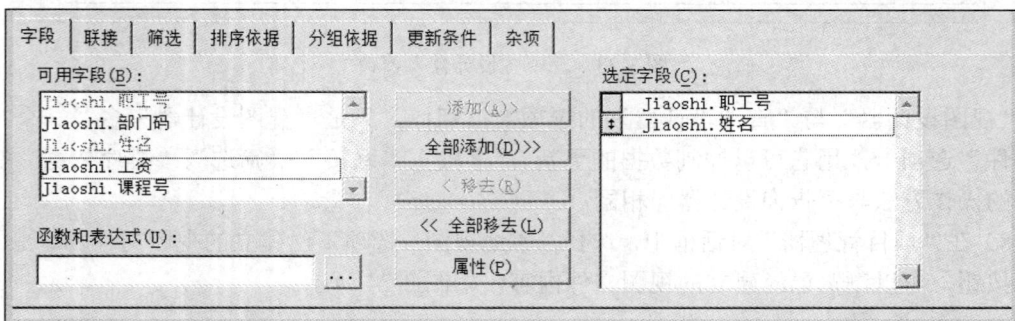

图 3-25　设置视图的字段

3）在"选定字段"列表框中，选择一个字段，然后单击"属性"按钮，屏幕弹出如图 3-26 所示的"视图字段属性"对话框。

4）在"视图字段属性"对话框中，可以输入显示、字段有效性等属性。

5）单击"确定"按钮，完成属性的设置。

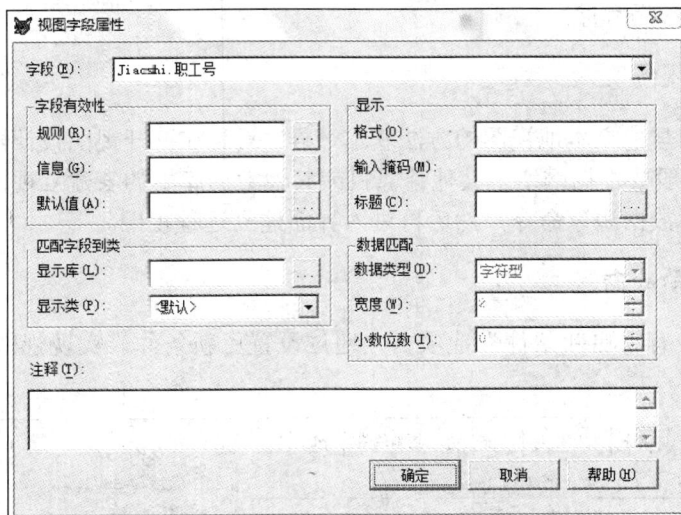

图 3-26　设置视图的字段属性

3.4.3　为视图添加筛选表达式

视图和查询一样，也可以加入表达式和函数来实现筛选条件。给视图添加表达式的操作步骤如下：

1）从"项目管理器"中选择"数据库"，然后选择一个视图。

2）单击"修改"按钮，屏幕弹出"视图设计器"对话框，单击"筛选"选项卡，如图 3-27 所示。

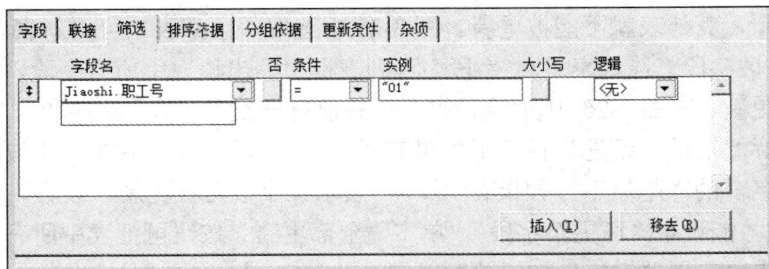

图 3-27　为视图添加筛选表达式

3）在"筛选"选项卡中仿照"查询"筛选表达式的设计，构造出筛选表达式。

4）退出"视图设计器"，完成设置。

3.4.4　建立远程数据连接

远程视图是通过 ODBC 从远程数据源建立的视图。

ODBC 即 Open DataBase Connectivity（开放式数据互联）的英语缩写，它是一个标准的数据库接口，以一个动态链接库（DLL）方式提供的。

创建 ODBC 数据源可以用两种方法建立，第一种方法是利用"连接设计器"中的"新的数据源"创建，第二种方法是利用在 Windows 系统的"控制面板/管理工具"中启动"ODBC

数据源（32 位）"应用程序。

3.4.5　建立远程视图

　　建立远程视图与建立本地视图的方法基本一样，只是在打开视图设计器时有所不同。建立远程视图时，一般要根据网络上其他计算机或其他数据库中的表建立视图，所以需要首先选择"连接"或"数据源"命令，然后再进入界面建立远程视图。

3.4.6　用视图更新数据

　　视图设计器中有"更新条件"选项卡，通过设置更新条件，实现视图的更新功能，如图 3-28 所示。

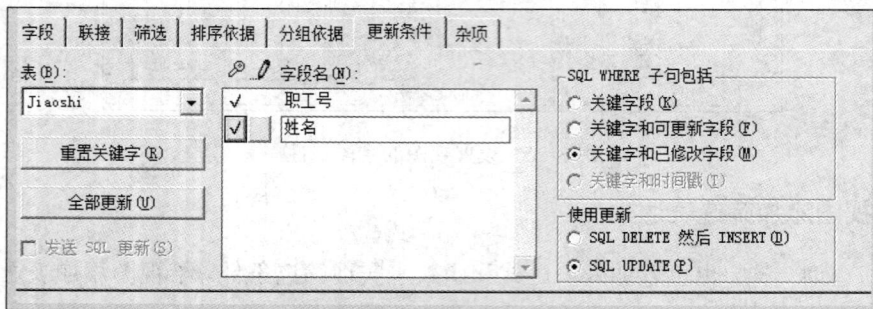

图 3-28　视图"更新条件"选项卡

　　1）选取可更新的表。默认的可更新的表为当前数据库中所有的表，可以根据需要选取所需的表。选取方法：在图 3-28 中的"表"下拉列表框中选取要更新的表，则在视图中该表就可以被更新，其他表就不能被更新。图 3-28 中选取了全部表为可更新表。

　　2）设置关键字段。选定表后，"字段名"列表框中列出该表中所有字段，在这里可以设定哪些字段可更新。在图 3-28 中，"字段名"标签前有一把"钥匙"标签和一支"笔"标签，在"字段名"标签前的"钥匙"标签下如果有"√"，表示"√"后的字段被设为更新的关键字。在字段名前的"笔"下方如果有"√"，表示该字段可被更新。设置时先要设定"关键字段"，然后才能设定"可更新字段"。单击"全部更新"按钮可把表中所有字段都设为可更新字段；单击"重置关键字"按钮就可以重设关键字。

　　3）发送 SQL 更新。勾选"发送 SQL 更新"复选框，表示修改结果要返回到数据源中去更新数据源。不勾选"发送 SQL 更新"复选框，表示修改结果不返回到数据源，也就是说视图中更新的值只在视图中起作用，不影响提供数据的表或视图。

3.4.7　控制更新数据的条件

　　如果用户工作于多用户环境下，与多个用户共同访问在服务器上的数据库，有可能出现多个客户同时改变在远程服务器上的数据的情况。在 VFP 中可以用更新条件选项卡来设置更新的条件。

　　在"SQL WHERE 子句包括"区域中，可以设置当多个用户获得同一数据时的更新原则。在更新操作被允许之前，VFP 检查在远程数据源中的表，看它们从被提取时算起是否已经改动。如果在数据源中的数据已经改动，更新不被允许。"SQL WHERE 子句包括"区域的选项如图 3-29 所示。

"SQL WHERE 子句包括"区域中的选项决定了在 UPDATE 和 DELETE 语句中 WHERE 子句包含字段，当在视图中数据发生改动时，VFP 向远程数据源或表发送什么样的更新指令，WHERE 子句用来判断用户的视图从数据库中提取数据到发送更新指令期间，这些记录被其他用户进行的操作。

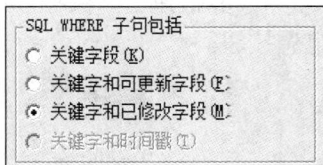

图 3-29 设置远程更新条件

"SQL WHERE 子句包括"选项的含义如下：

1）关键字段：若在"源"表中的主关键字被修改，则更新失败。

2）关键字和可更新字段：若在远程数据表中的可更新字段被修改，则更新失败。

3）关键字和已修改字段：若用户在本地修改的字段在"源"表中被变更，则更新失败。

4）关键字和时间戳：若从第一次提取数据开始，字段的时间戳（Timestamp）发生改变，则更新失败。

3.4.8 控制视图更新的方法

如图 3-30 所示，用在"视图设计器"窗口中的"更新条件"选项卡的"使用更新"区域来决定当关键字段更新时，发往服务器或"源"表的更新语句使用的 SQL 语句命令。若点选"SQL DELETE 然后 INSERT"单选按钮，则先删除旧记录，再插入一条新记录完成更新操作；若点选"SQL UPDATE"单选按钮，则表示更新原表中对应字段的内容，对其他字段的内容没有影响。

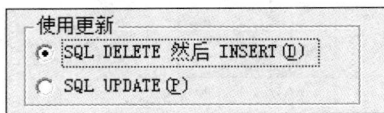

图 3-30 使用更新选项

3.4.9 为视图传递参数

在建立视图时，可以为它传递一个参数，从而完成一个特定的查询。例如，用户想查看"jiaoshi"表中部门码是"A1"的记录，可以为"部门码"字段定义为一个参数，参数名可以是字母、数字或下划线。给视图传递参数的操作步骤如下：

1）在"项目管理器"中选择"数据库"，然后选择一个视图。

2）单击"修改"按钮，打开"视图设计器"窗口，单击"筛选"选项卡，如图 3-31 所示。

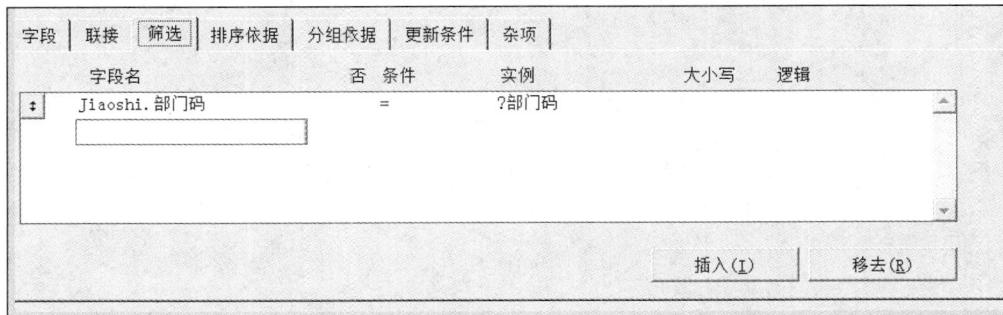

图 3-31 视图设计器中的"筛选"选项卡

3）设定"实例"，用"部门码"代表参数名来构造表达式。关闭"视图设计器"窗口。

4）屏幕弹出"保存"对话框，如图 3-32 所示，输入视图文件名为"视图 1"，单击"确定"按钮。

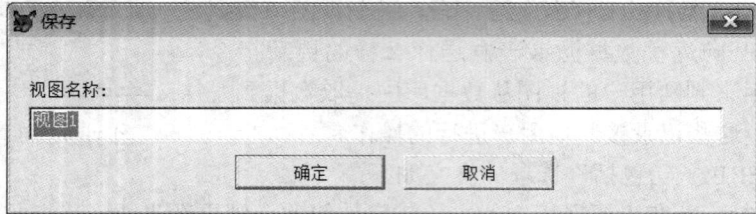

图 3-32   "保存"对话框

5）在项目管理器中，选择"视图 1"，再单击"浏览"按钮，屏幕弹出"视图参数"对话框，如图 3-33 所示。输入"部门码"参数为"A1"，单击"确定"按钮，屏幕出现"视图 1"的内容，如图 3-34 所示。

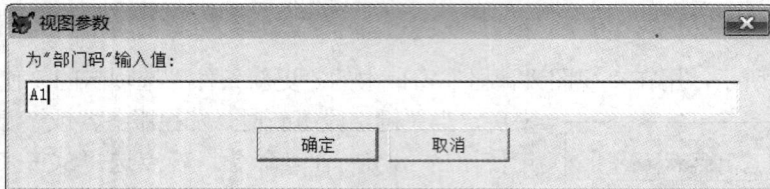

图 3-33   "视图参数"对话框

职工号	部门码	姓名	工资	课程号
01	A1	肖力	6408.00	6
06	A1	孙田	2976.00	3
10	A1	张栋梁	2400.00	3
18	A1	Elen	4390.00	7
23	A1	Caroly	2987.00	10
31	A1	李同	10000.00	7

图 3-34   视图内容

第 4 章 面向过程的程序设计

Visual FoxPro 有两种工作方式：一是交互方式，二是程序方式。交互方式是指在命令窗口逐条执行命令或通过选择菜单及单击工具栏按钮来执行命令，适用于解决简单问题。对于复杂的问题应采用程序方式来解决。程序方式是指根据待解决问题事先编写好命令序列，保存在程序文件中，或用生成器生成程序文件，通过运行程序文件，让系统自动成批执行。

Visual FoxPro 支持面向过程和面向对象两种程序设计方法。本章介绍面向过程的程序设计方法。

4.1 数据及其运算

数据是存储在某种介质上的能够识别的物理符号，包括两个方面，一是描述事物特性的数据内容，二是存储在某种介质上的数据形式。Visual FoxPro 的核心就是进行数据处理。根据计算机系统处理数据的形式来划分，Visual FoxPro 有常量、变量、表达式和函数四种形式的数据。

4.1.1 数据类型及非格式化数据输出命令

1. 数据类型

每一个数据都有一定的类型。数据类型决定了数据的存储方式和运算方式。数据处理的基本要求是对相同类型的数据进行选择归类，只有相同类型的数据才能进行操作。Visual FoxPro 定义的数据类型如表 4-1 所示。

表 4-1 数据类型

类 型	符 号	说 明	长 度	举 例
字符型 Character	C	可以是汉字、字母、数字、空格等 ASCⅡ码字符，1 个汉字占两个字节。注意：字符型数字不进行数学计算，只是代表数字符号	0~254	姓名、学号、电话号码
货币型 Currency	Y	数值加前缀货币符号（$），表示货币值，代替数值型，小数位超过 4 位时进行四舍五入	8	单价、金额
数值型 Numeric	N	表示数量，由数字、+/-、小数点组成	1-20	分数、工资、数量
浮点型 Float	F	功能类似数值型，存储形式上采取浮点格式，数据的精度比数值型数据高，由尾数、阶数和字母 E 组成	1-20	
日期型 Date	D	由年、月、日构成，默认格式为 mm/dd/yyyy	8	出生日期、出版日期
日期时间型 Datetime	T	由年、月、日、时、分、秒、上/下午构成，默认格式为 mm/dd/yyyy hh:mm:ss am/pm	8	打卡时间、下班时间
双精度型 Double	D	用于要求精度很高的数值类型	8	

续表

类 型	符 号	说 明	长 度	举 例
整型 Integer	I	不带小数点的数值类型	4	楼层、数量、年龄
逻辑型 logic	L	描述客观事物真假，表示逻辑判断结果，只有真和假两种值	1	汉族否、党员否
备注型 Memo	M	存放较长的字符型数据。存储指向实际数据存放位置的地址指针，实际数据存放在与数据表文件同名的.fpt 文件中，其长度仅受磁盘空间的限制	4	备注、简历
通用型 General	G	存储 OLE 对象的数据，OLE 对象可以是电子表格、文档、图片等。存储指向.fpt 文件位置的地址指针	4	照片
字符型 （二进制）		存储任意不经过代码页修改而维护的字符型数据		
备注型 （二进制）		存储任意不经过代码页修改而维护的备注型数据		

2. 非格式化数据输出命令

数据处理后，有时要用输出命令将操作的结果在屏幕上显示出来。

（1）换行显示

【格式】? <表达式表>

【功能】在屏幕下一行显示指定表达式的值。

【说明】

① 屏幕下一行第一列开始显示指定表达式的值。

② <表达式表>：多个表达式之间用","分隔。

（2）续行显示

【格式】?? <表达式表>

【功能】在屏幕当前行显示指定表达式的值。

【说明】

① 屏幕当前行当前列开始显示指定表达式的值。

② <表达式表>：多个表达式之间用","分隔。

4.1.2 常量及其类型

常量指在数据处理过程中保持不变的数据。不同类型的常量有不同的书写格式。

Visual FoxPro 支持的常量类型有数值型、货币型、字符型、逻辑型、日期型和日期时间型六种。

1. 数值型常量

数值型常量就是一个常数，表示数量的大小，由数字 0～9、小数点（.）和正负号（+、-）构成，也可以用科学记数法来表示很小或很大的值。

例如，3.14，-0.618，+5，5.678E12 表示 5.678×10^{12}，-1.23E-12 表示 -1.23×10^{-12}。

2. 货币型常量

货币型常量表示货币值，在数值型数据前加上前缀货币符号（$），只保留 4 位小数。例如，$123.456789 存储为$123.4568。

3. 字符型常量

字符型常量也称为字符串，在使用时必须用定界符双引号（"）、单引号（' '）或方括弧（[ ]）括起来，若字符串包含有定界符，须用另一种定界符括起来，如"ABCDE"、'Visual FoxPro'、[辽宁医学院]、"I'm a student."。

4. 逻辑型常量

逻辑型常量只有"真"和"假"的两个值。将大写或小写的 T、Y 或 F、N 用定界符圆点（.）括起来。

逻辑真：.t.、.T.、.y.、.Y.，逻辑假：.f.、.F.、.n.、.N.。

5. 日期型常量

日期型常量将年、月、日信息用定界符花括号（{}）括起来，年月日之间用分隔符分隔。分隔符：斜杠（/）、连字号（-）、句点（.）和空格等，其中斜杠是系统默认的分隔符。

日期型常量的格式有两种：

① 传统日期格式是{mm/dd/yy}，也是默认格式，受系统设置命令"SET DATE TO"和"SET CENTURY ON"影响。

② 严格日期格式是{^yyyy/mm/dd}；其中 yyyy 表示年，mm 表示月，dd 表示日。

例如，{12/12/13}、{^2013/12/12}，空白日期表示为{}或{/}。

6. 日期时间型常量

日期时间型常量将日期和时间信息用定界符花括号（{}）括起来。日期部分格式同日期型常量，有传统和严格两种格式；日期和时间之间用分隔符空格或逗号（,）分隔。

时间部分格式为"hh:mm:ss [a|p]"，其中 hh 表示时，mm 表示分，ss 表示秒，时分秒之间用定界符冒号（:）分隔，a 表示上午，p 表示下午，默认值是上午，如果指定的时间大于等于 12，则自然为下午。

日期时间型常量的格式有两种：

① 传统日期时间格式是{mm/dd/yy[,][hh[:mm[:ss]][a/p]]}，也是默认格式，受系统设置命令影响。

② 严格日期时间格式是{^yyyy/mm/dd[,][hh[:mm[:ss]]][a/p]}。

例如，{12/12/13 11:46:05 A}、{^2013/12/12, 13:46:05}。

Visual FoxPro 提供的日期设置命令：

【格式】SET MARK TO [日期分隔符]

【功能】设置日期数据的分隔符。若没有指定分隔符，则表示恢复系统默认分隔符"/"。

【格式】SET CENTURY ON|OFF

【功能】设置日期数据的年份表示形式。"ON"指定年份采取 4 位表示,"OFF"指定年份采取两位表示。

【格式】SET CENTURY TO [世纪值] ROLLOVER [参照值]

【功能】设置日期中的世纪值。"TO"指定用两位数字表示年份时,年份省略世纪。若该日期中的两位数字年份大于等于[参照值],则它所处的世纪为[世纪值],否则日期的世纪值为[世纪值]+1。

【格式】SET STRICTDATE TO [0|1|2]

【功能】设置是否对日期格式进行检查。其中,0:不进行严格的日期格式检查;1:进行严格的日期格式检查,是系统默认;2:进行严格的日期格式检查,并对 CTOD( )和 CTOT( ) 函数的格式也有效。

【格式】SET DATE TO AMERICAN|ANSI…

【功能】设置日期显示格式。AMERICAN 指定美式日期格式,即为月、日、年;ANSI 指定标准格式,即为年、月、日。也可以用 YMD 代表年、月、日。

4.1.3　变量及其类型

变量指在数据处理过程中其值可以改变的数据。确定一个变量,需要确定 3 个要素:变量名、变量类型和变量值,通过变量名访问变量的值,变量的值决定变量的类型。

1．Visual FoxPro 的变量

Visual FoxPro 定义两种变量类型:字段变量和内存变量。

变量的命名规则:

由字母、汉字、数字和下划线组成;不允许有空格,不允许数字开头,不允许使用 Visual FoxPro 保留字;每个汉字占两个字节。

（1）字段变量

字段变量是 Visual FoxPro 在数据表中定义的字段。在一个数据表中,表的一列就是关系中的一个属性,是一个字段。同一个字段下有若干个值,当数据表打开时,记录指针指向不同的记录,同一字段的数据值也不同。

字段名:必须以字母或汉字开头,自由表字段名最长 10 个字符,数据库表字段名最长 128 个字符;

字段类型:Visual FoxPro 中提供的各种数据类型,根据需要由用户定义;

字段长度:根据数据大小和类型来定义字段的长度。

例如,xuesheng.dbf 表中的"学号　字符型　宽度 10"、"姓名　字符型　宽度 6"、"出生日期　日期型　宽度 8"。

（2）内存变量

内存变量是独立于数据表之外而存在的变量。在数据处理时,用户临时开辟一些内存单元用来存放临时的数据或运算结果。Visual FoxPro 定义的内存变量类型有数值型、字符型、货币型、逻辑型、日期型、日期时间型。内存变量分为简单内存变量、数组变量及系统变量。

1）简单内存变量。如果简单内存变量与字段变量同名,要访问简单内存变量,必须在变量名前加上前缀"M."或"M→",否则将访问同名的字段变量。例如:

M.<内存变量名>或者 M-> <内存变量名>

简单内存变量在使用时随时建立，向简单内存变量赋值不必事先定义。变量的赋值命令有以下两种格式：

【格式】<内存变量名>=<表达式>

【功能】将指定表达式的值赋给内存变量。

【格式】STORE <表达式> TO <内存变量名表>

【功能】将指定表达式的值同时赋给内存变量名表指定的多个内存变量，多个内存变量名之间用逗号(,)分隔。例如：

```
专业="临床医学"              &&为内存变量"专业"赋值字符型常量"临床医学"
STORE 3*6 TO a1,a2,a3        &&为内存变量 a1、a2、A3 同时赋予相同的数值型常量 18
```

2）数组变量。数组是内存中连续的一片存储区域，它由一系列元素组成，具有相同变量名。每个数组元素可通过数组名及相应的下标来访问。每个数组元素相当于一个简单变量，可以给各元素分别赋值。在 Visual FoxPro 中，一个数组中各元素的数据类型可以不同。

与简单内存变量不同，数组在使用之前要先定义：

【格式 1】DIMENSION| DECLARE <数组名 1>(<下标 1>[,<下标 2>])[,<数组名 2>(<下标 1>[,<下标 2>])][, …]

【功能】定义一个或多个一维或二维数组。

【说明】

① DIMENSION 与 DECLARE 功能相同。

② 数组命名规则符合变量命名规则。

③ 定义数组时，在数组名字后面必须使用"( )"或者使用"[]"，并在括号内标明下标上限，默认下标下限是 1。

④ 定义一个下标是一维数组，定义两个下标是二维数组。

⑤ 数组的各个元素初始值都是逻辑值.F.。

⑥ 可以用一维数组的形式访问二维数组。

例如，x(5)表示一维数组 x 含五个元素：x(1)，x(2)，x(3)，x(4)，x(5)；y(2, 3)表示二维数组 y 含六个元素：y(1, 1)，y(1, 2)，y(1, 3)，y(2, 1)，y(2, 2)，y(2, 3)，可以用一维数组形式来表示：y(1)、y(2)、y(3)、y(4)、y(5)、y(6)，其中 y(4)代表二维数组中的 y(2, 1)。

同一数组元素在不同时刻可以存放不同类型的数据，每个元素的数据类型由所赋值决定。

注意：数组变量可以不带下标使用，它在赋值语句的左边，表示该数组所有元素，在赋值语句的右边，表示该数组的第 1 个元素。例如：

```
DIMENSION x(5),y(2,3)       &&定义一维数组 x,二维数据 y
x(1)={^2013/12/12}          &&给数组 x 第 1 个元素赋值
x=9                         &&给数组 x 的所有元素赋值
? x(1),x(2)
STORE 6 TO y                &&给数组 y 的所有元素赋值
y(2,1)=x                    &&将数组 x 第 1 个元素的值赋给数组 y 第 4 个元素
? y(4),y(5)
```

运行结果如图 4-1 所示。

图 4-1　数组定义赋值运行结果

3）系统变量。系统变量是 Visual FoxPro 自动定义和维护的专有内存变量，变量名均以下划线开头。系统变量在 Visual FoxPro 启动时由系统定义，在 Visual FoxPro 退出时由系统释放。

例如，"_SCREEN.FONTSIZE=14，_SCREEN.FONTSIZE"就是一个系统变量，用于定义屏幕显示字号为 14。

2．内存变量的操作命令

（1）显示内存变量

【格式】LIST|DISPLAY MEMORY [LIKE <通配符>] [TO PRINTER] [TO FILE <文件名>]

【功能】显示内存变量的当前信息，包括变量名、作用域、类型和当前值。

【说明】

1）LIST MEMORY 滚动显示所有内存变量；而 DISPLAY MEMORY 分屏显示，满一屏后暂停，按任意键再继续显示下一屏。

2）LIKE <通配符>：显示与通配符相匹配的内存变量，通配符包括"*"和"?"，"*"表示任意多个字符，"?"表示任意一个字符。

3）TO PRINTER：在显示的同时在打印机上输出。

4）TO FILE：在显示的同时存到指定的文本文件中，文件的扩展名为.txt。

（2）保存内存变量

【格式】SAVE TO <内存变量文件名> [ALL LIKE/EXCEPT <内存变量名框架>]

【功能】将内存中的部分或全部内存变量以文件的形式存入磁盘，文件名由<内存变量文件名>指定，文件扩展名的默认值为.mem。

【说明】ALL LIKE|EXCEPT <内存变量名框架>：保存与通配符相匹配或不相匹配的变量。通配符可以使用"*"和"?"。

（3）清除内存变量

【格式 1】：RELEASE <内存变量名表>

【格式 2】：RELEASE ALL [LIKE|EXCEPT <内存变量名框架>]

【格式 3】：CLEAR MEMORY|RELEASE ALL

【功能】清除指定或所有的内存变量。

【说明】

1）<内存变量名表>：指定内存变量。

2）ALL LIKE|EXCEPT <内存变量名框架>：指定与通配符相匹配或不相匹配的变量。通配符可以使用"*"和"?"。

3）格式 3 为删除当前内存中的所有内存变量。例如：

```
RELEASE ALL LIKE a*        &&清除变量名以 a 开头的所有内存变量
```

（4）恢复内存变量

【格式】RESTORE FROM <内存变量文件名>

【功能】将指定内存变量文件中的内存变量恢复到内存中。

4.1.4　函数及其类型

函数是用程序来实现的一种数据处理方式，每一个函数都有特定的数据处理功能。函数可以有多个自变量，但只有一个运算结果，即返回值，也称函数值。函数按提供方式分为标准函数和自定义函数；按自变量和函数值的数据类型分为数值函数、字符函数、日期时间函数、转换函数和测试函数。

Visual FoxPro 提供了几百种标准函数来支持各种数据运算、状态检测等。详见附录 2。标准函数的一般形式：

函数名>([<自变量表>])

下面给出几个常见函数。

1．数值函数

【格式】ABS(<数值表达式>)

【功能】绝对值函数 ABS( )，返回<数值表达式>的绝对值。

【格式】INT(<数值表达式>)

【功能】取整函数 INT( )，返回<数值表达式>值的整数部分。

【格式】ROUND(<数值表达式 1>,<数值表达式 2>)

【功能】四舍五入函数 ROUNT( )，返回<数值表达式 1>在指定位置四舍五入后的结果，<数值表达式 2>指定四舍五入的位置，若<数值表达式 2>大于 0，那么表示的是要保留小数的位数，若小于 0，那么表示的是整数部分的舍入位数。

【格式】MAX(<数值表达式 1>, <数值表达式 2>, …)

【功能】最大值函数 MAX( )，计算各个表达式的值，返回其中的最大值。

【格式】MIN(<数值表达式 1>, <数值表达式 2>, …)

【功能】最小值函数 MIN( )，计算各个表达式的值，返回其中的最小值。

【格式】SQRT(<数值表达式>)

【功能】平方根函数 SQRT( )，返回<数值表达式>的算术平方根。

【格式】MOD(<数值表达式 1>, <数值表达式 2>)

【功能】余数函数 MOD( )，将<数值表达式 1>除以<数值表达式 2>，然后返回它们的余数。函数返回值的符号与<数值表达式 2>的符号相同。

【格式】SIGN(<数值表达式>)

【功能】符号函数 SIGN( )，返回<数值表达式>的符号。正数返回值为 1，负数返回值为 -1，0 返回值为 0。例如：

```
x=-3141.5926
? ABS(x),INT(x)
? ROUND(x,2),ROUND(x,0),ROUND(x,-1)
? MOD(7,3),MOD(7,-3),MOD(-7,3),MOD(-7,-3)
```

运行结果如图 4-2 所示。

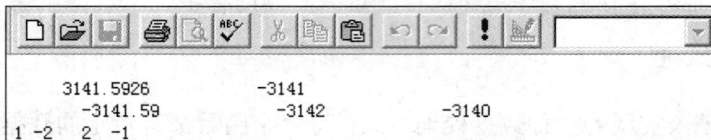

图 4-2 数值函数运行结果

2. 字符函数

【格式】LEN(<字符表达式>)

【功能】字符串长度函数 LEN( )，返回<字符表达式>的长度，函数返回值为数值型。

【格式】LOWER(<字符表达式>)

【功能】小写转换函数 LOWER( )，将<字符表达式>中所有大写字母转换为对应的小写字母。

【格式】UPPER(<字符表达式>)

【功能】大写转换函数 UPPER( )，将<字符表达式>中所有小写字母转换为对应的大写字母。

【格式】SPACE(<数值表达式>)

【功能】生成空格函数 SPACE( )，生成<数值表达式>指定个数的空格。

【格式】SUBSTR(<字符表达式>, <起始位置>[, <长度>])

【功能】取子串函数 SUBSTR( )，从<字符表达式>的<起始位置>开始取指定<长度>的子串。

【格式】LEFT(<字符表达式>, <长度>)

【功能】左子串函数 LEFT( )，从<字符表达式>的左端取指定<长度>的子串。

【格式】RIGHT(<字符表达式>, <长度>)

【功能】右子串函数 RIGHT( )，从<字符表达式>的右端取指定<长度>的子串。

【格式】AT(<字符表达式 1>, <字符表达式 2>[, <数值表达式>])

【功能】子串位置函数 AT( )，若<字符表达式 1>是<字符表达式 2>的子串，则返回<字符表达式 1>的首字符在<字符表达式 2>中的位置；若不是子串，则返回 0。函数返回值为数值型。例如：

```
x="Visual FoxPro 教程"
? LEN(x),LOWER(x),UPPER(x)
? SUBSTR(x,5,5),LEFT(x,5),RIGHT(x,5)
? "辽宁"+SPACE(5)+"医学院",AT("Fox",x)
```

运行结果如图 4-3 所示。

图 4-3　字符函数运行结果

3. 日期时间函数

【格式】DATE( )

【功能】系统日期函数 DATE( )，返回当前系统的日期。

【格式】TIME( )

【功能】系统时间函数 TIME( )，返回当前系统的时间，函数返回值为字符型。

【格式】YEAR(<日期表达式>|<日期时间表达式>)

【功能】年份函数 YEAR( )，返回<日期表达式>或<日期时间表达式>中的年份，函数返回值为数值型。

【格式】CMONTH(<日期表达式>|<日期时间表达式>)

【功能】月份函数 CMONTH( )，返回<日期表达式>或<日期时间表达式>中的月份英文名称。例如：

```
? DATE(),TIME()
? YEAR(DATE()),CMONTH(DATE())
```

运行结果如图 4-4 所示。

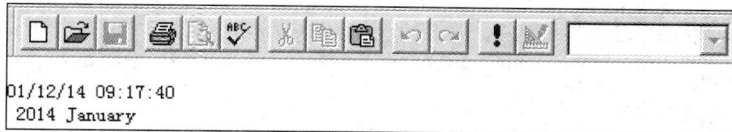

图 4-4　日期时间函数运行结果

4. 转换函数

【格式】STR(<数值表达式>[,<长度>[, <小数位数>]])

【功能】数值转字符函数 STR( )，将<数值表达式>值转换成相应数字构成的字符串。

【说明】

1）<长度>指定转换后的字符个数，<小数位数>指定转换后小数点后的字符个数。

2）若<长度>大于<数值表达式>值的数字个数，则字符串加前导空格补足位数；若<长度>小于<数值表达式>值的数字个数，大于整数位数(包括负号)，则优先满足整数位数而自动调整小数位数；若指定<长度>小于整数位数，则返回指定<长度>个数"*"，表示溢出。

3）若<小数位数>大于<数值表达式>值的小数位数，则字符串加后缀 0 补足位数；若<小数位数>小于<数值表达式>值的小数位数，则按指定位数进行四舍五入。

4）省略<小数位数>，默认小数位数为 0；省略<长度>和<小数位数>，默认字符串长度为 10，小数位数为 0。

【格式】VAL(<字符表达式>)

【功能】字符转数值函数 VAL( )，将由数字、正负号、小数点组成的字符型数据转换成相应的数值型数据。

【说明】返回值四舍五入，默认保留 2 位小数；若字符串内出现非数字字符，则只转换前面部分；若字符串的首字符不是数字字符，则返回数值 0，但忽略前面的空格。

【格式】CTOD(<字符表达式>)

【功能】字符转日期函数 CTOD( )，将<字符表达式>转换成日期型数据。<字符表达式>的日期格式符合系统设置的日期格式。年份可以用 4 位，也可以用两位。如果用两位，世纪值由"SET CENTURY TO"指定。

【格式】DTOC(<日期表达式>[,1])

【功能】日期转字符函数 DTOC( )，将<日期表达式>转换成字符型数据。字符串中日期格式受"SET DATE TO 和 SET CENTURY"命令影响；若使用[1]，则字符串的格式为 YYYYMMDD。

【格式】&<字符型变量>[.]

【功能】宏替换函数&，替换出<字符型变量>的内容，如果函数与后面的字符无明确分隔，则要用"."作函数结束标识；宏替换可以嵌套使用。例如：

```
x=-3141.5926
? STR(x,10,2),STR(x,7,2),STR(x),STR(x,7),STR(x,3)
a="-3.1415"
b="a926"
? VAL(a),VAL(b),VAL(a+b)
m="1"
n="2"
p12="专业"
专业="临床医学"
? &m,&n,p&m.&n,&p&m.&n
```

运行结果如图 4-5 所示。

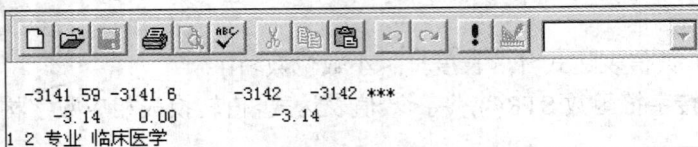

图 4-5　转换函数运行结果

5．测试函数

【格式】ISNULL(<表达式>)

【功能】NULL 测试函数 ISNULL( )，测试<表达式>的运算结果是否为 NULL 值，若为 NULL 值返回.T.，否则返回.F.。

【格式】EMPTY(<表达式>)

【功能】"空"值测试函数 EMPTY( )，测试<表达式>的运算结果是否为"空"值，若为

"空"值，返回.T.，否则返回.F.。注意这里的"空"值与 null 是不同的两个概念，EMPTY(.null.)结果为.F.；不同的类型数据的"空"值不同。

【格式】VARTYPE(<表达式>)

【功能】数据类型测试函数 VARTYPE( )，测试<表达式>的类型，返回一个大写字母，函数返回值为字符型。若<表达式>是一个数组，则返回第一个数组元素的类型字母。

【格式】BOF([<工作区号>|<表别名>])

【功能】表文件首测试函数 BOF( )，测试[<工作区号>|<表别名>]指定数据表的记录指针是否指向文件首，若是则返回.T.，否则返回.F.；表文件首是指第一条记录的前面。

【说明】若指定工作区中没有打开数据表，则函数返回值为.F.，若表文件为空，则返回.T.。

【格式】EOF([<工作区号>|<表别名>])

【功能】表文件尾测试函数 EOF( )，测试[<工作区号>|<表别名>]指定数据表的记录指针是否指向文件尾，若是则返回.T.，否则返回.F.；表文件尾是指最后一条记录的后面。

【说明】若指定工作区中没有打开数据表，则函数返回值为.F.，若表文件为空，则返回.T.。

【格式】RECNO([<工作区号>|<表别名>])

【功能】记录号测试函数 RECNO( )，返回当前表文件或[<工作区号>|<表别名>]指定数据表的当前记录的记录号。

【说明】若指定工作区中没有打开数据表，则函数值为 0，若记录指针指向文件尾，函数返回值为表文件中的记录数加 1；若记录指针指向文件首，函数返回值为 1。

【格式】IIF(<逻辑表达式>, <表达式 1>, <表达式 2>)

【功能】条件测试函数 IIF( )，测试<逻辑表达式>的值，若为.T.，函数返回<表达式 1>的值，若为.F.，函数返回<表达式 2>的值。例如：

```
x=.NULL.
? ISNULL(x),EMPTY(x),EMPTY(""),EMPTY(.F.),EMPTY(0)
? VARTYPE(-3.14),VARTYPE("-3.14"),VARTYPE(.T.),VARTYPE(x),VARTYPE(y)
USE xuesheng
? BOF(),EOF(),RECNO()
SKIP -1
? BOF(),EOF(),RECNO()
GO BOTTOM
? BOF(),EOF(),RECNO()
SKIP
? BOF(),EOF(),RECNO()
```

运行结果如图 4-6 所示。

图 4-6 测试函数运行结果

4.1.5 数据运算表达式及其类型

表达式是由常量、变量和函数通过特定的运算符连接起来的式子。运算符也称操作符，表示在操作数上的特定运算。Visual FoxPro 定义了 5 类运算符，将表达式分为数值表达式、字符表达式、日期时间表达式、关系表达式和逻辑表达式。大多数逻辑表达式是带比较运算符的关系表达式。

1．数值运算符和数值表达式

数值表达式是由数值型数据和返回值为数值型的函数通过数值运算符连接起来的式子，运算结果仍是数值型。

数值运算符的功能及运算优先顺序如表 4-2 所示。

表 4-2　数值运算符及优先级关系

优先级	1	2	3	4	5
运算符	( )	－	**或^	*、/、%	+、－
符号说明	圆括号	取相反数	乘方	乘、除、求余数	加、减

注意：求余数运算%与余数函数 MOD( )相同。例如：$\left(72 \div 29 - \dfrac{3^3}{100}\right) \times 3.15 + (-7)^2$

```
? (72/29-(3^3+6)/100)*3.14+-7**2
```

运行结果如图 4-7 所示。

```
55.76
```

图 4-7　数值表达式运行结果

2．字符运算符和字符表达式

字符表达式是由字符型数据和返回值为字符型的函数通过字符运算符连接起来的式子，运算结果仍是字符型。

字符运算符：

+：完全连接运算符，将+两边的字符串按原样连接；

－：不完全连接运算符，当前面字符串的尾部有空格时，将空格移到后面字符串的尾部，然后，再将两个字符串连接起来。

例如：

```
x="辽宁□□"            &&□表示 1 个空格
y="医学院"
? x+y,x-y
```

运行结果如图 4-8 所示。

图 4-8 字符表达式运行结果

3. 日期时间运算符和日期时间表达式

日期时间表达式是由日期型或时期时间型数据和返回值为日期型或时期时间型的函数通过日期或日期时间运算符连接起来的式子，运算结果是字符型或数值型。

日期或日期时间运算符如表 4-3 所示。

表 4-3 日期或日期时间运算符

运 算 符	格 式	结 果	类 型
+	<日期型数据>+<天数>	未来的日期	日期型
	<日期时间型数据>+<秒数>	未来的时间	日期时间型
-	<日期型数据>-<天数>	过去的日期	日期型
	<日期时间型数据>-<秒数>	过去的时间	日期时间型
	<日期型数据1>-<日期型数据2>	两个日期相差的天数	数值型
	<日期时间型数据1>-<日期时间型数据2>	两个时间相差的秒数	数值型

例如：

```
? DATE()+11,DATETIME()+60
? DATE()-33,DATETIME()-120
? DATE()-{^2012/12/12}, DATETIME()-{^2013/12/12 13:00}
```

运行结果如图 4-9 所示。

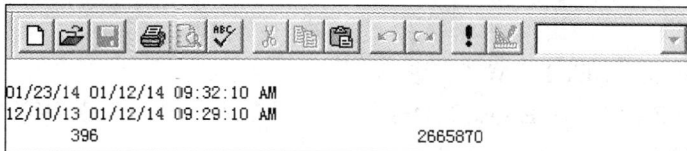

图 4-9 日期时间表达式运行结果

4. 关系运算符和关系表达式

关系表达式是由相同类型的数据和返回值类型相同的函数通过关系运算符连接起来的式子，运算结果是逻辑型。

关系运算符如表 4-4 所示。

表 4-4 关系运算符

运 算 符	>	<	=	>=	<=	<>、!=、#	==	$
功 能	大于	小于	等于	大于等于	小于等于	不等于	精确比较	子串包含

注意：运算符 "==" 和 "$" 只适用于字符型数据。其他运算符适用于两个相同类型数

据之间的比较。

（1）各种类型数据的比较规则

1）数值型和货币型数据比较：根据数值大小。

2）日期型和日期时间型数据比较：越早的日期和时间越小。

3）逻辑型数据比较：逻辑真比逻辑假大。

4）字符型数据比较：按照字符排列顺序，自左向右逐个比较，若相同，则比较下一个字符；若不同，则根据字符的大小决定字符串的大小。

（2）设置字符排序的次序

Visual FoxPro 定义了 3 种字符排序次序：Machine、PinYin 和 Stroke，系统默认排序次序是 PinYin。

1）Machine（机器）次序：按照机内码顺序排序。西文字符按 ASCII 码值排列：空格最小，大写字母 ABC 序列在前，小写字母 abc 序列在后。汉字的机内码与汉字国标码一致，对于常用的一级汉字，根据拼音顺序决定大小。

2）PinYin（拼音）次序：按照拼音次序排序。西文字符，空格最小，小字字母 abc 序列在前，大写字母 ABC 序列在后。

3）Stroke（笔画）次序：按照书写笔画的多少排序。

设置字符排序次序方法：

菜单方式：选择"工具"菜单中的"选项"命令，在弹出的"选项"对话框中单击"数据"选项卡，在"排序序列"下拉列表框中选择。

命令方式：

```
SET COLLATE TO "Machine"|"PinYin"|"Stroke"
```

（3）精确比较"=="与非精确比较"="

精确比较"=="：两字符串完全相同（长度相同，字符相同，排列相同）时才为.T.，否则为.F.。

非精确比较=：受"SET EXACT"影响。

1）系统默认状态："SET EXACT OFF"时，用右侧字符与左侧字符逐个比较，当右侧字符串结束终止比较；

2）系统设置："SET EXACT ON"时，先在较短字符串尾部加上若干个空格，使两个字符串长度相等，再进行精确比较。

（4）包含运算"$"与非精确比较"="

包含运算"$"：只适用于字符型数据比较，格式为"<左串>$<右串>"，左串在右串中出现为.T.，否则为.F.。

非精确比较"="：适用于多种类型数据比较，字符串比较时格式为"<左串>=<右串>"，用右串与左串逐个字符比较。

例如：

```
SET COLLATE TO "PinYin"
SET EXACT OFF
? 123>456,$123<$456,.t.>=.f.,date()<={^2013/11/11}
```

```
?  ""<>"ab","教师"!="学生","ab"#"AB"
?  "解剖□□"=="解剖","解剖□□"=="解剖"              &&□表示1个空格
?  "解剖□□"="解剖","解剖"="解剖□□"                &&□表示1个空格
?  "Visual FoxPro"="Visual","Visual FoxPro"$"Visual"
?  "Visual"="Visual FoxPro","Visual"$"Visual FoxPro"
```

运行结果如图 4-10 所示。

图 4-10 关系表达式运行结果

5. 逻辑运算符和逻辑表达式

逻辑表达式是由逻辑型数据和返回值为逻辑值的函数通过逻辑运算符连接起来的式子，运算结果是逻辑型。

逻辑运算符的功能、运算优先顺序和运算规则如表 4-5 所示。

表 4-5 逻辑运算符及运算规则

优先级别			1	2	3
运算符			.NOT.	.AND.	.OR.
符号说明			逻辑非	逻辑与	逻辑或
	A	B	.NOT.A	A.AND.B	A.CR.B
	.T.	.T.	.F.	.T.	.T.
运算规则	.T.	.F.	.F.	.F.	.T.
	.F.	.T.	.T.	.F.	.T.
	.F.	.F.	.T.	.F.	.F.

注：.NOT.是单目运算符；逻辑运算符的定界符圆点(.)可以省略，写成 NOT、AND、OR。

Visual FoxPro 许多命令和语句格式中都有<条件>子句，这里的<条件>就是关系表达式或逻辑表达式。

例如，查询基本工资高于 2800 元的讲师和副教授，语句如下：

```
基本工资>=2800.AND.职称="讲师".OR. 基本工资>=2800.AND.职称="副教授"
```

或

```
基本工资>=2800.AND.(职称="讲师".OR.职称="副教授")
```

6. 运算优先级

在每一类运算符中，各个运算符有一定的运算优先级。不同类型的运算符也可能出现在

同一个表达式中，这时它们的运算优先级由高到低顺序为：数值运算符、字符运算符、日期时间运算符→关系运算符→逻辑运算符。

圆括号( )作为运算符，可以改变运算次序，括号内的内容作为表达式，应该先计算出来。圆括号的优先级最高，圆括号可以嵌套。

4.2　数据库和表操作命令

4.2.1　数据库操作命令

1.　建立数据库

【格式】CREATE DATABASE <数据库名>
【功能】创建数据库。
【说明】命令执行后，不打开数据库设计器，但新创建的数据库处于打开状态。

2.　打开数据库

【格式】OPEN DATABASE <数据库名> [EXCLUSIVE|SHARED] [NOUPDATE] [VALIDATE]
【功能】打开指定的<数据库>。
【说明】

1）[EXCLUSIVE|SHARED]：EXCLUSIVE 以独占方式打开数据库；SHARED 以共享方式打开数据库。

2）[NOUPDATE]：以只读方式打开数据库。

3）[VALIDATE]：检查数据库中引用的对象是否合法。

注意：当数据库打开时，数据库中所有的表文件都可能使用，但这些表不会自动打开；如果同时打开多个数据库，只有一个数据库是当前数据库。系统默认最后打开的数据库为当前数据库，可以用"SET DATABASE TO <数据库名>"改变当前数据库。

3.　关闭数据库

【格式】CLOSE DATABASE|ALL
【功能】关闭数据库。
【说明】

1）CLOSE DATABASE：关闭当前打开的数据库。

2）CLOSE ALL：关闭所有对象，如数据库、表和索引等。

4.　修改数据库

【格式】MODIFY DATABASE <数据库名>
【功能】打开数据库设计器，修改指定<数据库>。

5. 删除数据库

【格式】DELETE DATABASE <数据库名> [DELETE DELETETABLES] [RECYCLE]

【功能】从磁盘上删除指定<数据库>。

【说明】

1）删除的数据库必须处于关闭状态。

2）有子句时，被删除数据库中的数据库表成为自由表。

3）[DELETE DELETETABLES]：删除数据库的同时删除该数据库中的所有数据表。

4）[RECYCLE]：将删除的数据库和数据表放入 Windows 的回收站，可以还原。

6. 添加自由表

【格式】ADD TABLE <数据表名>|[NAME <长表名>]

【功能】将指定的<数据表>添加到当前数据库中，成为数据库表。

【说明】[NAME <长表名>]：为数据表指定一个最长可以是 128 个字符的长表名。

7. 移出数据库表

【格式】REMOVE TABLE <数据表名>|[DELETE]

【功能】将指定的<数据表>从当前数据库中移出，成为自由表。

【说明】[DELETE]：移出表文件的同时从磁盘上删除该数据表。

例 4-1　对数据库进行操作。

```
CREATE DATABASE xueshengguanli      &&创建 xueshengguanli.dbc
CLOSE DATABASE                      &&关闭 xueshengguanli.dbc
OPEN DATABASE xueshengguanli        &&打开 xueshengguanli.dbc
ADD TABLE xuesheng                  &&将 xuesheng.dbf 添加到 xueshengguanli.dbc
REMOVE TABLE xuesheng               &&将 xuesheng.DBF 移出 xueshengguanli.dbc
CLOSE DATABASE                      &&关闭 xueshengguanli.dbc
DELETE DATABASE xueshengguanli      &&删除 xueshengguanli.dbc
CREATE DATABASE jiaoshiguanli       &&创建 jiaoshiguanli.dbc
MODIFY DATABASE jiaoshiguanli       &&打开 jiaoshiguanli.dbc 库设计器,修改库
CLOSE ALL                           &&关闭所有文件
```

4.2.2　表操作命令

1. 创建据库表

【格式】CREATE <数据表名>

【功能】打开表设计器，创建数据表。

2. 打开数据表

【格式】USE <数据表名> [NCUPDATE] [EXCLUSIVE|SHARED]

【功能】打开指定<数据表名>的数据表。

【说明】

1）[NOUPDATE]：以只读方式打开数据表。

2）[EXCLUSIVE|SHARED]：EXCLUSIVE 以独占方式打开数据表；SHARED 以共享方式打开数据表。

3）如果当前工作区已有打开的数据表，系统自动关闭先前打开的数据表，再打开指定的数据表。

3．关闭数据表

【格式】USE

【功能】关闭当前工作区打开的数据表。

【格式】CLEAR ALL

【功能】关闭所有工作区中打开的数据表、索引文件、格式文件和备份文件等，并清除所有内存变量，返回 1 工作区。

【格式】CLOSE ALL

【功能】关闭所有类型的文件，返回 1 工作区。

【格式】QUIT

【功能】关闭所有打开的文件，退出 Visual FoxPro 系统，返回操作系统。

4．显示表结构

【格式】LIST|DISPLAY STRUCTURE [TO PRINTER [PROMPT]]|[TO FILE <文件名>]

【功能】显示当前数据表结构。

【说明】

1）LIST 是滚动显示；DISPLAY 是分屏显示，满一屏幕暂停，用户按任意键继续显示。

2）[TO PRINTER [PROMPT]]：边显示边打印；[PROMPT]：指定打印前显示一个对话框，用于设置打印机。

3）[TO FILE <文件名>]：在显示的同时将数据表结构保存到<文件名>指定的文本文件中。

5．修改表结构

【格式】MODIFY STRUCTURE

【功能】打开表设计器，修改表结构。

【说明】字段名的修改要单独进行，不能与其他修改同时进行。

例 4-2　显示修改表结构。

```
CREATE xuesheng          &&创建 xuesheng.dbf
USE                      &&关闭 xuesheng.dbf
USE xuesheng             &&打开 xuesheng.dbf
LIST STRUCTURE           &&显示 xuesheng.dbf 结构
MODIFY STRUCTURE         &&打开 xuesheng.dbf 表设计器,修改表结构
CLEAR ALL                &&关闭所有打开的表文件
```

4.2.3　记录指针定位

数据表中的记录号用于表示数据记录在表文件中的物理顺序。每个数据表都有一个记录指针，用来指示当前被操作的记录，即当前记录。Visual FoxPro 许多命令都需要先定位指针，再进行操作。

数据表刚打开时（包含空表），记录指针自动指向记录号为 1 的记录。表记录指针有以下 3 种定位方式。

1. 绝对定位

【格式】GOTO|go<记录号>|TOP|BOTTOM

【功能】将当前表记录指针定位到<记录号>指定记录。

【说明】

1）<记录号>的取值范围在 1 和当前表最大记录个数之间。

2）TOP：表示当前表的首记录，与是否使用索引有关，没有使用索引，是指记录号为 1 的记录；使用索引，是指依据索引项排在第 1 的记录。

3）BOTTOM：表示当前表的尾记录，与是否使用索引有关，没有使用索引，是指当前表记录号最大的记录；使用索引，是指依据索引项排在最末的记录。

2. 相对定位

【格式】SKIP [<记录数>]

【功能】将记录指针从当前记录位置向前或向后移动指定<记录数>。

【说明】

1）<记录数>为正，记录指针向表尾方向移动；为负，记录指针向表头方向移动；省略，记录指针默认移到下一条记录，相当于 SKIP 1。

2）若记录指针已指向尾记录，再执行 SKIP，则指针指向文件尾，即函数 EOF( )为.T.，函数 RECNO( )为尾记录号+1。

3）若记录指针已指向首记录，再执行 SKIP-1，则指针指向文件头，即函数 BOF( )为.T.，函数 RECNO( )为 1。

3. 查询定位

【格式】LOCATE FOR <条件>[<范围>]

【功能】将记录指针定位到指定<范围>内符合指定<条件>的第 1 条记录；若没有，记录指针定位到文件尾。

【说明】

1）<条件>：是逻辑表达式，指定定位条件。

2）<范围>：有 4 种范围短语，即 ALL、RECORD n、NEXT n、REST，省略时默认为 ALL。

3）记录指针定位符合<条件>的第 1 条记录，函数 FOUND( )为.T.，否则记录指针定位文件尾，函数 FOUND( )为.F.。

4）记录指针定位成功，如果想继续定位下一条符合的记录，应使用 CONTINUE；CONTINUE 只能在 LOCATE 之后，与 LOCATE 配合使用。

例 4-3 对记录指针进行操作。

```
USE xuesheng
GOTO 3                  &&指针定位到 3 号记录
DISPLAY&&显示当前记录
SKIP 3                  &&指针移动到 6 号记录
DISPLAY
GO 10                   &&指针定位到 10 号记录
DISPLAY
SKIP -5                 &&指针移动到 5 号记录
DISPLAY
GOTO TOP                &&指针定位到首记录
DISPLAY
GO BOTTOM               &&指针定位到尾记录
DISPLAY
USE
```

运行结果如图 4-11 所示。

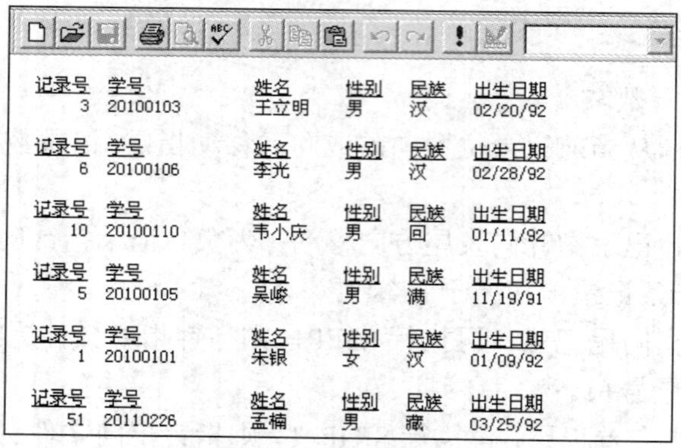

记录号	学号	姓名	性别	民族	出生日期
3	20100103	王立明	男	汉	02/20/92
记录号	学号	姓名	性别	民族	出生日期
6	20100106	李光	男	汉	02/28/92
记录号	学号	姓名	性别	民族	出生日期
10	20100110	韦小庆	男	回	01/11/92
记录号	学号	姓名	性别	民族	出生日期
5	20100105	吴峻	男	满	11/19/91
记录号	学号	姓名	性别	民族	出生日期
1	20100101	朱银	女	汉	01/09/92
记录号	学号	姓名	性别	民族	出生日期
51	20110226	孟楠	男	藏	03/25/92

图 4-11　例 4-3 运行结果

4.2.4　记录显示

【格式】LIST|DISPLAY [[FIELDS]<字段名表>] [<范围>] [FOR <条件>] [WHILE <条件>] [TO PRINTER [PROMPT]|TO FILE <文件名>] [OFF]

【功能】将当前表中指定<范围>内符合<条件>的记录的指定<字段名>的字段项显示出来。

【说明】

1）LIST 和 DISPLAY：省略子句时，LIST 默认显示所有记录，DISPLAY 默认显示当前记录。

2）[[FIELDS] <字段名表>]：指定要显示的字段，省略时，显示所有字段内容；[FIELDS] 可省略。

3）[FOR <条件>]和[WHILE <条件>]：FOR 子句表示所有符合条件的记录；WHILE 子

句表示从当前记录开始连续符合条件的记录。

4）[OFF]：不显示记录号；省略时自动添加记录号。

例 4-4　不带记录号显示 xuesheng.dbf 所有少数民族学生的学号、姓名、性别。

```
LIST FIELDS 学号,姓名,性别 ALL FOR 民族<>"汉" OFF
```

4.3　文件操作命令

1. 复制表结构

【格式】COPY STRUCTURE TO <文件名> [FIELDS <字段名表>]

【功能】将当前表结构的指定<字段>复制到指定<文件名>的数据表中，只复制表结构，不复制表中记录数据。

【说明】[FIELDS <字段名表>]：指定要复制的字段项；省略时，所有字段都复制。

2. 复制表文件

【格式】COPY TO <文件名> [FIELDS <字段名表>] [<范围>] [FOR <条件>]

【功能】将当前表中指定<范围>内符合<条件>的记录和结构的指定<字段>复制到指定<文件名>的数据表中。

【说明】[FIELDS <字段名表>]：指定要复制的字段项；省略时，所有字段都复制。

3. 复制表记录

【格式】APPEND FROM <文件名> [FIELDS <字段名表>] [FOR <条件>]

【功能】将指定<文件>的符合<条件>的记录的指定<字段>添加到当前表文件的末尾。

【说明】

1）<文件名>：没有给出扩展名，系统默认为.dbf。

2）[FIELDS <字段名表>]：数据只添加到指定的字段中；省略，则添加到所有字段。

3）<文件名>指定文件口数据与当前表字段类型、顺序和长度要一致。

这是追加命令，追加原则为同名原则。数据来源表中的字段与当前表的字段进行比较，同名则将符合条件的记录追加过来；若来源表缺少某些字段，则当前表中该字段值为空；当同名字段宽度不一致时，若来源表字段宽度小于当前表同名字段，则在字符型数据后面补足空格；若来源表字段宽度大于当前表同名字段，字符型数据截取前面字符，后面字符丢失，数值型数据进行小数部分四舍五入，仍不够，用"*"填充，表示溢出。

例 4-5　复制文件。

```
USE jiaoshi
COPY STRUCTURE TO jiaoshi-a        &&复制 jiaoshi.dbf 的结构生成
COPY TO jiaoshi-b FCR 部门码="B"    &&将 jiaoshi.dbf 的 B 部门复制生成
                                    jiaoshi-b.dbf
```

```
USE jiaoshi-a
APPEND FROM jiaoshi FOR 部门码="A"    &&将 jiaoshi.dbf 的 A 部门教师追加到
                                       jiaoshi-a.dbf
```

4.4　表记录的修改和维护命令

数据表中的数据经常需要维护，包含现有数据的修改、记录的添加和删除等操作。

4.4.1　记录的修改

1．编辑修改

【格式】EDIT|CHANGE [FIELDS <字段名表>] [<范围>] [FOR <条件>]

【功能】打开编辑窗口，修改当前表中指定<范围>内符合指定<条件>的记录指定<字段>的数据。

2．浏览修改

【格式】BROWSE [FIELDS <字段名表>] [<范围>] [FOR <条件>]

【功能】打开浏览窗口，修改当前表中指定<范围>内符合指定<条件>的记录指定<字段>的数据。

3．替换修改

【格式】REPLACE <字段 1> WITH <表达式 1> [ADDITIVE][, <字段 2> WITH <表达式 2> [ADDITIVE]][, …] [<范围>] [FOR <条件>]

【功能】用指定<表达式>的值替换当前表中指定<范围>内符合指定<条件>的记录指定<字段>的数据。

【说明】

1）可以同时替换多个字段的数据，<表达式 n>对应替换<字段 n>的数据,要求类型相同。

2）省略<范围>和<条件>子句时，默认替换当前记录数据。

3）[ADDITIVE]：只适用于备注型字段，<表达式>的值追加到原数据的后面；省略时，<表达式>的值替换原数据。

例 4-6　调整 jiaoshi.dbf 中 "A1" 部门人员的工资。

```
REPLACE 工资 WITH 工资+100 FOR 部门码="A1"
```

4.4.2　记录的插入和删除

1．插入记录

【格式】INSERT [BLANK] [BEFORE]

【功能】打开编辑窗口，在当前表中指定位置添加新记录或空记录。

【说明】

1）[BEFORE]：在当前记录前插入新记录；省略时，在当前记录后面插入。

2）[BLANK]：不打开编辑窗口，直接插入一条空记录。

2. 追加记录

【格式】APPEND [BLANK]

【功能】打开编辑窗口，在当前表末尾追加新记录或空记录。

【说明】[BLANK]：不打开编辑窗口，直接追加一条空记录。

3. 逻辑删除记录

【格式】DELETE [<范围>] [FOR <条件>] [WHILE <条件>]

【功能】将当前表中指定<范围>内符合指定<条件>的记录加上删除标记。

【说明】

1）该命令并不真正删除记录数据，省略子句时，只对当前记录加删除标记。

2）删除标记："LIST|DISPLAY"命令显示记录数据时，在第 1 个字段前面出现"＊"符号。

4. 隐藏逻辑删除记录

【格式】SET DELETE ON|OFF

【功能】设置当前表中带删除标记的记录的显示状态。

【说明】

1）ON：隐藏带删除标记的记录（操作时不包含带删除标记的记录）。

2）OFF：系统默认状态，显示带删除标记的记录。

5. 恢复逻辑删除记录

【格式】RECALL [<范围>] [FOR <条件>] [WHILE <条件>]

【功能】将当前表中指定<范围>内符合指定<条件>的记录的删除标记撤销。

【说明】省略子句时，只对当前记录加删除标记。

6. 物理删除已逻辑删除记录

【格式】PACK

【功能】将当前表中带删除标记的记录物理删除。

7. 物理删除所有记录

【格式】ZAP

【功能】将当前表中所有记录物理删除。

【说明】

1）命令物理删除所有记录，只保留表结构。

2）使用该命令时，系统会弹出提示对话框，确认是否删除。

例 4-7　删除恢复记录。

```
USE kecheng                    &&打开 kecheng.dbf
GOTO 3                         &&指针定位在 3 号记录
INSERT BEFORE BLANK            &&在 3 号记录前插入一条空记录
APPEND BLANK                   &&在文件尾追加一条空记录
DELETE ALL FOR 课程号=""       &&逻辑删除空记录
GO BOTTOM                      &&指针定位到尾记录
RECALL                         &&恢复尾记录
PACK                           &&物理删除 3 号空记录
ZAP                            &&物理删除所有记录
USE
```

4.5　表的排序和索引

数据表中记录的顺序是按输入记录的顺序即物理顺序存放的。在数据处理过程中，表中数据量很大，为了迅速查找和处理数据，需要将数据表中的记录按一定顺序重新排列。Visual FoxPro 提供了两种重新排列数据的方法：排序和索引。

4.5.1　排序

排序是将数据表中的记录按一个或多个字段重新排列顺序，并把结果保存在一个新数据表中。

【格式】SORT TO <新表文件名> ON <字段 1>[/A][/D][/C][,<字段 2>[/A][/D][/C]][, …] [FIELDS <字段名表>] [<范围>] [FOR <条件>]

【功能】将当前表中指定<范围>内符合指定<条件>的记录按指定<字段>重新排列，并将排序后记录的指定<字段>的数据项保存到指定<表文件名>的数据表中。

【说明】

1）TO <新表文件名>：指定排序后生成的新数据表表名。

2）ON <字段 1>,<字段 2>, …：指定排序依据；若有多个<字段>，先按<字段 1>排序，<字段 1>值相同的记录，再按<字段 2>排序，依此类推。

3）[/A][/D]：指定排序方式；[/A]升序排序，[/D]降序排序；省略时，系统默认升序排序。

4）[/C]：不区分字段中字母的大小写；省略时，区分大小写。

5）[FIELDS <字段名表>]：指定新数据表中包含的字段；省略时，包含所有字段。

6）[<范围>] [FOR <条件>]：省略时，所有记录重新排序。

例 4-8　建立排序文件。

```
USE xuesheng
SORT TO shaoshuminzuxuesheng ON 性别/A,出生日期/D FOR 民族<>"汉"
USE shaoshuminzuxuesheng
LIST
```

运行结果如图 4-12 所示。

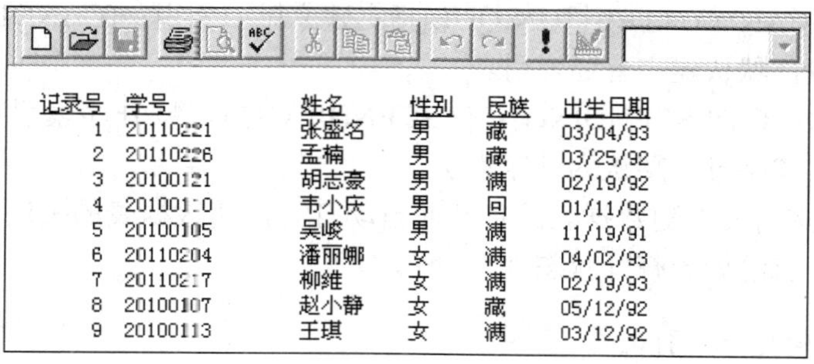

记录号	学号	姓名	性别	民族	出生日期
1	20110221	张盛名	男	藏	03/04/93
2	20110226	孟楠	男	藏	03/25/92
3	20100121	胡志豪	男	满	02/19/92
4	20100110	韦小庆	男	回	01/11/92
5	20100105	吴峻	男	满	11/19/91
6	20110204	潘丽娜	女	满	04/02/93
7	20110217	柳維	女	满	02/19/93
8	20100107	赵小静	女	藏	05/12/92
9	20100113	王琪	女	满	03/12/92

图 4-12 例 4-8 运行结果

4.5.2 索引

在数据处理过程中，使用排序命令会生成新的数据表，这些数据表与原来的数据表只是记录顺序不同，数据内容是相同的，造成计算机存储器中大量数据的冗余。所以实际应用中更多是采用索引的方法对数据表进行记录排序处理。

1. 建立单索引文件

【格式】INDEX ON <索引表达式> TO <单索引文件名> [UNIQUE] [FOR <条件>] [ADDITIVE]

【功能】将当前表中符合指定<条件>的记录按指定<索引表达式>值升序建立普通索引或唯一索引，并保存在指定的<单索引文件>中。

【说明】

1）TO <单索引文件名>：指定索引生成的索引文件名，扩展名为.idx，可以省略；一个单索引文件保存一个索引。

2）ON <索引表达式>：指定索引依据，可以是单个字段，也可以是多个字段连接的表达式；若组成字段的类型不同，需要通过转换函数将其转换成相同类型；表达式只能是数值型、字符型、日期型和逻辑型。

3）[UNIQUE]：指定建立唯一索引；省略时，默认建立普通索引。

4）索引文件建立的同时，自动处于打开状态，除结构复合索引文件外，其他打开的索引文件自动关闭；[ADDITIVE]指定其他打开的索引文件不关闭。

2. 建立结构复合索引文件

【格式】INDEX ON <索引表达式> TAG <索引标识名> [UNIQUE|CANDIDATE] [ASCENDING|DESCENDING] [FOR <条件>] [ADDITIVE]

【功能】将当前数据表中符合指定<条件>的记录按指定<索引表达式>值<升序>或<降序>建立<普通索引>、<唯一索引>、<候选索引>，并以指定的<索引标识名>保存在与当前表同名的<结构复合索引文件>中。

【说明】

1）TAG <索引标识名>：指定结构复合索引文件中索引标记名；结构复合索引文件与数

据表同名，扩展名为.cdx，可以保存多个以索引标识名区分的索引。

2）[UNIQUE|CANDIDATE]：[UNIQUE]指定建立唯一索引；[CANDIDATE]指定建立候选索引；都省略时，默认建立普通索引。

3）[ASCENDING|DESCENDING]：[ASCENDING]指定按升序索引；[DESCENDING]指定按降序索引；省略时，默认为升序索引。

4）结构复合索引文件随数据表的打开而自动打开，随数据表的关闭而自动关闭；索引文件建立的同时，自动处于打开状态。

3．建立非结构复合索引文件

【格式】INDEX ON <索引表达式> TAG <索引标识名> OF <非结构复合索引文件名> [UNIQUE] [ASCENDING|DESCENDING] [FOR <条件>] [ADDITIVE]

【功能】将当前数据表中符合指定<条件>的记录按指定<索引表达式>值<升序>或<降序>建立<普通索引>或<唯一索引>，并以指定的<索引标识名>保存在指定的<非结构复合索引文件>中。

【说明】

1）OF <复合索引文件名>：指定非结构复合索引文件名，扩展名为.cdx，可以保存多个以索引标识名区分的索引。

2）TAG <索引标识名>：指定非结构复合索引文件中索引的标记名。

例 4-9　建立索引文件。

```
USE xuesheng
INDEX ON 姓名 TO xm              &&按"姓名"建立单索引文件 xm.idx
INDEX ON 性别+民族 TO xbmz       &&按"性别"和"民族"建立单索引文件 xbmz.idx
INDEX ON 性别+DTOC(出生日期,1) TO xbcsrq
&&按"性别"和"出生日期"建立单索引文件 xbcsrq.idx
INDEX ON 姓名 TAG xm
&&按"姓名"建立索引,以标识名 xm 保存在结构复合索引文件 xuesheng.cdx 中
INDEX ON 姓名 TAG xm OF student
&&按"姓名"建立索引,以标识名 xm 保存在非结构复合索引文件 student.cdx 中
USE
```

4．打开索引文件

（1）打开数据表同时打开索引

【格式】USE <表文件名> INDEX <索引文件名表> [ORDER <数值表达式>|<单索引文件>|[TAG] <标识名> [OF <复合索引文件名>] [ASCENDING|DESCENDING]]

【功能】打开数据表的同时打开相关的索引。

【说明】

1）<索引文件名表>：指定要打开的索引文件，扩展名可省略；如果单索引文件与复合索引文件同名，必须写扩展名；若<索引文件名表>中第 1 个是单索引文件，则该索引指定为主控索引；若 1 个是复合索引文件，则不指定主控索引，数据表中记录仍按物理顺序排列。

2）[ORDER]：指定主控索引。

<数值表达式>：指定编号与<数值表达式>值相同的索引为主控索引；编号规则：单索引文件按<索引文件名表>中的顺序；结构复合索引文件中索引标识按产生顺序；非结构复合索引文件中标识先按<索引文件名表>顺序，再按标识产生顺序；若<数值表达式>值为 0，不指定主控索引，数据表中记录仍按物理顺序排列。

<单索引文件>：指定为主控索引。

[TAG] <标识名> [OF <复合索引文件名>]：指定<复合索引文件>中的<标识名>为主控索引；若[OF <复合索引文件名>]省略，则为结构复合索引文件，否则为非结构复合索引文件。

3）[ASCENDING|DESCENDING]]：强制主控索引以升序或降序索引；省略时按原顺序索引。

（2）单独打开索引文件

【格式】SET INDEX TO [<索引文件名表>] [ORDER <数值表达式>|<单索引文件>|[TAG] <标识名> [OF <复合索引文件名>] [ASCENDING|DESCENDING]]

【功能】在数据表已打开时，打开相关的索引。

5．指定主控索引

一个数据表可以同时打开多个索引，但同一时刻只能有一个索引起作用，这个索引称为主控索引。指定主控索引有以下 3 种方法：

1）新建立的索引自动打开，自动指定为主控索引。

2）在打开索引的同时指定主控索引。

3）单独指定主控索引。

【格式】SET ORDER TO <数值表达式>|<单索引文件>|[TAG] <标识名> [OF <复合索引文件名>] [ASCENDING|DESCENDING]]

【功能】指定主控索引。

【说明】<数值表达式>的值为 0 时，取消主控索引，数据表中记录仍按物理顺序排列。

6．关闭索引文件

【格式】USE
【功能】关闭当前表的同时关闭所有打开的相关索引文件。
【格式】SET INDEX TO
【功能】关闭当前表的所有打开的相关单索引文件和非结构复合索引文件，保留结构复合索引文件。
【格式】CLOSE INDEX
【功能】关闭当前表的所有打开的相关单索引文件和非结构复合索引文件，保留结构复合索引文件。

7．删除索引文件和索引标记

【格式】DELETE FILE <索引文件名>
【功能】删除指定的单索引文件。

【说明】<索引文件名>必须带扩展名，并且被删除索引文件必须处于关闭状态。

【格式】DELETE TAG ALL|<索引标识名表> [OF <非结构复合索引文件名>]

【功能】将指定<非结构复合索引文件>中指定<索引标识>的索引删除。

【说明】

1）ALL：删除打开的复合索引文件中的所有索引标识。

2）<索引标识名表>：指定删除的索引标识。

3）[OF <非结构复合索引文件名>]：指定非结构复合索引文件，省略时则为结构复合索引文件。

4）若一个复合索引文件的所有索引标识都被删除，则该复合索引文件自动删除。

8．更新索引文件

【格式】REINDEX

【功能】按照原来创建索引的规则重新创建索引文件。

例 4-10　打开并指定主控索引。

```
USE xuesheng INDEX xm,xbmz,student
    &&打开 xuesheng.dbf,同时打开单索引文件 xm.idx、xbmz 和非结构复合索引文件
student.cdx,并指定主控索引为 xm
    SET INDEX TO xbcsrq                    &&xuesheng.dbf 打开时,打开单索引文件
                                             xbcsrq.idx,并指定为主控索引
    SET ORDER TO TAG xm                    &&指定结构复合索引文件 xuesheng.cdx 中
                                             的 xm 索引为主控索引
    SET INDEX TO
    REINDEX
    USE
```

4.5.3　记录查询

查询是指按照指定的查找条件从数据表中查找符合的记录。在数据处理的实际应用中，经常需要在大量数据中进行查询操作，查询是数据检索的主要方法。Visual FoxPro 提供两种查询方法：顺序查询和索引查询。

1．顺序查询

顺序查询又称查询定位，详见第 4 章 4.2.3 节的"3.查询定位命令"。

【格式】LOCATE [<范围>] FOR <条件>

　　　　CONTINEU

【功能】将当前表记录指针定位到指定<范围>内符合<条件>的第 1 条记录；若没有，指针定位到文件尾；继续定位用 CONTINEU。

2．索引查询

索引查询是依据索引进行快速查询的数据检索方法。索引查询有两个命令。

（1）FIND 查询

【格式】FIND <字符型常量>|<数值型常量>

【功能】在数据表中查找主控<索引表达式>值与指定<常量>相匹配的第 1 个记录。

【说明】

1）查询前要先打开与指定<常量>相匹配的索引，并指定为主控索引。

2）<字符型常量>：可以用 "&字符型变量." 的形式；不含前导和后继空格时，可省略定界符。

3）查询成功，记录指针定位在相匹配的第 1 条记录上，函数 FOUND( )为.T.，否则指针定位文件尾，函数 FOUND( )为.F.。

4）查询成功，如果想继续查询下一条符合的记录，只需用 SKIP 即可，因为在索引中查询，<索引表达式>值相同的记录排列在一起。

（2）SEEK 查询

【格式】SEEK <表达式>

【功能】在数据表中查找主控<索引表达式>值与指定<表达式>值相匹配的第 1 个记录。

【说明】

1）查询前要先打开与指定<表达式>相匹配的索引，并指定为主控索引。

2）<表达式>：表达式的值可以是字符型、数值型、日期型和逻辑型。

3）查询成功，记录指针定位在相匹配的第 1 条记录上，函数 FOUND( )为.T.，否则指针定位文件尾，函数 FOUND( )为.F.。

4）查询成功，如果想继续查询下一条符合的记录，只需用 SKIP 即可，因为在索引中查询，<索引表达式>值相同的记录排列在一起。

例 4-11　索引查询。

```
USE xuesheng INDEX xm      &&打开表的同时,打开相应的姓名索引并指定为主控索引
x="李光"
FIND 李光                   &&用 FIND 查询,可省略定界符;也可用"FIND &x"形式
SEEK "李光"                 &&用 SEEK 查询,必须有定界符;也可用"SEEK x"形式
USE
```

4.5.4　过滤器命令

在数据处理的实际应用中,面对的数据量非常巨大,经常是要处理其中的一小部分数据。可以用过滤器命令,先把要处理的数据过滤出来,以减少数据处理对象,提高处理速率。

【格式】SET FILTER TO [<条件>]

【功能】将当前表中符合指定<条件>的记录过滤出来,其他记录隐藏。

【说明】[<条件>]：指定过滤的条件；省略时，取消先前设置的过滤，恢复所有记录。

例 4-12　过滤所有的女学生。

```
USE xuesheng
SET FILTER TO 性别="女"
```

4.6 统 计 命 令

4.6.1 求和

【格式】SUM [<数值型字段表达式表>] [<范围>] [FOR<条件>] [TO <内存变量名表>]

【功能】将当前表中指定<范围>内符合指定<条件>的记录的指定<数值型字段>求和。

【说明】

1）[<数值字段表达式表>]：指定求和的数值型字段表达式。

2）[TO <内存变量表>]：指定保存求和结果的内存变量，省略时不保存；<内存变量表>的变量个数与<数值字段表达式>表达式个数一致。

4.6.2 求平均值

【格式】AVERAGE [<数值型字段表达式表>] [<范围>] [FOR <条件>] [TO <内存变量名表>]

【功能】将当前表中指定<范围>内符合指定<条件>的记录的指定<数值型字段>求平均值。

4.6.3 计数

【格式】COUNT [<范围>] [FOR <条件>] [TO <内存变量名>]

【功能】统计当前表中指定<范围>内符合指定<条件>的记录个数。

【说明】

1）[<范围>] [FOR <条件>]：省略时系统默认 ALL。

2）该命令受"SET TALK"和"SET DELETE"命令影响，当"SET TALK OFF"状态时，不显示统计结果；当"SET DELETE ON"状态时，带删除标识的记录不被统计在内。

4.6.4 统计

【格式】CALCULATE <表达式表> [<范围>] [FOR <条件>] [TO <内存变量表>|<数组名>]

【功能】将当前表中指定<范围>内符合指定<条件>的记录按指定<表达式>进行计算。

【说明】<表达式表>中每一项至少要包含一种统计函数：

CNT( )：统计当前表中的记录个数；

SUM(数值型字段)：计算数值型字段的数值和；

AVG(数值型字段)：计算数值型字段的数值平均值；

MAX(字段名)：求字符型、数值型、日期型字段的最大值；

MIN(字段名)：求字符型、数值型、日期型字段的最小值。

4.6.5 分类汇总

【格式】TOTAL ON <表达式> TO <表文件名> [FIELDS <数值型字段名表>] [<范围>] [FOR <条件>]

【功能】将当前表中指定<范围>内符合指定<条件>的记录按指定<表达式>分类，计算指定<数值型字段>，并将结果保存在指定<表文件名>的数据表中。

【说明】

1）用 TOTAL 分类汇总前，必须先按指定<表达式>排序或索引。

2）ON <表达式>：指定分类的依据。

3）TO <表文件名>：指定保存汇总结果的数据表。

4）[FIELDS <数值型字段名表>]：指定汇总的数值型字段；省略时，对所有数值型字段进行汇总。

5）该命令将所有<表达式>值相同的记录合并成 1 条记录，数值型字段求和，其他字段取第 1 条记录的值。

例 4-13　数据表计算。

```
USE jiaoshi
SUM 工资 FOR 部门码="A1" TO a1gz
AVERAGE 工资 FOR 部门码="A1" TO a1pjgz
COUNT FOR 部门码="A1" TO a1rs
CALCULATE CNT(),SUM(工资),AVG(工资),MAX(工资),MIN(工资);
 TO a1rs,a1gz,a1pjgz,a1maxgz,a1mingz FOR 部门码="A1"
INDEX ON 部门码 TO bmm
TOTAL ON 部门码 TO bmhz
USE bmhz
LIST
USE
```

运行结果如图 4-13 所示。

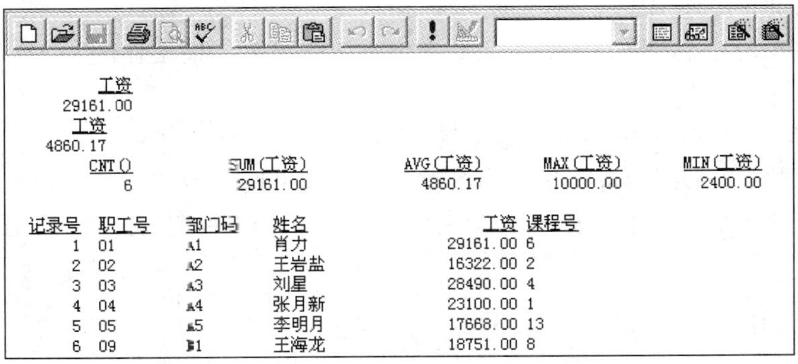

图 4-13　例 4-13 运行结果

4.7　使用多个表

前面介绍的操作都是对一个表进行，Visual FoxPro 允许同时打开多个数据库，每个数据库中打开多个表，另外还可以同时打开多个自由表，可以对多个表同时进行数据处理。

4.7.1 工作区

1. 工作区介绍

工作区是用来保存表及其相关信息的一片内存空间。每个工作区可以打开一个表，在同一个工作区打开另一个表时，原来打开的表文件自动关闭；但可以同时打开与表相关的索引文件、查询文件等。Visual FoxPro 允许在多个工作区同时打开多个表，但任一时刻只能对一个工作区进行操作，即当前工作区，当前工作区中的表为当前表。

注意：一个表只能在一个工作区打开。

2. 工作区号和别名

Visual FoxPro 提供 32767 个工作区。工作区表示方法有以下 3 种：

1）工作区编号：用 1～32767 表示。

2）系统别名：Visual FoxPro 规定前 10 个工作区用字母 A～J 表示，从 11 开始用"W+编号"表示。

3）用户别名：用命令"USE <表文件名> ALIAS <别名>"指定；该命令为表文件指定了别名，因为一个工作区只能打开一个表，所以也可以用表的别名表示工作区别名；省略时表名即别名。

例如，1 号工作区用 A 表示，2 号工作区用 B 表示，11 号工作区用 W11 表示，12 号工作区用 W12 表示。

3. 选择工作区

Visual FoxPro 系统启动后，默认 1 号工作区为当前工作区。

【格式】SELECT <工作区号>|<别名>|0

【功能】选择<工作区号>、<别名>、0 指定的工作区为当前工作区。

【说明】

1）SELECT 0：指定未用的编号最小的工作区为当前工作区。

2）工作区选择，不影响各工作区内数据、记录指针的位置。

3）可以使用命令"USE <表文件名> IN <工作区号>|<别名>|0"选择工作区并打开表文件。

4. 工作区互访

Visual FoxPro 允许在当前工作区中访问其他工作区中数据表的数据。

【格式】工作区别名.字段名|工作区别名->字段名

例 4-14 多工作区选择与互访。

```
SELECT 1
USE jiaoshi
SELECT 2
USE bumen
```

```
SELECT 0
USE gongzi
SELECT A
DISPLAY 职工号,姓名,B.部门名,C->奖金
BROWSE FIELDS 职工号,姓名,B.部门名,C->奖金
```

运行结果如图 4-14 所示。

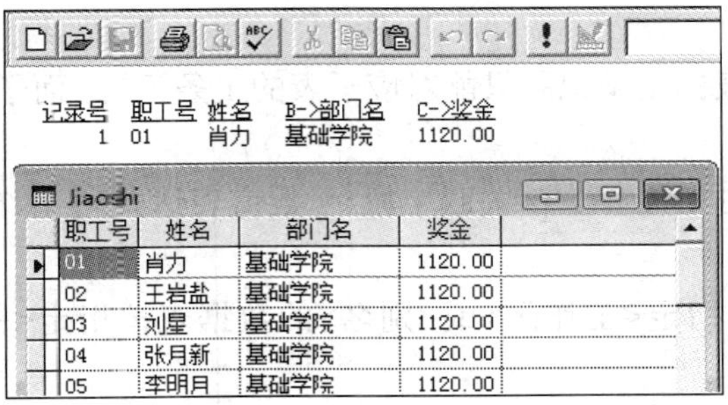

图 4-14　例 4-14 运行结果

5. 表连接

【格式】JOIN WITH <工作区号>|<别名> TO <新文件名> [FOR <条件>] [FIELDS <字段名表>]

【功能】将当前表与指定<工作区>或<别名>的表按指定<条件>连接，将指定<字段名>组成一个新数据表。

例 4-15　数据表连接。

```
SELECT B
USE bumen
SELECT A
USE jiaoshi
JOIN WITH B TO jiaosh_bumen FOR 部门码=B.部门码 FIELDS 职工号,姓名,B.部门名,工资
USE jiaoshibumen
BROWSE
```

运行结果如图 4-15 所示。

图 4-15　例 4-15 运行结果

4.7.2　设置表间的临时关系

表的关联是指不同工作区的记录指针之间创建的一种临时联动关系。建立表的关联后，

当前表的记录指针移动时，被关联的表的记录指针按指定条件相应移动。

多表之间建立关联的前提条件：

1）发出关联关系的表称为父表，被关联的表称为子表，父表和子表必须具有一个相同的字段作为关联字段，且字段值相等。

2）子表必须依据关联字段建立索引，并指定为主控索引。

1. 一对一关联

一对一关联是指父表的 1 条记录只能对应子表的 1 条记录，而子表的 1 条记录也只能对应父表的 1 条记录。

【格式】SET RELATION TO [<关联字段>|<数值表达式>] INTO <工作区号>|<别名> [ADDITIVE]

【功能】将当前表与指定<工作区>或<别名>的数据表按指定<关联字段>或<数值表达式>建立一对一关联。

【说明】

1）<关联字段>：指定按关联字段建立关联；当父表的记录指针移动时，子表的记录指针指向与父表关联字段相匹配的第 1 条记录；若父表无匹配记录，则子表记录指针定位文件尾。

2）<数值表达式>：指定按数值表达式的值表示的记录号建立关联；当父表的记录指针移动时，子表的记录指针定位数值表达式的值表示的记录。

3）INTO <工作区号>|<别名>：指定<工作区>或<别名>的数据表为子表。

4）[ADDITIVE]：建立新的关联关系的同时，保留原先的关联关系。

5）SET RELATION TO：删除与当前表的所有关联。

2. 一对多关联

一对多关联是指父表的 1 条记录可以对应子表的多条记录，而子表的 1 条记录只能对应父表的 1 条记录。

【格式】SET SKIP TO [<别名>]

【功能】将当前表与指定<别名>的数据表建立一对多关联。

【说明】

1）<别名>：指定<别名>表示的数据表为子表。

2）一对多关联时，在父表中使用 SKIP 命令，父表记录指针不移动，而子表记录指针移动，指向下一条与父表相匹配的记录；重复使用 SKIP 命令，直至子表记录指针定位在文件尾后，父记录指针才移动。

3）SET SKIP TO：删除与当前表的一对多关联，保留一对一关联。

3. 取消表的关联

【格式】SET RELATION OFF INTO <工作区号>|<别名>

【功能】删除当前表与指定<工作区>或<别名>的数据表之间的关联。

例 4-16 表的关联。

```
SELECT C
USE gongzi
INDEX ON 职工号 TAG zgh
SELECT B
USE jiaoshi
INDEX ON 部门码 TAG bmm
SET RELATION TO 职工号 INTO C
SELECT A
USE bumen
SET RELATION TO 部门码 INTO B
SET SKIP TO B
BROWSE FIELDS 部门码,部门名,B.职工号,B.姓名,C->奖金
```

运行结果如图 4-16 所示。

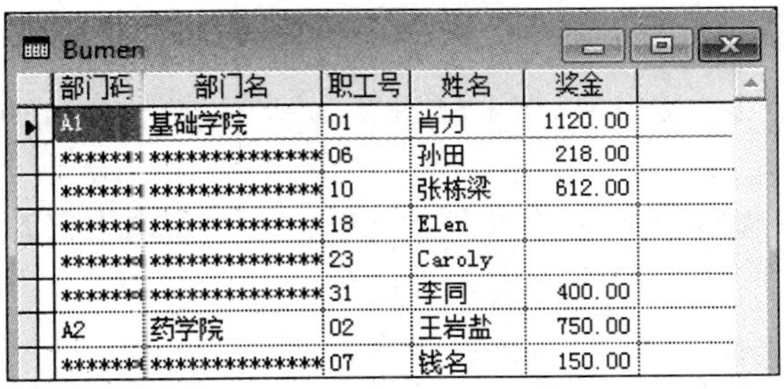

Bumen

部门码	部门名	职工号	姓名	奖金
A1	基础学院	01	肖力	1120.00
*******	***************	06	孙田	218.00
*******	***************	10	张栋梁	612.00
*******	***************	18	Elen	
*******	***************	23	Caroly	
*******	***************	31	李同	400.00
A2	药学院	02	王岩盐	750.00
*******	***************	07	钱名	150.00

图 4-16 例 4-16 运行结果

4.8 命令文件的建立与运行

命令文件也称程序文件，扩展名为.prg。

4.8.1 命令文件的建立和编辑

【格式】MODIFY COMMAND <程序文件名>

【功能】打开程序编辑窗口，建立或修改指定的命令文件。

例 4-17 建立命令文件。

```
MODIFY COMMAND abc        &&打开程序编辑窗口,建立 abc.prg 文件
```

4.8.2 命令文件的运行

【格式】DO <程序文件名>

【功能】将指定<程序文件名>的命令文件调入内存并运行。

【说明】

1）该命令可以在命令窗口运行，也可以在其他程序中调用该程序文件。

2）该命令默认运行扩展名为.prg 的程序文件。

例 4-18　运行命令文件。

```
DO abc                &&运行 abc.prg 文件
```

4.8.3　辅助命令及过程化程序设计规则

1. 辅助命令

【功能】NOTE|* <注释内容>

【说明】注释命令：指定该行是非执行代码，不影响程序运行和功能；也可在命令行后用 "&&<注释内容>" 加以注释。

【格式】CLEAR

【功能】清除屏幕显示命令：清除屏幕上的显示内容。

【格式】TEXT

　　　　<文本>

　　　ENDTEXT

【功能】文本显示命令：按指定<文本>格式，显示 TEXT 和 ENDTEXT 之间的文本内容。

【格式】RETURN

【功能】返回命令：结束当前命令文件的运行，返回到调用它的上一级程序继续运行，若无上一级程序，则返回命令窗口。

【格式】CANCEL

【功能】终止命令：终止当前命令文件的运行，强制返回命令窗口。

2. 系统环境设置命令

几个程序中常用的设置命令如表 4-6 所示。

表 4-6　常用系统环境设置命令

格　　式	功　　能	说　　明
SET TALK ON|OFF	设置会话状态	默认 OFF，非输出命令的运行结果不显示
SET CONSOLE ON|OFF	设置屏幕状态	默认 ON，键盘输入信息在屏幕上显示
SET DEFAULT TO	设置默认目录	[驱动器:] [路径]
SET HEADING ON|OFF	设置字段标头	默认 ON，显示字段的列标头

更多环境设置命令见附录 3。

3. 过程化程序设计规则

过程化程序设计是由荷兰学者 E.W.Djikstra 提出的，强调从结构和风格上研究程序设计问题，提供规范化的程序设计和清晰的程序结构。

1）过程化程序设计的基本思想：自顶向下、逐步细化、模块化设计、结构化编码，即把一个复杂的问题的解决过程分阶段进行，每个阶段处理的问题都可控制和易理解。

2）程序设计的具体步骤：分析问题→算法设计→画流程图→程序编码→调试程序。

3）程序编码中的书写规则　程序中每一命令以 Enter 键结束，一行只能书写一条命令。若命令过长，可分行书写，在行末输入续行符 “;”，再结束。

程序中采用结构化语句时，最好采用缩格方式书写，体现层次感，增加程序可读性。

4）程序的 3 种基本结构：顺序结构、选择结构、循环结构。

4.8.4　交互式输入命令

1. 非格式输入

【格式 1】INPUT ["提示信息"] TO <内存变量>

【格式 2】ACCEPT ["提示信息"] TO <内存变量>

【格式 3】WAIT ["提示信息"] [TO <内存变量>] [WINDOW] AT <行,列>] [TIMEOUT <数值表达式>]

【功能】暂停程序运行，显示[提示信息]，等待用户输入数据，用户输入数据并按 Enter 键，将数据保存在指定的<内存变量>中。

【说明】

1）INPUT：输入的数据可以是数值型、字符型、日期型和逻辑型；必须使用相应的定界符。

2）ACCEPT：输入的数据只可以是字符型，不需要定界符。

3）WAIT：只输入一个符号或一个操作动作，默认为字符型，省略[提示信息]时，系统默认提示信息为 “按任意键继续”；[WINDOW [AT <行,列>]]：指定[提示信息]用窗口形式在<行,列>指定位置显示，省略[AT <行,列>]时，在屏幕右上角位置；[TIMEOUT <数值表达式>]：指定系统等待时间（秒数），超时则自动往下运行。

例 4-19　非格式输入命令。

```
INPUT "请输入圆的半径 r=" TO r
INPUT "请输入要查找的学生学号:" TO xh
WAIT "是否继续计算?(Y/N)" TO aa WINDOW AT 10,1 TIMEOUT 5
```

运行结果如图 4-17 所示。

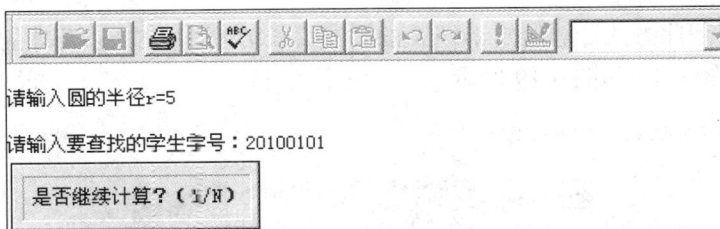

图 4-17　例 4-19 运行结果

2. 格式输入

【格式】@<行,列> [SAY <"提示信息">] [GET <变量名>] [DEFAULT <表达式>]
　　　　READ

【功能】在屏幕指定<行,列>位置显示指定<"提示信息">和指定<变量>的值，进行屏幕修改。

【说明】

1）屏幕左上角为坐标原点(0，0)；<行,列>可以是数值型表达式，显示位置受屏幕分辨率影响。

2）[GET <变量名>]：指定修改的变量。

3）[DEFAULT <表达式>]：为指定<变量>赋初值，初值决定了该变量的类型和宽度，省略时 GET 中指定的变量必须是已有值变量。

4）GET 子句必须用“READ”命令来激活；一个“READ”命令可以激活前面所有的 GET 子句的变量；执行到“READ”命令，光标移到 GET 子句变量处，可直接输入新值修改，按 Enter 键确认。

4.8.5 输出命令

1. 非格式输出

【格式】? <表达式表>
【功能】在下一行第 1 列显示指定<表达式>的值。
【格式】?? <表达式表>
【功能】在当前行当前列显示指定<表达式>的值。

2. 格式输出

【格式】@<行,列> SAY <表达式>
【功能】在屏幕指定<行,列>位置显示指定<表达式>的值。

4.9 顺序结构程序设计

顺序结构是最简单的程序结构，按命令在程序文件中出现的先后顺序依次执行。每一条命令都被执行并且只执行一次。

例 4-20 用程序方式计算给定半径 *R* 的圆的周长 *L*、面积 *S*，以及球的体积 *V*。程序窗口和运行结果如图 4-18 和图 4-19 所示。

```
MODIFY COMMAND 例4-20
```

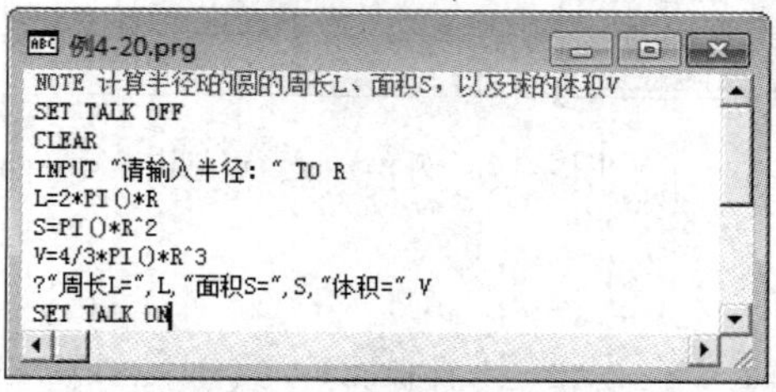

```
NOTE 计算半径R的圆的周长L、面积S，以及球的体积V
SET TALK OFF
CLEAR
INPUT "请输入半径：" TO R
L=2*PI()*R
S=PI()*R^2
V=4/3*PI()*R^3
?"周长L=",L,"面积S=",S,"体积=",V
SET TALK ON
```

图 4-18 例 4-20.prg 窗口

DO 例 4-20

图 4-19 例 4-20.prg 运行结果

例 4-21 用程序方式在 xuesheng.dbf 中按给定的学号查找学生信息。程序窗口和运行结果如图 4-20 和图 4-21 所示。

MODIFY COMMAND 例 4-21

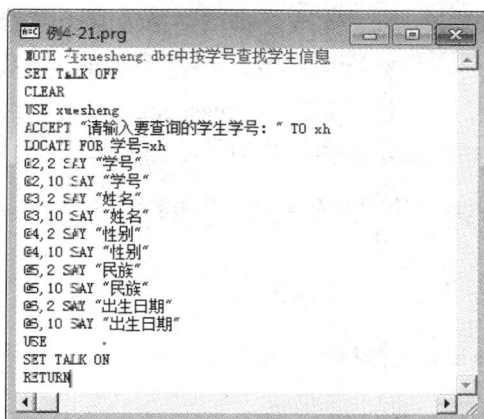

图 4-20 例 4-21.prg 窗口

DO 例 4-21

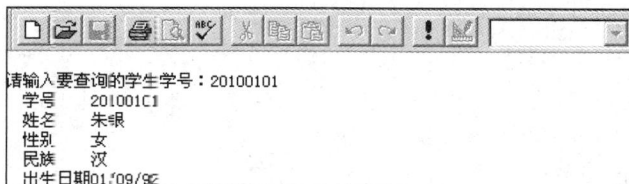

图 4-21 例 4-21.prg 运行结果

4.10 选择结构程序设计

解决实际问题过程中，往往会出现几种情况，需要根据具体情况分别处理，这时要采用选择结构。

选择结构也称分支结构，分为单分支、双分支和多分支选择结构。

1. 单分支选择

【格式】IF <条件>

　　　　<语句序列 1>

　　ENDIF

【功能】判断<条件>的值，当值为.T.时，执行<语句序列 1>，然后跳转到 ENDIF 后面的语句；当值为.F.时，直接跳转到 ENDIF 后面的语句。语句流程图如图 4-22 所示。

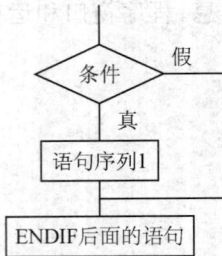

【说明】

1）IF-ENDIF：结构化语句，不能在命令窗口使用，只能在程序文件中使用；IF 是分支开始语句，ENDIF 是分支结束语句，IF 与 ENDIF 必须成对使用。

2）<条件>：可以是逻辑表达式、关系表达式或其他逻辑值。

3）<语句序列 1>：一条或一系列语句。

图 4-22　IF-ENDIF 结构流程图

例 4-22　在 xuesheng.dbf 中按给定的学号查找，如找到，则显示该学生的学号、姓名。

```
NOTE 在 xuesheng.dbf 中按学号查找学生,找到则显示学生信息
SET TALK OFF
CLEAR
USE xuesheng
ACCEPT "请输入要查询的学生学号:" TO xh
LOCATE FOR 学号=xh
IF FOUND()=.T.
DISPLAY
ENDIF
USE
SET TALK ON
RETURN
```

2. 双分支选择

【格式】IF <条件>

　　　　<语句序列 1>

　　ELSE

　　　　<语句序列 2>

　　ENDIF

【功能】判断<条件>的值，当值为.T.时，执行<语句序列 1>，然后跳转到 ENDIF 后面的语句；当值为.F.时，执行<语句序列 2>，然后跳转到 ENDIF 后面的语句。语句流程图如图 4-23 所示。

【说明】IF-ELSE-ENDIF：结构化语句，不能在命令窗口使用，只能在程序文件中使用。

例 4-23　在 xuesheng.dbf 中按给定的学号查找，如找到，则显示该学生的学号、姓名，否则显示提示信息"查无此人！"。

```
NOTE 在xuesheng.DBF中按学号查找学生,找到则显示
学生信息,否则显示"查无此地人!"
SET TALK OFF
CLEAR
USE xuesheng
ACCEPT "请输入要查询的学生学号:" TO xh
LOCATE FOR 学号=xh
IF FOUND()=.T.
    DISPLAY
ELSE
    @2,2 SAY "查无此人!"
ENDIF
USE
SET TALK ON
RETURN
```

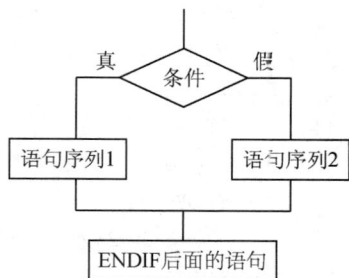

图 4-23　IF-ELSE-ENDIF 结构流程图

3. 双分支嵌套

解决较复杂问题时，常需要使用多个单分支或双分支语句；它们可以是并列结构，也可以结合成嵌套结构，即在一个 IF-ENDIF 语句中放置另一个 IF-ENDIF 语句。注意：嵌套不允许交叉。

```
IF <条件>
<语句序列 1>
ELSE
    IF <条件>
    <语句序列 1>
    ELSE
    <语句序列 2>
    ENDIF
ENDIF
```

例 4-24　计算分段函数的值：$f(x)=\begin{cases}0, & x=0 \\ 2x^2-x, & x<0 \\ x, & x>0\end{cases}$。

```
NOTE 分段函数计算函数值
SET TALK OFF
CLEAR
INPUT "请输入 x 的值:" TO x
```

```
IF x>0
    y=x
ELSE
    IF x=0
      y=0
    ELSE
      y=2*x^2+X
    ENDIF
ENDIF
? "y=",y
SET TALK ON
RETURN
```

4. 多分支选择

采用分支嵌套解决问题，会使程序结构复杂臃肿，当分支为 3 个或 3 个以上时，最好采用多分支结构。

【格式】DO CASE

        CASE <条件 1>

           <语句序列 1>

        CASE <条件 2>

           <语句序列 2>

        …

        CASE <条件 n>

           <语句序列 n>

        [OTHERWISE

           <语句序列 n+1>

        ENDCASE

【功能】从前向后依次判断每个 CASE 后面<条件>，一旦当<条件 i>的值为.T.时，执行<语句序列 i>，然后跳转到 ENDCASE 后面的语句。当所有<条件>值都为.F.时，若有 [OTHERWISE]子句，则执行<语句序列 n+1>；若无，则直接跳转到 ENDCASE 后面的语句。语句流程如图 4-24 所示。

【说明】

1）DO CASE-ENDCASE：结构化语句，不能在命令窗口使用，只能在程序文件中使用；DO CASE 是多分支开始语句，ENDCASE 是多分支结束语句，DO CASE 与 ENDCASE 必须成对使用。

2）一个 DO CASE-ENDCASE 中，最多只能执行一个<语句序列>；一旦判断某个<条件>值为.T.，后面的条件不再进行判断。

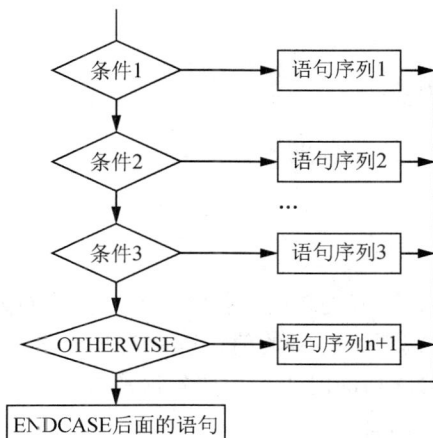

图 4-24　DO CASE-ENDCASE 结构流程图

例 4-25　从键盘输入一个成绩，如果成绩大于等于 90，输出"优秀"；如果大于等于 80，小于 90，输出"良好"；如果大于等于 70，小于 80，输出"中等"；如果大于等于 60，小于 70，输出"及格"；如果小于 60，输出"不及格"。

```
NOTE 按输入分数划分成绩等级
SET TALK OFF
INPUT "请输入成绩:" TO SCORE
DO CASE
    CASE SCORE>=90.AND.SCORE<100
      ? "优秀",SCORE
    CASE SCORE>=80
      ? "良好",SCORE
    CASE SCORE>=70
      ? "中等",SCORE
    CASE SCORE>=60
      ?"及格",SCORE
    OTHERWISE
      ? "不及格",SCORE
ENDCASE
SET TALK ON
```

4.11　循环结构程序设计

解决实际问题过程中，往往会出现同样的处理过程重复进行的情况，这时要采用循环结构。

循环结构分为：DO WHILE 循环、FOR 循环和 SCAN 循环。

1. DO WHILE 循环

【格式】DO WHILE <条件>

                        <语句序列>

                        [LOOP]

                        [EXIT]

          ENDDO

【功能】判断<条件>的值，当值为.T.时，执行<语句序列>(循环体)，遇到 ENDDO 语句，返回 DO WHILE 语句；再次判断<条件>的值，以决定是否再次执行循环体；当值为.F.时，结束循环，直接跳转到 ENDDO 后面的语句。语句流程图如图 4-25 所示。

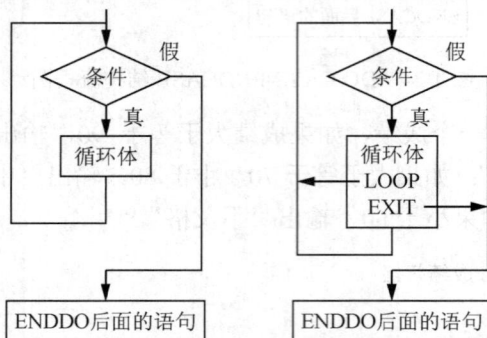

图 4-25　DO WHILE-ENDDO 结构流程图

【说明】

1) DO WHILE-ENDDO：是结构化语句，不能在命令窗口使用，只能在程序文件中使用；DO WHILE 是循环开始语句，ENDDO 是循环结束语句，DO WHILE 与 ENDDO 必须成对使用。

2) <语句序列>：位于 DO WHILE 和 ENDDO 之间，叫做循环体；可以是一条语句、一系列语句，也可以是一个 Visual Foxpro 子程序。

3) 循环语句本身不会修改循环<条件>，<语句序列>中至少有一条语句对<条件>产生影响，防止出现死循环。

4) [LOOP]：遇到 LOOP 语句，强制结束本次循环，返回 DO WHILE 语句，重新判断<条件>值，以决定是否再次执行循环体。

5) [EXIT]：遇到 EXIT 语句，强制结束本次循环，直接跳转到 ENDDO 后面的语句。

例 4-26　计算 $S=1+2+3+\cdots+100$。

```
NOTE 计算 1+2+…+100
SET TALK OFF
CLEAR
i=1
S=0
DO WHILE i<=100
    S=S+i
```

```
i=i+1
ENDDO
? "S=",S
SET TALK ON
RETURN
```

例 4-27 逐条检索 xuesheng.dbf 中少数民族学生的信息。

```
NOTE 检索 xuesheng.dbf 中少数民族学生的信息
CLEAR
USE xuesheng
LOCATE FOR 民族<>"汉"
DO WHILE .NOT.EOF()
    DISPLAY
    WAIT
    CONTINUE
ENDDO
USE
RETURN
```

例 4-28 在 xuesheng.dbf 中重复进行按给定的学号查找，显示该学生信息。

```
NOTE 在 xuesheng.dbf 中按给定的学号查找
SET TALK OFF
CLEAR
USE xuesheng
DO WHILE .T.                   &&循环结构开始
    ACCEPT "请输入要查找的学生学号:" TO xh
    LOCATE FOR 学号=XH
    IF FOUND()=.T.
        DISPLAY
    ELSE
        ? "查无此人!"
    ENDIF
    ACCEPT "还继续查找吗(Y/N)?" TO YN
    IF UPPER(YN)="Y"
        LOOP                   &&返回到 DO WHILE 语句
    ELSE
        EXIT                   &&强制退出循环,到 ENDDO 后面的语句
    ENDIF
ENDDO
USE
SET TALK ON
RETURN
```

运行结果如图 4-26 所示。

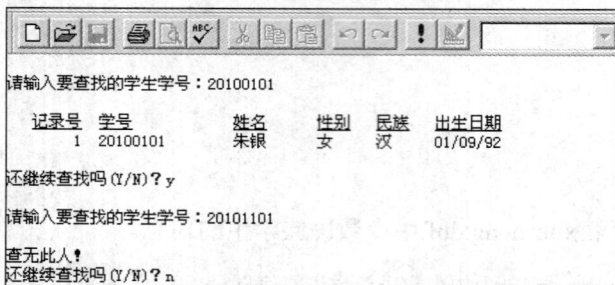

图 4-26   例 4-28 运行结果

2. FOR 循环

【格式】FOR <循环变量>=<初值表达式> TO <终值表达式> [STEP <步长表达式>]

       <循环体>

       [LOOP]

       [EXIT]

   ENDFOR|NEXT

【功能】首先将<初值表达式>的值赋给<循环变量>，然后判断循环条件是否成立，当条件成立时，执行循环体，遇到 ENDFOR 语句，返回 FOR 语句，<循环变量>增加一个<步长>值，再次判断循环条件，决定是否再次执行循环体；当条件不成立时，结束循环，直接跳转到 ENDFOR 后面的语句。

【说明】

1）FOR-ENDFOR：结构化语句，不能在命令窗口使用，只能在程序文件中使用；FOR 是循环开始语句，ENDFOR 是循环结束语句，FOR 与 ENDFOR 必须成对使用。

2）<循环变量>：判断循环条件，控制循环体执行的次数"INT((<终值>-<初值>)/<步长>)+1"。

3）若<步长表达式>的值大于 0，则循环条件为：<循环变量><=<终值>；若<步长表达式>的值小于 0，则循环条件为<循环变量>>=<终值>时进入循环体。

4）[STEP<步长表达式>]：指定循环变量变化的规律；省略时，默认为 STEP 1。

5）循环体：可以是一条语句、一系列语句，也可以是一个 Visual Foxpro 子程序。

6）[LOOP]：遇到 LOOP 语句，强制结束本次循环，返回 FOR 语句，先增加一个<步长>值，再重新判断循环条件，以决定是否再次执行循环体。

7）[EXIT]：遇到 EXIT 语句，强制结束本次循环，直接跳转到 ENDFOR 后面的语句。

例 4-29   计算 $S=1+2+3+\cdots+100$

```
NOTE 计算 1+2+…+100
SET TALK OFF
CLEAR
S=0
FOR i=1 TO 100 STEP 1
    S=S+i
ENDFOR
```

```
? "S=",S
SET TALK ON
RETURN
```

例 4-30　计算 $n!$（阶乘）。

```
NOTE 计算 n!
SET TALK OFF
CLEAR
t=1
INPUT "n=" TO n
FOR i=1 TO n
t=t*i
ENDFOR
? "t=",t
SET TALK ON
RETURN
```

3. SCAN 循环

DO WHILE-ENDDO 循环能解决所有的循环问题，FOR-ENDFOR 循环适用于解决数学问题，Visual FoxPro 还提供了一种适用于解决数据表问题的循环结构 SCAN-ENDSCAN。

【格式】SCAN [<范围>] [FCR<条件>] [WHILE <条件>]

　　　　<循环体>

　　　　[LOOP]

　　　　[EXIT]

　　ENDSCAN

【功能】对指定<范围>内的符合指定<条件>的记录执行循环体内的命令；遇到 ENDSCAN 时，返回 SCAN 语句，记录指针自动指向下一条记录，重新判断循环条件进行，直到记录指针指向文件尾时循环结束。

【说明】

1）SCAN-ENDSCAN：是结构化语句，不能在命令窗口使用，只能在程序文件中使用；SCAN 是循环开始语句，ENDSCAN 是循环结束语句，SCAN 和 ENDSCAN 必须成对使用。

2）[<范围>]、[FOR<条件>]和[WHILE <条件>]：指定循环条件；指定<范围>内的符合指定<条件>的记录；[<范围>]默人为 ALL。

3）循环体：可以是一条语句、一系列语句，也可以是一个 Visual Foxpro 子程序。

4）[LOOP]：遇到 LOOP 语句，强制结束本次循环，返回 SCAN 语句，先执行一次 SKIP，再重新判断循环条件，以决定是否再次执行循环体。

5）[EXIT]：遇到 EXIT 语句，强制结束本次循环，直接跳转到 ENDSCAN 后面的语句。

例 4-31 逐条检索 xuesheng.dbf 中少数民族学生的信息。

```
NOTE 检索 xuesheng.dbf 中少数民族学生的信息
CLEAR
USE xuesheng
SCAN ALL FOR 民族<>"汉"
    DISPLAY
    WAIT
ENDSCAN
USE
RETURN
```

运行结果如图 4-27 所示。

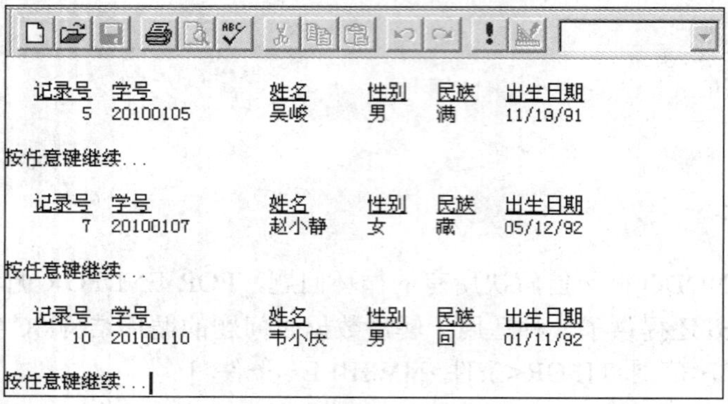

图 4-27 例 4-31 运行结果

4.12 过程及其调用

应用程序一般都是多模块程序，包含多个程序模块。模块是一个相对独立的程序段，可以被其他模块调用，也可以调用其他模块。通常把调用其他模块，而没有被其他模块调用的程序称为主程序，被其他模块调用的程序称为子程序。

将一个应用程序划分成一个个功能相对单一的模块程序，不仅便于程序的开发，也有利于程序的阅读和维护。

1. 子程序

子程序是一个可以被调用的独立的程序段。它的建立和调用方法与命令文件是一样的：MODIFY COMMAND <子程序名>和 DO <子程序名>。唯一不同之处在于子程序结尾必须设置程序返回语句。

（1）子程序的返回语句

【格式】RETURN [TO MASTER]|[TO <程序文件名>]|<表达式>

【功能】结束程序模块的运行，返回[TO MASTER]和[TO <程序文件名>]指定位置。

【说明】

1）[TO MASTER]：指定直接返回主程序。

2）[TO <程序文件名>]：指定要返回程序文件。

3）省略前两项时：返回到上一级程序中发出调用命令的下一条语句；若在主程序中，则返回命令窗口。

4）RETURN <表达式>：将指定<表达式>的值返回调用程序，用于自定义函数。

（2）调用子程序语句

【格式】DO <子程序名> [WITH <实在参数表>]

【功能】调用指定<子程序>，并向子程序传递指定<实在参数>的值。

【说明】

1）[WITH <实在参数表>]必须在子程序中的有[PARAMETERS <形式参数>]语句对应，用于主程序和子程序之间的数据传递。

2）[WITH <实在参数表>]：指定要向子程序传递的<实在参数>；实在参数可以是常量、变量和表达式。

（3）子程序的参数接收语句

【格式】PARAMETERS <形式参数表>

【功能】子程序被调用时，指定<形式参数>接收主程序传递过来的实在参数。

【说明】形参的个数、顺序、类型必须与实参一一对应。

例 4-32　采用调用子程序的方法计算 $n!$

```
NOTE 计算 n!
SET TALK OFF
CLEAR
t=0
INPUT "n=" TO n
DO jc.PRG WITH t,n
? "t=",t
SET TALK ON
RETURN
*子程度 jc.PRG
PARAMETERS s,y
S=1
FOR i=1 TO y
s=s*i
ENDFOR
RETURN
```

2．过程和过程文件

子程序是一个独立的文件，主程序调用时，需要先访问磁盘，打开子程序，再调用，影响程序的运行速度。Visual FoxPro 允许将子程序放在主程序的末尾，随着主程序的打开，自动打开，减少程序运行时间，提高运行速度，这就是过程。

（1）过程

【格式】PROCEDURE <过程名>

        [PARAMETERS|LPARAMETERS <形式参数表>]

        <命令序列>

        RETURN [<表达式>]

        ENDPROC

【功能】定义过程，实现对过程的调用。

【说明】

1）PROCEDURE：指定一个过程的开始，并命名过程；过程名必须以字母或下划线开头，可以包含数字、字母和下划线。

2）[PARAMETERS|LPARAMETERS<形式参数表>]：指定接收主程序传递来的实参对应的形参。

3）RETURN [<表达式>]：当程序执行到"RETURN"命令时，将返回调用处（或命令窗口），并返回表达式的值；若省略，系统将在过程结束处自动调用一条隐含的"RETURN"命令。

4）ENDPROC：指定一个过程的结束；若省略，则过程结束于下一条"PROCEDURE"命令或文件尾。

（2）过程文件

实际应用过程中，把过程放在文件末尾可以提高程序运行速度，但当过程过多时，会使程序文件显得臃肿，可以把一个主程序调用的所有的过程合并在一起，形成一个过程文件。过程文件在使用前必须先打开，所有的过程一次全部调入内存，主程序调用每个过程时，不用再访问磁盘，不影响程序运行速度。

【格式】SET PROCEDURE TO <过程文件名> [ADDITIVE]

【功能】打开指定<过程文件名>的过程文件。

【说明】

1）过程文件必须先打开，其中的过程才能被调用。

2）打开过程文件的命令通常放在主程序前部。

3）[ADDITIVE]：打开新的过程文件时，不关闭前面已打开的过程文件。

【格式】RELEASE PROCEDURE<过程文件名表>|SET PROCEDURE TO

【功能】关闭指定<过程文件名>的过程文件或所有过程文件。

例 4-33　调用过程文件求圆的周长 l、面积 s，以及球的体积 v。

```
NOTE 计算半径 r 的圆的周长 l、面积 s,以及球的体积 v
SET TALK OFF
CLEAR
SET PROCEDURE TO gc
INPUT "请输入半径 r=" TO r
STORE 0 TO l,s,v
DO zc WITH l,r
```

```
DO mj WITH s,r
DO tj WITH v,r
? "周长 l=",l,"面积 s=",s,"体积 v=",v
SET PROCEDURE TO
SET TALK ON
RETURN
*过程文件 gc.PRG
PROCEDURE zc
PARAMETERS m,x
m=2*PI()*x
RETURN
PROCEDURE mj
PARAMETERS n,y
n=PI()*y^2
RETURN
PROCEDURE tj
PARAMETERS k,z
k=4/3*PI()*z^3
RETURN
```

3. 自定义函数

Visual FoxPro 提供了很多标准函数，还允许用户根据需要自定义函数。

【格式】FUNCTION <函数名>

　　　　[PARAMETERS|LPARAMETERS <形式参数表>]

　　　　<命令序列>

　　　　RETURN [<表达式>]

　　　　ENDFUNC

【功能】定义函数，实现对函数的调用。

【说明】

1）FUNCTION：指定一个自定义函数的开始，并命名函数；函数名必须以字母或下划线开头，可以包含数字、字母和下划线。

2）[PARAMETERS|LPARAMETERS <形式参数表>]：指定接收函数调用传递来的实参对应的形参。

3）RETURN [<表达式>]：当程序执行到"RETURN"命令时，将返回函数调用处（或命令窗口），并返回表达式的值；若省略，系统将在过程结束处自动调用一条隐含的"RETURN"命令。

4）ENDFUNC：指定一个函数的结束。

例 4-34　利用自定义函数计算 $x!+y!+z!$

```
SET TALK OFF
CLEAR
```

```
STORE 0 TO l,S,V
INPUT "请输入半径 r=" TO r
? "周长:",ZCHS(r)      &&调用函数 ZCHS
? "面积:",MJHS(r)      &&调用函数 MJHS
? "体积:",TJHS(r)      &&调用函数 TJHS
SET TALK ON
RETURN
*自定义函数 ZCHS
FUNCTION zchs
PARAMETERS k
L=2*PI()*K
RETURN L
*自定义函数 MJHS
FUNCTION mjhs
PARAMETERS k
S=PI()*K^2
RETURN S
*自定义函数 TJHS
FUNCTION tjhs
PARAMETERS k
V=4/3*PI()*K^3
RETURN V
```

4. 变量作用域

变量除了数据类型和值外，还有一个重要属性，就是作用域。变量的作用域是指变量在程序模块调用过程中产生作用的有效范围。在 Visual Foxpro 定义了 3 种变量作用域：公共变量、私有变量和局部变量。

（1）全局变量

全局变量又称公共变量，在任何一级程序模块中都可使用的变量称为公共变量，公共变量必须先定义后使用。

【格式】PUBLIC <内存变量表>

【功能】将指定的<内存变量>定义为全局变量。

【说明】

1）公共变量一旦定义，被赋以初值逻辑假.F.。

2）公共变量一旦定义，则一直有效，即使程序结束返回命令窗口也不会消失，只有 CLEAR MEMORY、RELEASE 或 QUIT 等命令才能清除。

3）在命令窗口中直接赋值的变量是公共变量。

（2）私有变量

没有经过声明，在程序中直接使用，系统隐含定义为私有变量。私有变量的作用域是建立它的程序模块及其下属的各层程序模块，私有变量与上层模块的同名变量无关。

【格式】PRIVATE <内存变量表>

【功能】将指定的<内存变量>定义为私有变量。

【说明】

1）私有变量定义后，将其上一级程序模块中的同名变量自动隐藏起来，使其在当前模块中暂时无效，当前模块运行结束返回上一级模块，那些被隐藏的内存变量自动恢复有效性，并保持原有的值。

2）一旦定义私有变量的程序模块运行结束，私有变量被自动清除。

3）在程序中没有经过声明而直接使用的内存变量，系统默认为私有变量。

（3）局部变量

局部变量只能在建立它的程序模块中使用，不能在上层或下层程序模块中使用。程序结束时，自动释放局部变量。

【格式】LOCAL <内存变量表>

【功能】将指定的<内存变量>定义为局部变量。

【说明】

1）局部变量必须先定义后使用；局部变量一旦定义，被赋以初值逻辑假.F.。

2）LOCAL 隐藏指定的上层模块中定义的内存变量，使其在当前模块中无效。

3）LOCAL 与 LOCATE 前 4 个字母相同，所以 LOCAL 命令动词不能缩写。

例 4-35　变量作用域应用。

```
SET TALK OFF
CLEAR
CLEAR MEMORY
PUBLIC a1                    &&全局变量a1=.F.
LOCAL a2                     &&局部变量a2=.F.
STORE .T. TO a3              &&私有变量a3=.T.
? "主程序:",a1,a2,A3         &&.F. .F. .T.
DO GC1
? "最后返回主程序:",a1,a2,a3 &&a1在过程1中为私有变量不能回传.F.,a2在主程序中
                              局部变量.F.,a3是3
RETURN
*过程1和过程2放在主程序后
PROCEDURE gc1
PRIVATE a1                   &&私有变量a1=1
A1=1
A2=2
A3=3
? "过程1:",a1,a2,a3          &&1 2 3
DO GC2
? "过程2后返回过程1:",a1,a2,a3 &&a3在过程2中为局部变量不能回传:'A' 'B' 3
RETURN
PROCEDURE gc2
LOCAL a3                     &&局部变量a3="C"
```

```
a1="A"
a2="B"
a3="C"
? "过程2:",a1,a2,a3          &&'A' 'B' 'C'
RETURN
```

运行结果如图 4-28 所示。

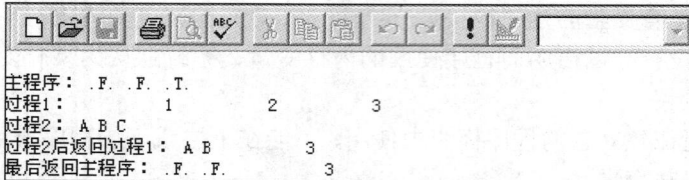

```
主程序：.F. .F. .T.
过程1：        1        2        3
过程2：A B C
过程2后返回过程1：A B        3
最后返回主程序：.F. .F.        3
```

图 4-28　例 4-35 运行结果

5．参数传递

（1）定义形参

模块程序可以接收调用模块传递过来的参数。

【格式】PARAMETERS|LPARAMETERS <形式参数表>

【功能】将指定的<形式参数>定义作用域。

【说明】

1）PARAMETERS：定义指定的<形式参数>为私有变量。

2）LPARAMETERS：定义指定的<形式参数>为局部变量。

（2）调用模块

调用模块需要向被调用模块传递参数。

【格式1】：DO <文件名>|<过程名> WITH <实在参数表>

【格式2】：<文件名>|<过程名>(<实在参数表>)

【功能】调用模块程序，并传递参数。

【说明】

1）<实在参数表>：实参可以是常量、变量，也可以是表达式；系统自动将实参传递给对应的形参；但形参个数不能少于实参个数，否则调用会出错；如果形参个数多于实参个数，多余的形参值为逻辑假.F.。

2）DO <文件名>|<过程名>调用模块程序时，如果实参是常量或表达式，系统计算出实参的值并赋给对应的形参，即按值传递；如果实参是变量，传递的不是值，是实参的变量地址，称为按址传递。按址传递时，形参变量值改变，对应的实参变量值也改变，因为两个变量共用一个存储地址，也称为引用传递。

3）<文件名>|<过程名>(<实在参数表>)调用模块程序时，默认按值传递。如果实参是变量，可以用"SET UDFPARMS"命令重新设置参数传递方式。

（3）设置参数传递方式

【格式】SET UDFPARMS TO VALUE|REFERENCE

【功能】设置参数传递方式。

【说明】

1）TO VALUE：按值传递，形参值改变不影响实参的值。

2）TO REFERENCE：按址传递，形参值改变，实参值也改变。

3）DO <文件名>|<过程名> WITH <实在参数表>：指定调用模块程序时，参数传递方式不受"SET UDFPARMS"命令影响。

4）(<实在参数表>)：指定调用模块程序时，参数传递方式不受"SET UDFPARMS"命令影响，参数总是按值传递。

例 4-36 参数传递应用。

```
SET TALK OFF
CLEAR
STORE 1 TO a1,a2
SET UDFPARMS TO VALUE              &&设置按值传递
? "1 次调用前:",a1,a2              &&1    1
DO gc WITH a1,a2                   &&不受设置影响,a1、a2 按址传递
? "1 次调用后:",a1,a2              &&2    2
gc(A1,A2)                          &&默认按值传递,受设置影响,为按值传递
? "2 次调用后:",a1,a2              &&过程中计算结果不回传:2    2
SET UDFPARMS TO REFERENCE          &&设置按址传递
gc(a1,a2)                          &&默认按值传递,受设置影响,为按址传递
? "3 次调用后:",a1,a2              &&过程中计算结果回传:3    3
gc(a1,(a2))                        &&受设置影响,a1 按址传递,a2 按值传递
? "4 次调用后:",a1,a2              &&A1 结果回传,a2 结果不回传:4    3
DO gc WITH a1,(a2)                 &&不受设置影响,a1 是变量按址传递,a2 按值传递
? "5 次调用后:",a1,a2              &&A1 结果回传,a2 结果不回传:5    3
RETURN
PROCEDURE gc
PARAMETERS x1,x2
x1=x1+1
x2=x2+1
RETURN
```

运行结果如图 4-29 所示。

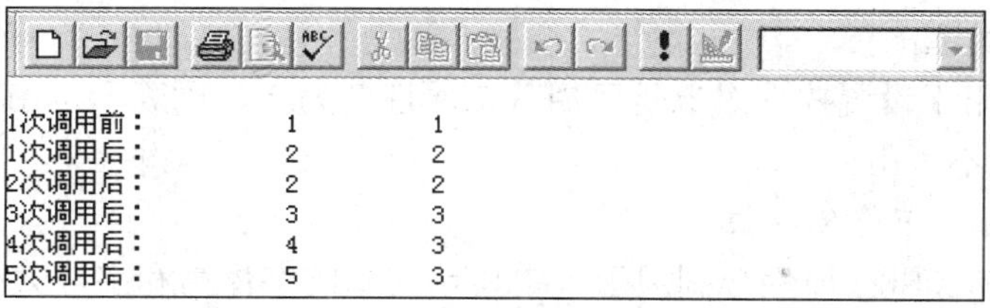

图 4-29 例 4-36 运行结果

第 5 章　面向对象的程序设计

面向对象（Object Oriented，OO）的程序设计方法不同于传统的结构化程序设计方法，面向对象程序设计方法用接近人类通常思维的方式建立问题领域的模型，并进行结构模拟和行为模拟，从而使设计出的软件能够尽可能地直接表现出问题的求解过程。面向对象的概念和应用已超越了程序设计和软件开发，扩展到很宽的范围，如数据库系统、人工智能等领域。

5.1　面向对象的程序设计概念

5.1.1　对象、属性、事件及方法的概念

1. 对象

对象是由数据和允许的操作组成的封装体，它是面向对象方法和技术的核心。对象与客观世界中的实体具有直接的关系，现实世界中客观存在，并且可以相互区别的事物（如一名学生、一名教师和一本图书等）或事件（如一次购物、职工与单位的工作关系等）都可以抽象为实体，而这些实体都可以看成是一个对象。在面向对象的程序设计中，对象是系统中的基本运行实体。即对象是具有特殊属性（数据）和行为方式（操作）的实体。

2. 属性

属性（Attribute）是指类中对象所具有的性质，是用来描述对象特征的参数。对象的属性是指描述对象的数据，可以是系统或用户定义的数据类型，也可以是一个抽象的数据类型，对象属性值的集合称为对象的状态。属性是属于某一个类的，不能独立于类而存在。派生出的新类将继承基类和父类的全部属性。以下是一些常见控件具有的公共属性。

（1）Name 属性

Name 属性表示一个控件对象的名称，用于编程时对一个控件对象的引用。

（2）BackColor 与 ForeColor 属性

BackColor 与 ForeColor 属性分别用于指定显示对象中文本和图形的背景色和前景色。

（3）Enabled 属性

Enabled 属性用于设置控件对象是可用，该属性若为.T.，则表示可用，该属性若为.F.，则表示该控件对象不可用。

（4）FontName 与 FontSize 属性

FontName 与 FontSize 属性分别用于指定显示文本的字体名和字号大小。

（5）FontBold、FontItalic、FontStrikethru、FontUnderline 属性

以上 4 个属性，分别用于指定文本是否设置为粗体、斜体、删除线或下划线效果。以上属性若取值为.T.，则指定文本对象具有上述效果，若取值为.F.，则指定文本对象不具有上述效果。

（6）Hight 与 Width 属性

Hight 与 Width 属性分别用于设置一个控件自身的高度和宽度值。

（7）Left 与 Top 属性

分别用于设置一个控件与容器左边界和上边界的距离。

（8）Visible 属性

Visible 属性用于设置控件对象是可见还是隐藏。若该属性值为.T.，则表示该控件对象可见，若该属性值为.F.，则表示该控件对象不可见。

3．事件

事件（Event）是每个对象用以识别和响应的某些行为和动作。事件是固定的，用户不能定义新的事件。事件可以由用户的动作产生，如用户单击鼠标或者按键的动作等。事件也可以由程序代码或系统自动产生，如时钟等。当系统响应用户或系统的一些动作时，就会自动触发相应事件的代码。

4．方法

方法（Method）是附属于对象的行为和动作。方法是一组程序，不需要动作引起，只要指出方法名，就执行方法。方法是响应消息而完成的算法，表示对象内部实现的细节，对象的方法集合体现了对象的行为能力。在程序设计中直接通过对象的方法程序来直接操作对象。另外，每个对象还可以增加方法。

5.1.2　类与子类继承概念

类是对具有相同属性和方法的对象的抽象。类是对象的抽象，它描述了属于该对象类型所有对象的性质，每一个对象是对应其类的一个实例。

在类的描述中，每个类要有一个名字，要表示一组对象的共同特征，还必须给出一个生成对象实例的具体方法。类中的每个对象都是该类的对象实例，即系统运行时通过类定义属性初始化可以生成该类的对象实例。实例对象是描述数据结构，每个对象都保存其自己的内部状态，一个类的各个实例对象都能理解该所属类发来的消息。类具有封装性、继承性和多态性的特点。

类通过对对象不同级别的抽象，就会形成类的层次关系。在类的层次关系中，处于高层的类如果看成是一个基类或者父类，则位于该类下层的类可以看成是通过基类派生出来的新类或者子类。在面向对象的程序设计中，子类是对父类的扩展，任何类都可以作为一个父类（基类），一个父类可以派生出一个或者多个子类（派生类）。

继承是子类自动共享父类数据结构和方法的机制，这是类之间的一种关系。利用继承机制，在定义和实现一个新类的时候，就可以直接在一个已经存在的类的基础之上来进行，把父类所定义的内容直接继承下来作为自己的内容，然后再加入若干新的内容。通过类的继承机制可以方便快捷地生成新类以适应不同的应用需求。

5.1.3　容器类与控件类及控件引用

1．容器类与控件类

Visual FoxPro 系统内部所定义的类，可以作为其他用户自定义类的基础，称为基类。如

表 5-1 所示,用户可以在这些基类的基础上创建新类,增添自己需要的功能。也可以根据需要,利用类的继承性和封装性对基类添加不同的特性,或者完全继承派生出的各种各样的对象。

基类可以分为容器类和控件类两种。当对基类实例化生成一个具体的对象时,可以生成容器对象和控件对象两种类型。

表 5-1　Visual FoxPro 基类

类　　名	基　本　功　能
CheckBox	创建复选框对象
ComboBox	创建组合框对象
CommandButton	创建命令按钮对象
CommandGroup	创建命令按钮组对象,其中可以包含多个命令按钮
Container	创建容器对象,容器中可以包含其他的控件对象
EditBox	创建编辑框对象
Form	创建表单对象
Form Set	创建表单集对象
Grid	创建表格对象
Image	创建用于显示图片的图像控件对象
Label	创建用于显示文本内容的标签对象
Line	创建用于显示水平线、垂直线或斜线对象
ListBox	创建列表框对象
OLE	创建 OLE 容器对象
OptionButton	创建选项按钮对象
OptionGroup	创建选项按钮组对象,其中可以包括多个单选按钮
PageFrame	创建页框对象,其中包含若干页面
Shape	创建图形对象
Spinner	创建微调控件对象
TextBox	创建文本框
Timer	创建按指定时间各执行代码的计时器对象
ToolBar	创建工具栏对象

容器是一种特殊的控件,它可以容纳其他的容器和控件对象,并允许访问所包含的对象。以下是 Visual FoxPro 中常见的容器对象。

(1)表单

表单是一个容器,在表单中可以容纳标签控件、文本框控件、命令按钮控件、复选框控件、表格控件、页框控件、形状控件和线条控件等对象。

(2)表单集

表单是一个容器,在表单集中可以容纳表单和工具栏等对象。

(3)页框与页

页框是一个容器,在页框中可以包括多个页对象。页也是一个容器,在每个页中可以容纳标签控件、文本框控件、命令按钮控件、复选框控件、表格控件、页框控件、形状控件和线条控件等对象。

（4）表格与列

表格是一个容器，在表格中容纳多个列对象。列本身也是一个容器，它可以容纳表头和除了表单、表单集、工具栏、计时器及其他列对象控件之外的任何对象。

（5）命令按钮组

命令按钮组作为一个容器，它可以容纳多个命令按钮对象。

（6）选项按钮组

选项按钮组作为一个容器，它可以容纳多个单选按钮对象。

2．控件的引用

在 Visual FoxPro 中，对控件对象编写事件代码时，控件对象之间的引用需要通过相对引用的方式来操作一个控件对象。

【格式】关键字.容器名.控件名.属性名

　　　　关键字.容器名.控件名.方法名

【说明】

1）This。This 表示对当前控件对象自己的引用。例如，"This.Enabled=.F."表示将当前对象设置为不可用。

2）ThisForm。ThisForm 表示对当前控件所在的表单对象的引用。当前表单对象可以不是当前控件的直接容器。

例如，"ThisForm.Command1.Enabled=.F."表示将当前对象所在的表单中的命令按钮对象 Command1 设置为不可用。

3）Parent。Parent 表示对当前控件所在的直接容器对象的引用。

例如，如果当前控件的直接容器是表单对象，则"ThisForm"可以用"This.Parent"代替。

5.2　表　　单

5.2.1　表单的概念

1．表单和表单文件

在 Visual FoxPro 中，表单（Form）是开发数据库应用系统的工作界面，也可以称为窗体。表单是一个容器，可以容纳多个控件，利用表单设计器可以设计出具有 Windows 风格的各种应用程序界面。在表单中包含了属性、事件和方法等信息。

表单文件的扩展名为.scx，其相关的同名备注文件的扩展名为.sct。在表单文件中保存了表单的属性、表单所含各控件对象的属性、表单的数据源、表单及所含对象的事件及方法程序等相关信息。

2．表单常用属性

表单的属性可以定义表单的外观和整体风格，表单的属性有 100 多个，常用属性如下：

（1）AlwaysOnTop 属性

设置表单运行时是否总是处在其他打开窗口之上，默认值为.F.。

（2）AutoCenter 属性

设置表单运行时是否在 Visual FoxPro 主窗口中自动居中显示，默认值为.F.。

（3）BackColor 属性

设置表单窗口的背景颜色。

（4）BorderStyle 属性

设置表单边框样式，0 表示无边框、1 表示单线边框、2 表示固对话框、3 表示可调边框（默认）。

（5）Caption 属性

设置表单标题栏显示的文本，默认值为 form1。

（6）Closable 属性

设置能否由双击控制菜单或从控制菜单中选择"关闭"命令关闭表单，默认值为.T.。

（7）MaxButton 属性

设置表单是否具有最大化按钮，默认值为.T.。

（8）MinButton 属性

设置表单是否具有最小化按钮，默认值为.T.。

（9）Movable 属性

设置表单运行时能否移动，默认值为.T.。

（10）Picture 属性

设置表单背景图片。

（11）WindowState 属性

设置表单运行的状态：0 表示正常（默认 0），1 表示最小化，2 表示最大化。

（12）WindowType 属性

设置表单在显示或用"DO FORM"命令时的动作。0 表示无模式（默认），1 表示模式。

3. 表单常用事件和方法

表单中的常用事件有 Init 事件、Destroy 事件、Load 事件和 Unload 事件等。表单中的常用方法有 Hide 方法、Refresh 方法、Release 方法和 Show 方法等。

表单事件的引发顺序是:Load（表单对象建立前引发）→Init（建立时引发）→Activate（活动时引发）→Destroy（对象释放时引发）→Unload（表单对象释放时引发）。

5.2.2 表单的建立、编辑、保存和运行

1. 利用表单向导创建表单

利用表单向导可以创建基于一个表的表单，也可以创建基于两个具有一对多关系的表的表单。

例 5-1 根据 xuesheng 表利用表单向导创建表单 myform1.scx。

操作步骤如下：

1）选择"文件"→"新建"命令，在文件类型区域中点选"表单"单选按钮，单击"向导"按钮，弹出表单向导对话框，如图 5-1 所示。

2）在图 5-1 中选择表单向寻，弹出步骤 1-字段选取的对话框，如图 5-2 所示。

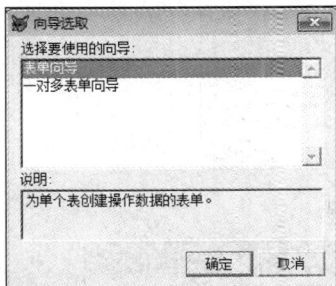

图 5-1　表单向导

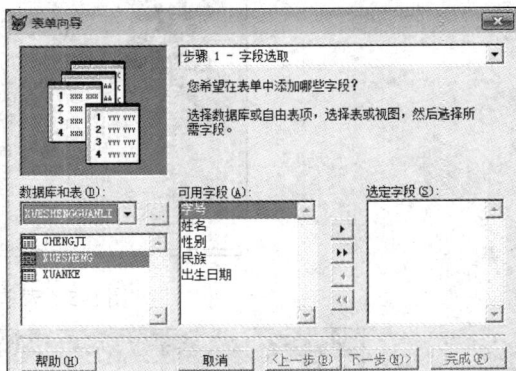

图 5-2　表单向导——字段选取

3）图 5-2 中，在"数据库和表"列表框中选择表 xuesheng，在"可用字段"列表框中显示出 xuesheng 所包括的字段，分别选择字段学号、姓名、性别和民族添加到"选定字段"列表框中，单击"下一步"按钮，弹出步骤 2-选择表单样式的对话框，如图 5-3 所示。

4）图 5-3 中，在"样式"列表框中选择"标准式"选项，在"按钮类型"区域点选"文本按钮"单选按钮，单击"下一步"按钮，弹出步骤 3-排序次序的对话框，如图 5-4 所示。

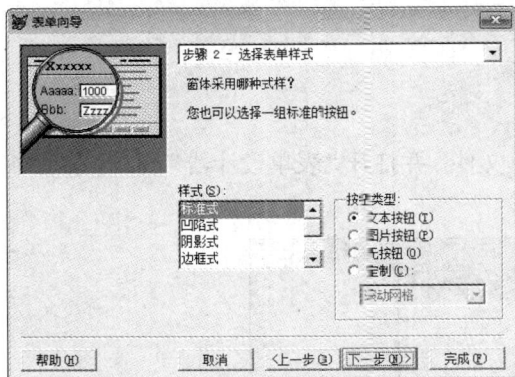

图 5-3　表单向导——选择表单样式

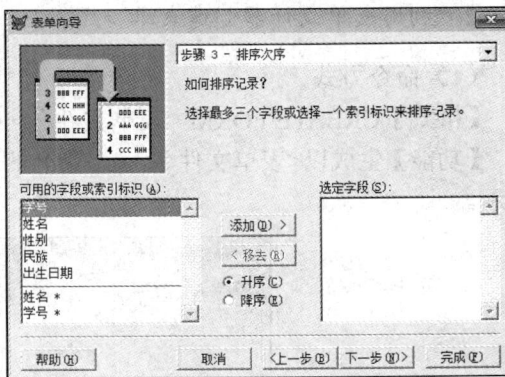

图 5-4　表单向导——排序次序

5）图 5-4 中，在"可用的字段或索引标识"列表框中选择"学号"字段，点选"升序"单选按钮，单击"添加"按钮，再单击"下一步"按钮，弹出步骤 4-完成的对话框，如图 5-5 所示。

6）在图 5-5 中，输入表单标题"学生信息"，点选"保存并运行表单"单选按钮，单击"完成"按钮，在保存文件对话框中输入文件名 myform1。表单运行界面如图 5-6 所示。

利用表单向导设计表单虽然简单方便又不需要编写代码，但表单向导设计出的表单有一定的固定模式，功能也有限。

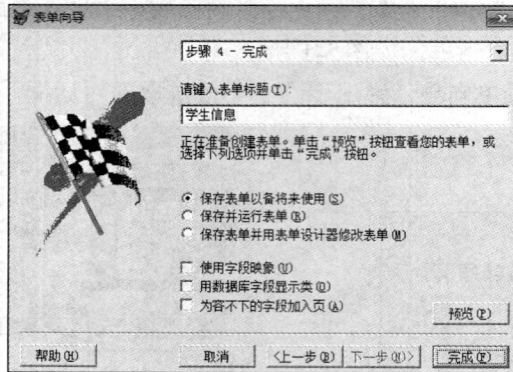

图 5-5　表单向导——完成

图 5-6　表单运行界面

2. 利用表单设计器创建表单

（1）命令方式

【格式】CREATE FORM <表单文件名>.scx

【功能】生成以<表单文件名>.scx 为名的表单文件，并打开"表单设计器"窗口，如图 5-7 所示。

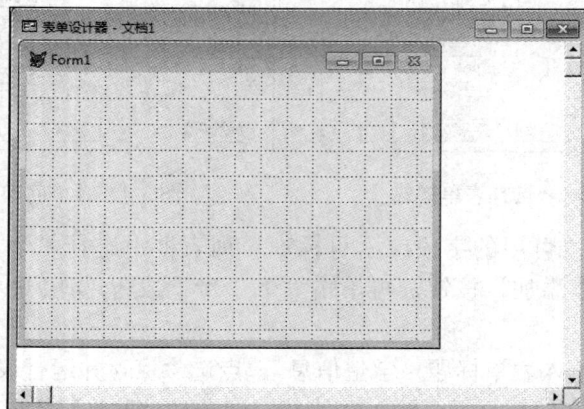

图 5-7　"表单设计器"窗口

（2）菜单方式

选择"文件"→"新建"命令，在文件类型区域中点选"表单"单选按钮，单击"新建文件"按钮，打开"表单设计器"窗口，如图 5-7 所示。

当表单设计器启动后，在 Visual FoxPro 主窗口中将会出现表单菜单、"表单设计器"窗口、"属性"窗口、"表单控件"工具栏和"表单设计器"工具栏，如图 5-8 所示。

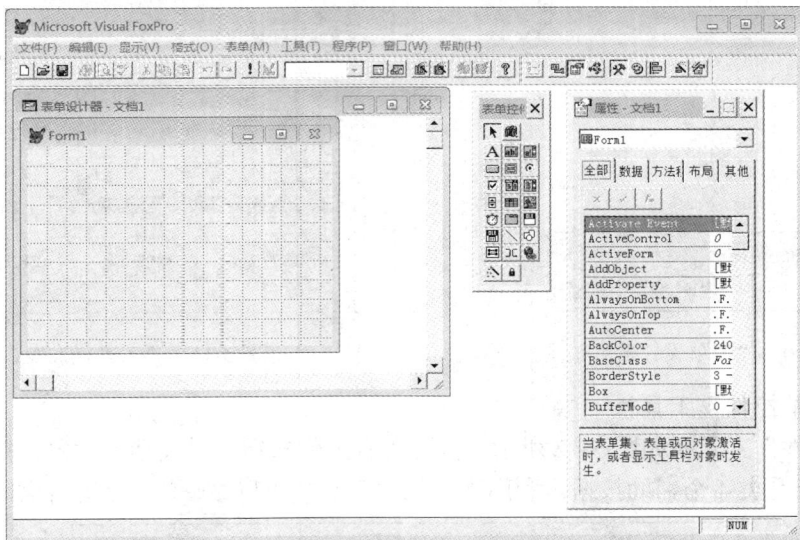

图 5-8　Visual FoxPro 主窗口

1）"表单设计器"窗口。在"表单设计器"窗口中，利用 Visual FoxPro 提供的可视化工具，添加各种控件对象，可以使用户设计出满足实际需要的、个性化的表单界面。

2）表单菜单。利用表单菜单中的命令可以为表单新建属性和方法，创建和编辑表单集，以及执行表单等操作。

3）"属性"窗口。"属性"窗口如图 5-9 所示，用于对表单及表单中包括的控件对象设置属性。在"属性"窗口中，上面的下拉列表框用来显示当前被选定的对象名称。单击下拉列表框右侧下拉箭头将打开当前表单及表单中所有对象的名称列表，用户可以从中选择要编辑修改的对象。

在"属性"窗口中，"全部"选项卡列出当前控件对象的全部选项的属性和方法，"数据"选项卡列出当前控件对象的显示或操作的数据属性，"方法程序"选项卡显示当前控件对象的方法和事件，"布局"选项卡显示当前控件对象的所有布局的属性，"其他"选项卡显示当前控件对象的自定义属性和其他特殊属性。

（3）"表单设计器"工具栏

"表单设计器"工具栏如图 5-10 所示，其内部含有设置 Tab 键次序、数据环境、代码窗口、表单控件工具栏、调色板工具栏、布局工具栏、表单生成器和自动格式等按钮。若"表单设计器"工具栏被隐藏，则通过选择"显示"→"工具栏"命令

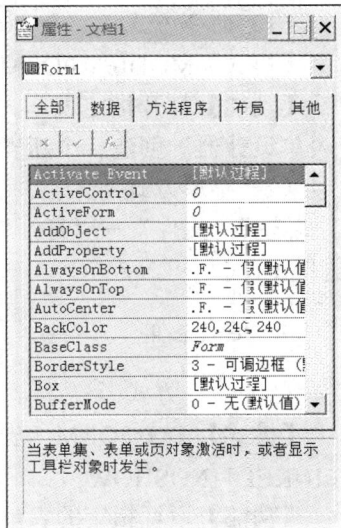

图 5-9　"属性"窗口

弹出"工具栏"对话框，如图 5-11 所示，在"工具栏"对话框中选中"表单设计器"选项并单击"确定"按钮，可以将"表单设计器"工具栏显示。

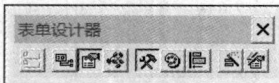

图 5-10　"表单设计器"工具栏

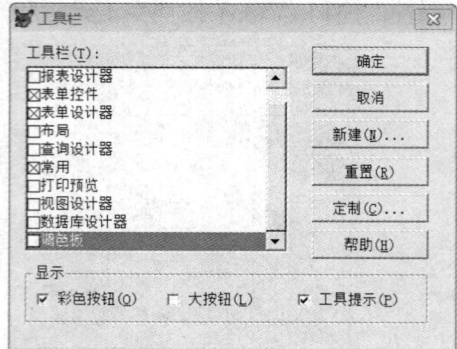

图 5-11　"工具栏"窗口

（4）"表单控件"工具栏

"表单控件"工具栏如图 5-12 所示，内部含有控件按钮，以及选定对象、按钮锁定、生成器锁定、查看类 4 个辅助按钮。利用表单控件工具栏可以方便地向表单中添加控件。

图 5-12　"表单控件"工具栏

使用表单控件时，单击需要的控件按钮后，再将鼠标移至表单窗口的合适位置单击，并拖动鼠标以确定控件大小，就可以生成一个控件对象。

3．修改表单

（1）命令方式

【格式】MODIFY FORM <表单文件名>.SCX

【功能】打开指定表单文件名的表单设计器。若指定的表单文件不存在，则系统将启动"表单设计器"创建一个新表单。

（2）菜单方式

选择"文件"→"打开"命令，在"文件类型"中选择要修改的表单，打开"表单设计器"窗口。

4．运行表单

（1）命令方式

【格式】DO FORM <表单文件名> [NAME<变量名>] WITH <实参 1>, [<实参 2>, …] [LINKED] [NOSHOW]

【功能】运行指定的表单。

【说明】

1）NAME 子句将建立指定名字的变量，并指向表单对象。如果指定的内存变量不存在，系统将自动创建一个与表单文件名同名的变量指向表单对象。

2）WITH 子句将各实参的值传递给该事件代码中的各形参。

3）包含 LINKED 关键字，表单将随指向它的变量的清除而关闭（释放）。

4）包含 NOSHOW 关键字，表单运行时将不显示，直至表单对象的 Visible 属性被设置为.T.，或调用了 SHOW 方法。

（2）菜单方式

1）在表单设计器环境下，选择"表单"菜单中的"执行表单"命令，或单击工具栏上的"运行"按钮。

2）选择"程序"菜单中的"运行"命令，弹出"运行"对话框，在对话框中指定表单文件并单击"运行"按钮。

5.3　控件及其属性设置

5.3.1　表单控件基本操作

1. 控件基本操作

（1）向表单中添加控件

启动表单设计器和表单控件工具栏后，如图 5-8 所示，单击表单控件工具栏中的所需控件，然后将鼠标移动到表单界面上，此时鼠标箭头变成"+"状，在表单适当的位置按住鼠标左键并拖动鼠标，根据出现的矩形框调整控件的大小，最后松开鼠标，即可完成控件的添加操作。

也可以在选择所需表单控件后，在表单上单击完成向表单中添加控件的操作，此时控件将按照默认大小添加到表单中。

（2）连续添加同一种控件

单击表单工具栏上的"锁定"按钮，然后选定要添加的控件，此时可以在表单中重复添加多个相同的控件。再次单击"锁定"按钮可取消锁定。

（3）选定控件

首先选定表单控件工具栏中的"选定"按钮，然后在表单中单击要选定的控件，此时控件的四周会出现 8 个控制点，即可完成一个控件的选定操作。

如果要选取多个控件，在选中第一个控件后，按住 Shift 键的同时，单击其他需要选定的控件，即可完成控件的多重选取操作。

（4）移动控件

选择表单中一个或多个控件，利用鼠标拖动或者利用键盘的方向键可以实现控件的移动操作。

（5）复制控件

选择表单中一个或多个控件，选择"编辑"菜单中的"复制"命令，然后选择"粘贴"命令。也可以使用快捷菜单或者快捷键的方式实现控件的复制操作。

（6）删除控件

选择表单中不需要的一个或多个控件，利用键盘上的删除键或者利用剪切的方式可以实现控件的删除操作。

（7）调整控件大小

选择表单中需要调整大小的控件，用鼠标拖动控件四周的 8 个控制点来调整大小。也可以通过 Width 属性和 Height 属性来指定控件的大小。

2．控件布局操作

在表单中多重选择需要布局设置的控件，打开"格式"菜单或者利用"布局"工具栏，如图 5-13 所示，可以实现对控件的相对大小、相对位置、对齐方式，以及控件之间的水平间距、垂直间距和前后位置的设置操作。

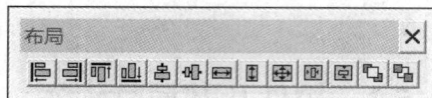

图 5-13　"布局"工具栏

3．设置 Tab 键次序

当表单运行时，用户可以通过按 Tab 键使焦点在控件之间移动，从而达到选择控件对象的目的。如果在设计表单时用户没有指定控件的 Tab 键次序，则控件获得焦点的顺序与控件添加到表单中的次序相同。用户也可以根据实际的需要使用下面的方法设置 Tab 键次序。

1）选择"显示"→"Tab 键次序"命令或者单击"表单设计器"工具栏上的"设置 Tab 键次序"按钮，进入 Tab 键次序设置状态，此时每个控件上的左上角会出现带蓝色背景的数字，这些数字代表每个控件的进入 Tab 键次序，如图 5-14 所示。

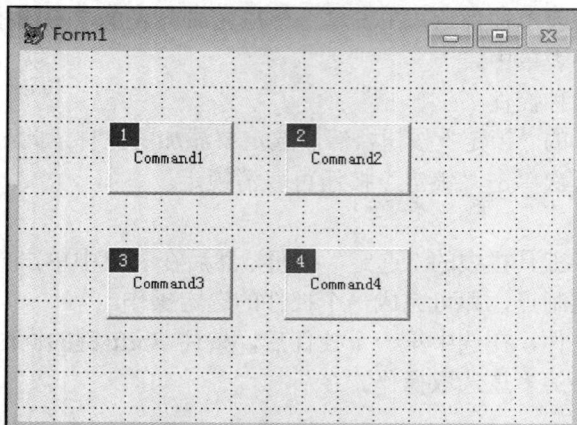

图 5-14　设置 Tab 键次序

2）按照实际需要的控件 Tab 键次序，依次单击每一个控件，即可实现所有控件的 Tab 键次序设置。或者双击某个控件，将其设置为 Tab 键次序中的第一个控件，再按照顺序单击其他控件，即可完成控件 Tab 键次序的设置。

3）单击空白处确认上述设置，并退出设置状态；按 Esc 键，放弃上述设置，并退出设置状态。

5.3.2　表单控件

1. 标签控件

标签（Label）控件是用以显示文本的图形控件，在标签中显示的文本通过标签控件的 Caption 属性指定。当表单运行时，标签控件的标题文本不能直接编辑修改，但是可以通过代码来指定其 Caption 属性的值来修改标签控件的标题文本。

标签控件常用属性如下。

（1）Caption 属性

指定标签的标题文本，最多不超过 256 个字符。

（2）Alignment 属性

指定标题文本在控件中的显示对齐方式，该属性包括 3 个属性值：0（默认）、1 和 2，分别代表左对齐、右对齐和中央对齐。

（3）AutoSize 属性

指定标签控件的大小是否能够随着标题文本所占区域的大小自动改变。

（4）WordWrap 属性

指定标签控件标题文本能否换行显示，若该属性值为.T.，则可以换行显示，若该属性值为.F.，则不可以折行显示。

（5）BackStyle 属性

指定标签控件背景是否透明，0 代表透明，1 代表不透明，默认为 1。

例 5-2　创建一个表单 myform2.scx，如图 5-15 所示，表单的标题为"标签控件属性练习"，在表单中包括 3 个标签控件 Label1、Label2 和 Label3，设置 Label1、Label2 和 Label3 的标题为"标签控件属性练习"，字体为宋体，字号为 28，字体加粗，背景颜色为 RGB（128，255，255），字体颜色为 RGB（255，0，0）。另外 Label1、Label2 和 Label3 控件的大小会随着标题文本的改变自动改变，Label2 的背景透明，Label3 的标题文本可以换行显示。

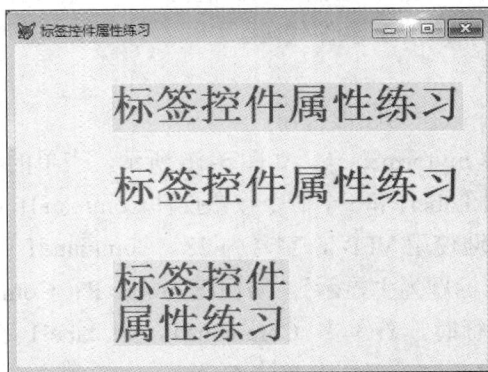

图 5-15　例 5-2 表单运行界面

操作步骤如下：

1）创建表单。

① 在命令窗口中输入 create form myform2 启动表单设计器。

② 在表单上连续添加 3 个标签控件：Label1、Label2 和 Label3。

2）设置控件属性。

① 打开属性窗口。

② 选择表单 form1，设置 Caption 属性：标签控件属性练习。

③ 同时选中 Label1、Label2 和 Label3，设置 Caption 属性：标签控件属性练习；FontSize 属性：28；FontBold 属性：.T.；BackColor 属性：（128，255，255）；ForeColor 属性：（255，0，0）；AutoSize 属性：.T.。

④ 选择 Label2，设置 BackStyle 属性：0。

⑤ 选择 Label3，设置 WordWrap 属性：.T.。

3）保存并运行表单 myform2.scx。

2. 命令按钮控件

在表单运行时，命令按钮（CommandButton）控件一般用于响应鼠标单击（Click）事件来启动某个事件代码，从而完成特定功能，如关闭表单、查询、计算、打印报表等。

命令按钮控件常用属性如下：

（1）Caption 属性

指定命令按钮的标题文本。

通过 Caption 属性可以为命令按钮在标题文本中设置访问键，设置访问键的方法是：\< 字母。

（2）Default 属性

设置命令按钮是否响应 Enter 键，该属性默认值为.F.。在一个表单中的只能有一个命令按钮的 Default 属性为.T.。

（3）Cancel 属性

设置命令按钮是否响应"取消"按钮，默认值为.F.，当属性为.T.时，在表单运行时可通过 Esc 键执行该命令按钮中的 Click 事件代码。

（4）Picture 属性

选择图形文件，使命令按钮为图形按钮。

例 5-3 创建一个表单 myform3.scx，如图 5-16 所示，表单的标题为"命令按钮练习"，在表单中包括一个标签控件 Label1 和 3 个命令按钮控件 Command1、Command2 和 Command3。其中 Label1 的标题为"欢迎使用 VFP"，字号为 28。Command1 的标题为"不显示"，访问键为 Alt+E；Command2 的标题为"显示"，访问键为 Alt+R；Command3 的标题为"退出"，访问键为 Alt+Q。表单运行时，若单击 Command1，则 label1 在表单中不显示。若单击 Command2，则 Label1 在表单中显示。若单击 Command3，则关闭并释放表单。

操作步骤如下：

1）创建表单界面。

① 在命令窗口中输入 create form myform3 启动表单设计器。

② 向表单中分别添加标签控件 Label1，命令按钮控件 Command1、Command2 和 Command3。

2）设置控件属性。

① 打开属性窗口。

② 选择 form1，设置 Caption 属性：命令按钮练习。

③ 选择 Label1，设置 Caption 属性：欢迎使用 VFP；设置 FontSize 属性：30。

④ 选择 Command1，设置 Caption 属性：不显示\<E。

⑤ 选择 Command2，设置 Caption 属性：显示\<R。

⑥ 选择 Command3，设置 Caption 属性：退出\<Q。

3）编写事件代码。

① 双击表单打开代码窗口。

② 选择对象 Command1，选择过程 Click，输入代码：

```
Thisform.Label1.Visible=.F.
```

③ 选择对象 Command2，选择过程 Click，输入代码：

```
Thisform.Label1.Visible=.T.
```

④ 选择对象 Command3，选择过程 Click，输入下面代码：

```
Thisform.release
```

4）保存并运行表单 myform3.scx 如图 5-16 所示。

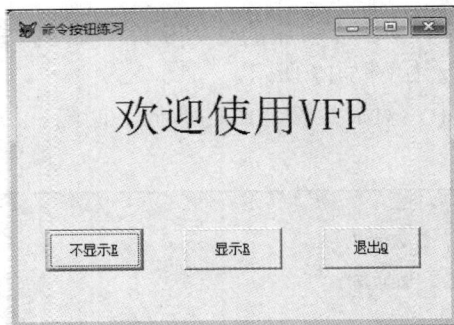

图 5-16　例 5-3 表单运行界面

3．命令按钮组控件

命令按钮组（CommandButtonGroup）控件是一个包含多个命令按钮的容器控件，命令按钮组控件一般用于响应鼠标单击（Click）事件来启动某个事件代码。在实际使用命令按钮组控件时，用户既可以将命令按钮组看成一个整体来设置事件代码，也可以单独为命令按钮组中的每个命令按钮设置事件代码。

（1）命令按钮组常用属性

1）ButtonCount 属性。设置命令组中命令按钮的个数，默认的属性值为 2。

2）Buttons 属性。用于存取命令组中各按钮的数组。

3）Value 属性。用于判断命令按钮组的当前状态。Value 属性值可以为 N 型或 C 型。一般情况下，在编写命令按钮组的事件代码时，若将 Value 属性看成是 N 型数据处理时，则

Value 属性的初始值一般要设置为 1，此时 Value 的值表示命令按钮组中第一个命令按钮被选中；若将 Value 属性看成是 C 型数据处理时，则 Value 属性的初始值一般要设置为空字符串，此时 Value 的值表示命令按钮组中 Caption 属性值与 Value 值相等的命令按钮被选中。

（2）利用生成器生成命令按钮组

操作方法如下：

1）在表单中选择命令按钮组控件右击，在弹出的快捷菜单中选择"生成器"命令，弹出如图 5-17 所示的"命令组生成器"对话框。

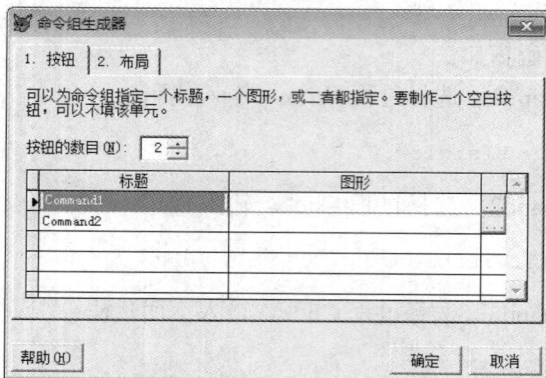

图 5-17　"按钮"选项卡

2）在"按钮"选项卡中，对命令按钮的个数和每个命令按钮的标题信息进行设置，标题中既可含文本也可含图形，如图 5-17 所示。

3）在"布局"选项卡中，对命令按钮组的布局、间隔、边框样式信息进行设置，如图 5-18 所示。

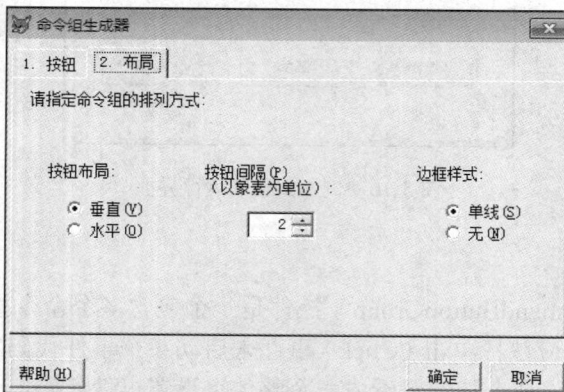

图 5-18　"布局"选项卡

4）单击"确定"按钮生成命令按钮组。

（3）编辑命令按钮组

在表单中选择命令按钮组控件右击，在弹出的快捷菜单中选择"编辑"命令，命令按钮组周边有绿色边界，此时可对命令按钮组中每一个按钮依次设置属性，如图 5-19 所示。

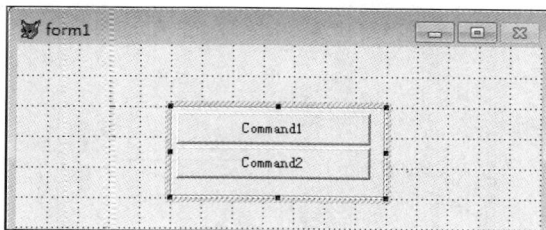

图 5-19　命令按钮组编辑状态

4. 文本框控件

文本框（Text）控件可以作为接受用户输入和输出信息的一个基本控件。文本框控件中的数据可以是字符型、数值型、逻辑型和日期型等，默认为字符型数据。当文本框控件在接受字符型数据时，最多不超过 255 个字符。

文本框控件常用属性如下：

（1）ControlSource 属性

为文本框指定一个字段或内存变量，运行时文本框中首先显示该变量的内容。

（2）Inputmask 属性

利用模式符指定文本框中如何输入和显示数据。常用的模式符如下：

1）X　含义：可输入任何字符。

2）9　含义：可输入数字和正负符号。

3）#　含义：可输入数字、空格和正负符号。

4）$　含义：在某一固定位置显示（由"SET CURRENCY"命令指定的）当前货币符号。

5）$$ 含义：在微调控制或文本框中，货币符号显示时不与数字分开。

6）*　含义：在值的左侧显示星号（*）。

7）.　含义：指定小数点的位置。

8），含义：分隔小数点左边的整数部分。

（3）PasswordChar 属性

设置文本框控件是显示用户实际输入的字符信息，还是显示用户指定的占位符信息。

（4）ReadOnly 属性

设置是否允许用户在文本框中编辑数据，默认值为.F.，可以编辑。

（5）Value 属性

返回文本框的当前内容，默认值是空值。

例 5-4　创建一个表单 myform4.scx，如图 5-20 所示。表单的标题为"计算圆的面积"，在表单中包括标签控件 Label1 和 Label2，其中 Label1 的标题为"请输入圆的半径"，Label2 的标题为"圆的面积为"；文本控件为 Text1 和 Text2，其中 Text2 不能编辑；命令按钮组控件为 CommandGoup1，其中 Command1 的标题为"计算"，Command2 的标题为"清除"，Command3 的标题为"退出"。当表单运行时，若单击 Command1，则根据 Text1 中输入的值计算出圆的面积，并显示在 Text2 中，若单击 Command2，则将 Text1 和 Text2 的内容清空，若单击 Command3，则关闭并释放表单。

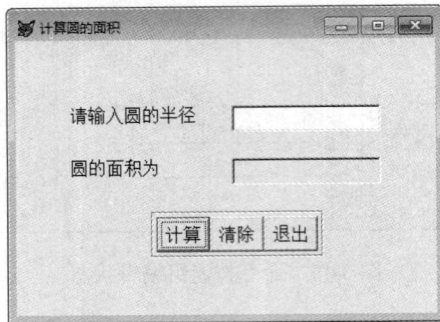

图 5-20   例 5-4 表单运行界面

操作步骤如下：

1）创建表单界面。

① 在命令窗口中输入 create form myform4 启动表单设计器。

② 向表单中分别添加标签控件 Label1 和 Label2，文本框控件 Text1 和 Text2，命令按钮组控件 CommandGoup1。

2）设置控件属性。

① 打开属性窗口。

② 选择 form1，设置 Caption 属性：计算圆的面积。

③ 选择 Label1，设置 Caption 属性：请输入圆的半径。

④ 选择 Label2，设置 Caption 属性：圆的面积为。

⑤ 选择 CommandGroup1 中 Command1，设置 Caption 属性：计算。

⑥ 选择 CommandGroup1 中 Command2，设置 Caption 属性：清除。

⑦ 选择 CommandGroup1 中 Command3，设置 Caption 属性：退出。

⑧ 选择 Text2，设置 Enabled 属性：.F.。

3）编写事件代码。

① 双击表单打开代码窗口。

② 选择对象 CommandGroup1，选择过程 Click，输入下面代码：

```
m=This.Value
n=val(Thisform.Text1.Value)
do case
    case m=1
      Thisform.Text2.Value=pi()*n^2
    case m=2
      Thisform.Text1.Value=""
      Thisform.Text2.Value=""
    case m=3
      Thisform.release
endcase
```

4）保存并运行表单 myform4.scx。

例 5-5　创建一个表单 myform5.scx，如图 5-21 所示。表单的标题为"查询学生信息"；在表单中包括标签控件 Label1 和 Label2，其中 Label1 的标题为"请输入学号"，Label2 的标题为"学生姓名是"；文本框控件为 Text1 和 Text2；命令按钮控件 Command1 的标题为"查询"，Command2 的标题为"退出"。当表单运行时，若单击 Command1，则根据 Text1 中输入的学生学号查询 xuesheng 表中学生的姓名信息，并显示在 Text2 中，若单击 Command2，则关闭并释放表单。

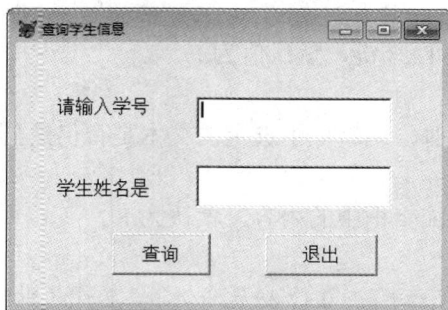

图 5-21　例 5-5 表单运行界面

操作步骤如下：

1）创建表单界面。

① 在命令窗口中输入 create form myform5 启动表单设计器。

② 向表单中添加标签控件 Label1 和 Label2，文本框控件 Text1 和 Text2，命令按钮控件 Command1 和 Command2。

2）设置控件属性

① 打开属性窗口。

② 选择 form1，设置 Caption 属性：查询学生信息。

③ 选择 Label1，设置 Caption 属性：请输入学号。

④ 选择 Label2，设置 Caption 属性：学生姓名是。

⑤ 选择 Command1，设置 Caption 属性：查询。

⑥ 选择 Command2，设置 Caption 属性：退出。

3）编写事件代码。

① 双击表单打开代码窗口。

② 选择对象 Command1，选择过程 Click，输入代码：

```
n=Alltrim(Thisform.Text1.Value)
sele 姓名 from xuesheng where 学号=n into array aa
Thisform.Text2.Value=aa
```

③ 选择对象 Command2，选择过程 Click，输入代码：

```
Thisoform.release
```

4）保存并运行表单 myform5.scx。

5．编辑框（Edit）控件

编辑框控件与文本框控件一样可用于输入、显示、编辑数据。但是与文本框不同的是编辑框只能编辑字符型数据，可编辑长的字符型字段数据、备注字段数据、字符型内存变量数据，另外编辑框可以有滚动条。

编辑框控件常用属性如下：

（1）AllowTabs 属性

设置编辑框中能否使用 TAB 键，默认值为.F.。

（2）HideSelection 属性

设置当编辑框失去焦点时，编辑框中选定的文本是否仍然显示为选定状态。

（3）ReadOnly 属性

设置是否允许用户编辑编辑框中的内容，默认为.F.。

（4）ScrollBars 属性

设置编辑框中是否具有滚动条。0 代表无滚动条，2 代表默认，有垂直滚动条。

（5）SelStart 属性

返回用户在编辑框中所选文本的起始位置或插入点位置。

（6）SelLengh 属性

返回用户在控件的文本输入区中所选定的字符的数目，或指定要选定的字符数目。

（7）SelText 属性

返回用户编辑区内选定的文本，如果没选定文本，将返回空串。

例 5-6　创建一个表单 myform6.scx，如图 5-22 所示，表单的标题为"编辑框使用"，在表单中包括两个编辑框控件 Edit1 和 Edit2，其中 Edit2 中不能输入数据；命令按钮组控件为 CommandGoup1，包括两个命令按钮，其中 Command1 标题为"添加"，Command2 标题为"删除"，且 Command2 初始状态为不可用。当表单运行时，当单击 Command1 时，若 Edit1 中不为空，则将 Edit1 中的内容添加到 Edit2 中，且 Command1 变为不可用而 Command2 变为可用，.若 Edit1 中的信息为空，则提示"请输入文本信息"。当单击 Command2 时，则将 Edit2 中的信息删除，且 Command2 变为不可用，而 Command1 变为可用。

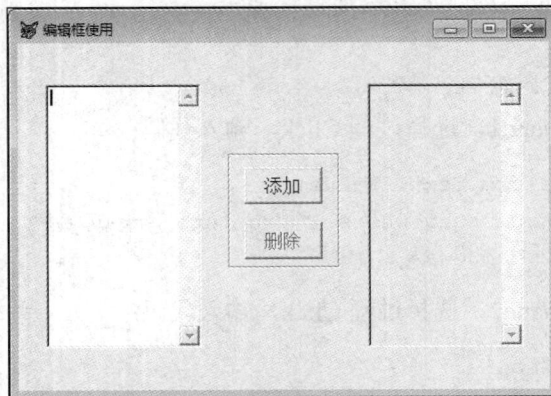

图 5-22　例 5-6 表单运行界面

操作步骤如下：

1）创建表单界面。

① 在命令窗口中输入 create form myform6 启动表单设计器。

② 向表单中分别添加标签控件 Edit1 和 Edit2，命令按钮组控件 CommandGroup1。

2）设置控件属性。

① 打开属性窗口。

② 选择 form1，设置 Caption 属性：编辑框使用。

③ 选择 Edit2，设置 ReadOnly 属性：.T.。

④ 选择 CommandGroup1 中 Command1，设置 Caption 属性：添加。

⑤ 选择 CommandGroup1 中 Command2，设置 Caption 属性：删除，设置 Enabled 属性：.F.。

3）编写事件代码。

① 双击表单打开代码窗口。

② 选择对象 Command1，选择过程 Click，输入代码：

```
if not Empty(Thisform.Edit1.Value)
    Thisform.Edit2.Value=Thisform.Edit1.Value
    Thisform.Edit1.Value=''
    Thisform.Commandgroup1.Command2.Enabled=1
    Thisform.Commandgroup1.Command1.Enabled=0
else
    =Messagebox("请输入文本信息",48,"提示信息！")
endif
```

③ 选择对象 Command2，选择过程 Click，输入代码：

```
Thisform.Edit2.Value=''
Thisform.Commandgroup1.Command1.Enabled=1
Thisform.Commandgroup1.Command2.Enabled=0
```

4）保存并运行表单 myform6.scx。

6. 容器控件

容器（Container）控件是一种可以包含其他控件对象的控件。它的封装性好，使用它可以将一些对象组合在一起，成为一个整体。在容器中的每个控件的 left 属性和 top 属性是相对容器而言的，与所在的表单无关。

（1）容器控件常用属性

1）BackStyle 属性。设置容器控件是否透明，1 代表不透明（默认），0 代表透明。

2）SpecialEffect 属性。设置容器控件样式，0 代表凸起，1 代表凹下，2 代表平面（默认）。

（2）编辑容器控件

向容器控件中添加其他控件时，在容器控件上右击，打开开始菜单选择"编辑"命令，此时容器控件四周出现绿色边栏，然后选择所需控件向容器中添加，才可以使添加的控件包含在容器中。

7. 计时器控件

计时器（Timer）控件是一种按照一定的时间间隔触发 Timer 事件，然后执行某一操作的控件，它的时间是由系统时钟控制的，在表单运行时计时器控件不显示。

计时器控件常用属性如下：

Interval 属性。设置计时器控件的间隔时间，单位：ms，默认值为 0。

当计时器控件的 Interval＝0 时，计时器被屏蔽将不会触发任何事件。

例 5-7　创建一个表单 myform7.scx，如图 5-23 所示，表单的标题为"计时器控件示例"，在表单中包括计时器控件 Timer1，其 Interval 属性为 1000，标签控件为 Label1，命令按钮控件有暂停（Command1）、继续（Command2），当表单运行时，在 Label1 中自动显示系统时间，若单击暂停则时间停止，若单击继续则继续显示系统事件。

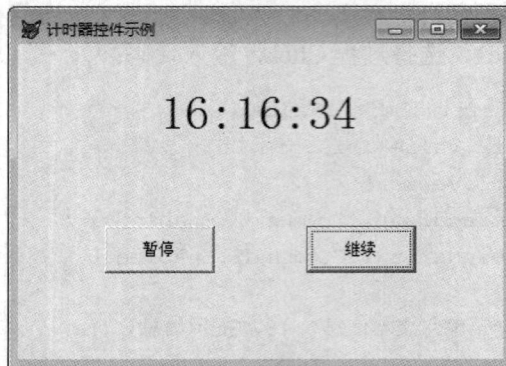

图 5-23　【例 5-7】时钟表单运行界面

操作步骤如下：

1）创建表单界面。

① 在命令窗口中输入 create form myform7 启动表单设计器。

② 向表单中分别添加标签控件 Label1、计时器控件 Timer1、命令按钮按控件 Command1 和 Command2。

2）设置控件属性。

① 打开属性窗口。

② 选择 form1，设置 Caption 属性：计时器控件示例。

③ 选择 Label1，设置 Caption 属性：=time()，AutoSize 属性：.T.，FontSize 属性： 28。

④ 选择 Command1，设置 Caption 属性：暂停。

⑤ 选择 Command2，设置 Caption 属性：继续。

⑥ 选择 Timer1，设置 Interval 属性：1000。

3）编写事件代码。

① 双击表单打开代码窗口。

② 选择对象 Timer1，选择过程 timer，输入代码：

```
Thisform.Label1.Caption=Time()
```

③ 选择对象 Command1，选择过程 Click，输入代码：

```
Thisform.Timer1.Interval=0
```

④ 选择对象 Command2，选择过程 Click，输入代码：

```
Thisform.Timer1.Interval=1000
```

4）保存并运行表单 myform7.scx。

8. 复选框控件

复选框（CheckBox）控件可以在软件运行时提供给用户一种或多种选择标记，以满足用户的需求。当复选框被选中时，复选框中会出现"√"标记，否则，复选框内为空白。

复选框控件常用属性如下：

（1）Caption 属性

设置显示在复选框旁边的标题文本信息。

（2）Alignment 属性

设置复选框标题文本的位置，0 代表标题在右侧（默认），1 代表标题在左侧。

（3）Style 属性

设置复选框的样式，0 为标准（默认），1 为图形。

（4）Value 属性

设置复选框的当前状态：0 或.F.代表未被选中（默认），1 或.T.代表被选中，2 或.NULL.代表不确定，只在代码中有效。

9. 选项按钮组控件

选项按钮组（OptionGroup）控件又称选项组控件，它是一个容器控件，其中包含多个选项按钮，但是用户只能选择其中的一个按钮。选项按钮组控件生成方法与生成命令按钮组的操作方法相同。

选项按钮组控件常用属性如下：

（1）ButtonCount 属性

设置定选项按钮组中选项按钮的个数，其默认值为 2。

（2）Value 属性

用于判断选项按钮组的当前状态。Value 属性值可以为 N 型或 C 型。一般情况下，在编写命令按钮组的事件代码时，若将 Value 属性看成是 N 型数据处理时，则 Value 属性的初始值一般要设置为 1，此时 Value 的值表示选项按钮组中第 1 个命令按钮被选中；若将 Value 属性看成是 C 型数据处理时，则 Value 属性的初始值一般要设置为空字符串，此时 Value 的值表示选项按钮组中 Caption 属性值与 Value 值相等的命令按钮被选中。

（3）ControlSource 属性

设置与选项按钮组建立联系的数据源。

（4）Buttons 属性

用于存取选项组中每个按钮的数组。

（5）Style 属性

设置复选框的样式：0 为标准（默认），1 为图形。

例 5-8 创建一个表单 myform8.scx，如图 5-24 所示，表单的标题为"选项按钮组与复选框练习"，在表单中包括标签控件 Label1（统计男女同学人数）、Label2（请选择性别）、Label3（学生人数为），选项按钮组控件为 OptionGroup1（Option1 男、Option2 女），复选框控件为 Check1（是否少数民族），文本框控件为 Text1，Text1 不能编辑，命令按钮控件为 Command1（统计）。当表单运行时，选择性别男或女，当单击"统计"按钮时，若选择复选框控件"是否少数民族"，则统计少数民族男学生或女学生人数，并将统计结果显示在 Text1 中；当单击"统计"按钮时，若没有选择复选框控件"是否少数民族"，则只统计对应男学生或女学生的人数，并将统计结果显示在 Text1 中。

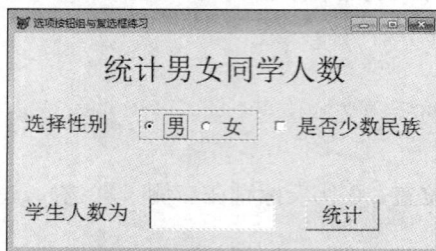

图 5-24 例 5-8 表单运行界面

操作步骤如下：

1）创建表单界面。

① 在命令窗口中输入 create form myform8 启动表单设计器。

② 向表单中分别添加标签控件 Label1、Label2、Label3，选项按钮组控件 OptionGroup1，复选框控件 Check1，文本框控件 Text1 和命令按钮按 Command1。

2）设置控件属性。

① 打开属性窗口。

② 选择 form1，设置 Caption 属性：选项按钮组与复选框练习。

③ 选择 Label1，设置 Caption 属性：统计男女同学人数，FontSize 属性：26。

④ 选择 Label2，设置 Caption 属性：选择性别，FontSize 属性：18。

⑤ 选择 Label3，设置 Caption 属性：学生人数为，FontSize 属性：18。

⑥ 选择 OptionGroup1 中的 Option1，设置 Caption 属性：男，FontSize 属性：18。

⑦ 选择 OptionGroup1 中的 Option2，设置 Caption 属性：女，FontSize 属性：18。

⑧ 选择 Check1，设置 Caption 属性：是否少数民族，FontSize 属性：18。

⑨ 选择 Text1，设置 ReadOnly：.T.。

⑩ 选择 Command1，设置 Caption 属性：统计。

3）编写事件代码。

① 双击表单打开代码窗口。

② 选择对象 Command1，选择过程 Click，输入代码：

```
n=Thisform.Optiongroup1.Value
```

```
m=Thisform.Check1.Value
do case
  case  n=1
    do case
     case m=0
      sele count(*) from xuesheng where 性别="男"  into array a
     case m=1
      sele count(*) from xuesheng where 性别="男" and 民族!='汉' into array a
    endcase
      Thisform.Text1.Value=a(1)
  case  n=2
    do case
      case m=0
       sele count(*) from xuesheng where 性别="女" into array a
      case m=1
       sele count(*) from xuesheng where 性别="女" and 民族!= "汉"into array a
    endcase
       Thisform.Text1.Value=a(1)
endcase
```

4）保存并运行表单 myform8.scx。

10．列表框控件

列表框（ListBox）控件提供一组条目，用户可以从中选择一个或多个条目。

列表框控件常用属性如下：

（1）RowSourceType 属性

设置列表框控件数据源的类型。RowSourceType 属性取值如下：

① 0 为无，在程序中用 Additem 向列表框中添加条目。

② 1 为值，用手工指定列表框的条目。

③ 2 为别名，将表中字段作为条目，由 ColumnCount 指定取字段数目。

④ 3 为 SQL 语句，将 select 查询结果作为列表框的数据源。

⑤ 4 为查询（.qpr），将查询文件执行后的结果作为列表框的数据源。

⑥ 5 为数组，将数组内容作为列表框的数据源。

⑦ 6 为字段，将表中字段作为列表框的数据源。

⑧ 7 为文件，将文件作为列表框的数据源。

⑨ 8 为结构，将表结构作为列表框的数据源。

⑩ 9 为弹出式菜单，将弹出式菜单作为列表框的数据源。

（2）RowSource 属性

设置列表框控件的数据项内容。

（3）ColumnCount 属性

设置列表框的列数。

（4）CoutrolSource 属性

指定一个字段或变量用以保存用户从列表框中选择的结果。

（5）List 属性

用以存取列表框中数据条目的字符串数组。

（6）ListCount 属性

返回列表框中条目的个数。

（7）MoverBars 属性

设置在列表框控件中是否显示移动按钮。

（8）MultiSelect 属性

设置是否允许用户在列表控件内进行多重选定操作：0 或.F 代表不允许多重选项（默认），1 或.T. 代表允许多重选项。

（9）Selected 属性

用于判断列表框中的某个条目是否处于选定状态。

（10）Sorted 属性

设置列表框中项目在程序运行期间是否按字母顺序排列显示。该属性只能在程序设计中使用。

（11）Value 属性

返回列表框中被选中的条目内容。若为 C 型，返回被选中条目的内容；若为 N 型，返回被选中条目在列表框中的次序号。

列表框控件常用方法如下：

（1）AddItem 方法

向列表框中添加一个新数据项。

（2）RemoveItem 方法

从列表框中移去一个数据项。

例 5-9 创建一个表单 myform9.scx，如图 5-25 所示，表单的标题为"列表框控件练习"，在表单中包括列表框控件 List1，List1 中的数据源是 1，2，3，4，5，6，7，8，9，通过手工输入设置，List1 有移动按钮，命令按钮控件 Command1（排序）、Command2（退出）。当表单运行时，用鼠标拖动列表项的移动按钮，改变列表项的位置，当单击 Command1 时，List1 中的列表项将重新排序。

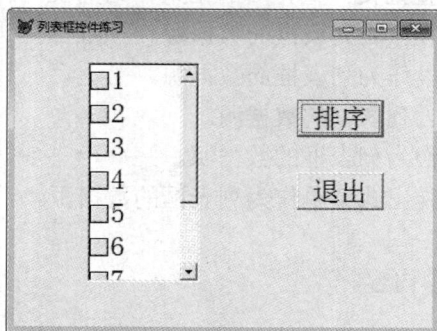

图 5-25　例 5-9 表单运行界面

操作步骤如下：

1）创建表单界面。

① 在命令窗口中输入 create form myform9 启动表单设计器。

② 向表单中分别添加列表框控件 List1、命令按钮按控件 Command1 和 Command2。

2）设置控件属性。

① 打开属性窗口。

② 选择 form1，设置 Caption 属性：列表框控件练习。

③ 选择 List1，设置 RowSourceType 属性：1-值；RowSource 属性：1，2，3，4，5，6，7，8，9；FontSize 属性：20；MoverBars 属性：.T.。

④ 选择 Command1，设置 Caption 属性：排序，FontSize 属性：20。

⑤ 选择 Command2，设置 Caption 属性：退出，FontSize 属性：20。

3）编写事件代码。

① 双击表单打开代码窗口。

② 选择对象 Command1，选择过程 Click，输入代码：

```
Thisform.List1.Sorted=.T.
```

③ 选择对象 Command2，选择过程 Click，输入代码：

```
Thisform.Release
```

4）保存并运行表单 myform9.scx。

11．组合框控件

组合框（ComboBox）控件与列表框控件类似，提供一组数据项供用户选择，但是在组合框中只有一个条目是可见的，而且组合框不提供多重选定的功能。组合框控件的属性与列表框的属性相同。

组合框控件常用属性如下：

（1）RowSourceType 属性

设置组合框控件数据源的类型。

（2）RowSource 属性

设置组合框控件的数据项内容。

（3）Style 属性

设置组合框控件的样式，0 代表下拉组合框（默认），2 代表下拉列表框。

（4）Value 属性

返回组合框中被选中的条目内容。

组合框控件常用方法：

（1）AddItem 方法

向组合框中添加一个新数据项。

（2）RemoveItem 方法

从组合框中移出一个数据项。

例 5-10 创建一个表单 myform10.scx，如图 5-26 所示，表单的标题为"组合框控件练习"，在表单中包括标签控件 Label1（请选择性别）、Label2（学生人数是），组合控件 Combo1，Combo1 是下拉列表框，其数据源是"男，女"，通过 AddItem 方法添加，文本框控件 Text1，Text1 不能编辑。当表单运行时，选择 Combo1 中性别时，会在 Text1 中显示出对应性别的人数。

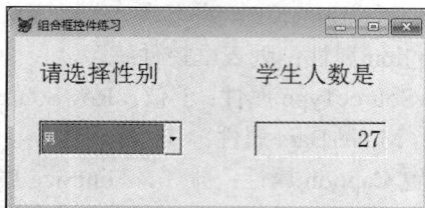

图 5-26 组合框表单运行界面

操作步骤如下：

1）创建表单界面。

① 在命令窗口中输入 create form myform10 启动表单设计器。

② 向表单中分别添加标签控件 Label1、Label2、组合控件 Combo1 和文本框控件 Text1。

2）设置控件属性。

① 打开属性窗口。

② 选择 form1，设置 Caption 属性：组合框控件练习。

③ 选择 Label1，设置 Caption 属性：请选择性别，FontSize 属性：18。

④ 选择 Label2，设置 Caption 属性：学生人数是，FontSize 属性：18。

⑤ 选择 Combo1，设置 RowSourceType 属性：0-无，Style 属性：2-下拉列表框。

⑥ 选择 Text1， 设置 ReadOnly 属性：.T.，FontSize 属性：18。

3）编写事件代码。

① 双击表单打开代码窗口。

② 选择对象 Combo1，选择过程 Init，输入代码：

```
This.AddItem("男")
This.AddItem("女")
```

③ 选择对象 Combo1，选择过程 InterActiveChange，输入代码：

```
sele count(*) from xuesheng where 性别=alltrim(this.Value) into array aa
Thisform.Text1.Value=aa
```

4）保存并运行表单 myform10.scx。

12. 表格控件

表格（Grid）控件以表格的显示方式输入、输出数据信息，它是一种容器对象，一个表格对象由若干列对象组成，每个列对象包含一个标头对象和若干控件，它们都有自己的属性、事件和方法。

（1）表格控件的常用属性

1）RecordSourceType 属性。设置表格控件的数据源类型：0-表，1-别名，2-提示，3-查询，4-SQL 说明。

2）RecordSource 属性。设置表格控件的数据源内容。

3）ColumnCount 属性。设置表格控件的列数，若为-1，则可以显示数据源中的所有字段。

4）LinkMaster 属性。指定表格控件中所显示的子表的父表名称。

5）ChildOrder 属性。指定建立一对多的关联关系，子表所要用到的索引。

6）RelationlExpr 属性。确定基于主表字段的关联表达式。

（2）常用的列属性

1）ControlSource 属性。设置要在列中显示的数据源，常见的是表中的一个字段。

2）CurrentControl 属性。设置列对象中的一个控件，该控件用以显示和接收列中活动单元格的数据。

3）Sparse 属性。设置 Current Control 属性是影响列中的所有单元格还是影响活动单元格。

（3）常用的标头（Header）属性

1）Caption 属性。设置标头对象的标题文本，显示于列顶部位置。

2）Alignment 属性。设置标题文本在对象中显示的对齐方式。

（4）利用表格生成器生成表格

在表单中选择表格右击，在弹出的快捷菜单中选择"生成器"命令，弹出"表格生成器"对话框，如图 5-27 所示，然后在对应选项卡下设计表格。

1）表格项选项卡：用于指定在表格中显示的字段。

2）样式选项卡：设置表格显示样式，如专业型、标准型等。

3）布局选项卡：主要用于指定列标题和表示字段值的控件。

4）关系选项卡：设置两表之间的关系，设置父表关键字和子表相关索引。

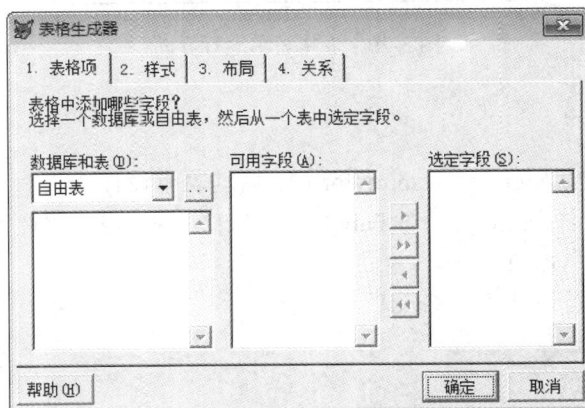

图 5-27 表格生成器

当利用 ColumnCount 属性指定表格控件的列数后，可以在表格控件上右击，在弹出的快捷菜单中选择"编辑"命令，此时表格周围会出现绿色的边框，如图 5-28 所示，选择表格的列标头然后可以通过鼠标拖动，以及属性设置等相关操作来设计或者修改表格的样式。

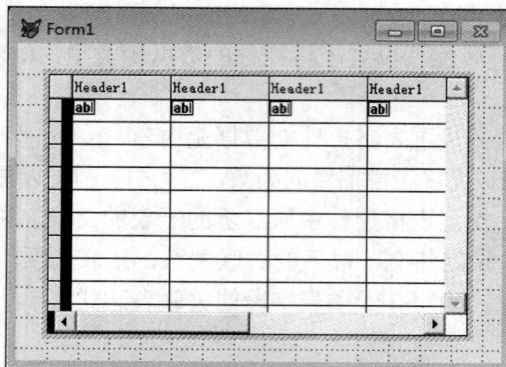

图 5-28　表格编辑状态

例 5-11　创建一个表单 myform11.scx，如图 5-29 所示，表单的标题为"表格控件练习"，在表单中包括标签控件 Label1（请选输入专业）、Label2（学生信息），文本框控件 Text1，表格控件 Grid1，命令按钮控件 Command1（查询）。当表单运行时，单击查询按钮时，在表 xuesheng.dbf 中根据 Text1 中输入的学号信息查询该学生的基本信息，并显示在 Grid1 中。

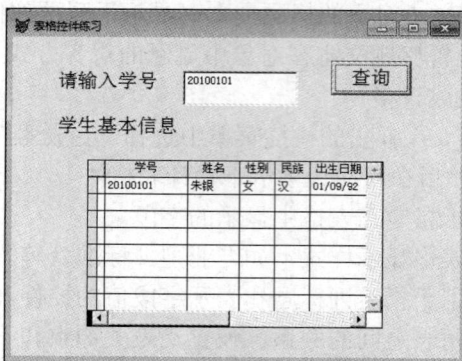

图 5-29　表格表单运行界面

操作步骤如下：

1）创建表单界面。

① 在命令窗口中输入 create form myform11 启动表单设计器。

② 向表单中分别添加标签控件 Label1、Label2，文本框控件 Text1，命令按钮控件 Command1 和表格控件 Grid1。

③ 利用表格生成器设计表格 Grid1。

2）设置控件属性。

① 打开属性窗口。

② 选择 form1，设置 Caption 属性：表格控件练习。

③ 选择 Label1，设置 Caption 属性：请输入学号，设置 FontSize 属性：16。

④ 选择 Label2，设置 Caption 属性：学生基本信息，FontSize 属性：16。

⑤ 选择 Text1，设置 FontSize 属性：16。

⑥ 选择 command1，设置 Caption 属性：查询，FontSize 属性：16。

⑦ 选择 Grid1，设置 RecordSource 属性：4-SQL 说明。

3）编写事件代码。

① 双击表单打开代码窗口。

② 选择对象 Command1，选择过程 Click，输入代码：

```
n=Alltrim(thisform.Text1.Value)
Thisform.Grid1.RecordSource="sele * from xuesheng;
where Alltrim(学号)==n into cursor ss"
```

4）保存并运行表单 myform11.scx。

13．页框控件

页框（PageFrame）控件是一种容器控件，在页框中包含页面对象，而页面也是一种容器，在页面中又可以包含其他空件。页框可以对表单的有限容量间进行扩展。

（1）页框控件常用属性

1）PageCount 属性。设置一个页框对象所包含的页对象的数量。

2）Pages 属性。Pages 属性是一个数组，用于存取页框中的某个页对象。

3）Tabs 属性。设置页框中是否显示页面标签栏，默认值为.T.。

（2）编辑页框控件

1）选择页框控件右击，在弹出的快捷菜单中选择"编辑"命令，此时页框控件四周出现绿色边框。

2）单击页标签，选择页面。

3）在表单控件工具栏中选择所需控件向页面中添加。

例 5-12　创建一个表单 myform12.scx，如图 5-30 所示，表单的标题为"页框控件练习"，在表单中包括一个页框控件 PageFrame1，在页框中有三个页面，Page1（学生信息浏览）、Page2（课程信息浏览）和 Page3（成绩信息浏览）。要求当表单运行时，在 Page1 中显示 xuesheng.dbf 的内容，在 Page2 中显示 kecheng.dbf 的内容，在 Page3 中显示 chengji.dbf 的内容。

操作步骤如下：

1）创建表单界面。

① 在命令窗口中输入 create form myform12 启动表单设计器。

② 向表单中添加页框控件 PageFrame1。

③ 打开表单的数据环境，依次添加表 xuesheng.dbf、kechengE.dbf 和 chengji.dbf。

2）设置控件属性。

① 打开属性窗口。

② 选择 form1，设置 Caption 属性：页框控件练习。

③ 选择 PageFrame1，设置 PageCount 属性：3。

④ 选择 PageFrame1 中的 Page1，设置 Caption 属性：学生信息浏览，从表单数据环境中选择表 xuesheng.dbf，将其拖动到 Page1 中。

⑤ 选择 PageFrame1 中的 Page2，设置 Caption 属性：课程信息浏览，从表单数据环境

中选择表 kecheng.dbf，将其拖拽到 Page2 中。

⑥ 选择 PageFrame1 中的 Page3，设置 Caption 属性：成绩信息浏览，从表单数据环境中选择表 chengji.dbf，将其拖拽到 Page3 中。

3）保存并运行表单 myform12.scx。

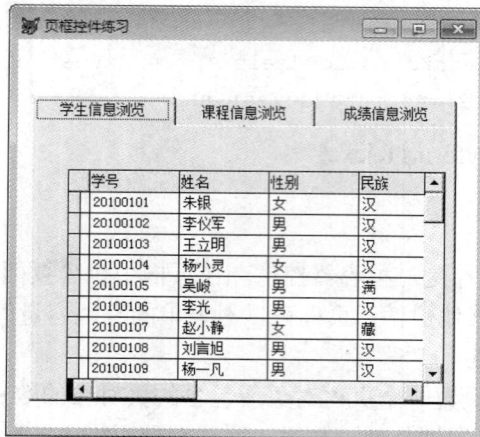

图 5-30　表单运行界面

14．其他常用控件

（1）微调按钮控件

微调按钮（spinner）用于实现用户在一定范围内输入数值。用户既可以通过单击微调的上下箭头，也可直接在微调框中输入数值。

常用属性如下：

1）KeyboardHighValue 属性。设置可用键盘输入到微调控件文本框中的最大值。

2）KeyboardLowValue 属性。设置可用键盘输入到微调控件文本框中的最小值。

3）SpinnerHighValue 属性。设置鼠标单击上、下箭头时，微调控件所允许的最大值。

4）SpinnerLowValue 属性。设置鼠标单击上、下箭头时，微调控件所允许的最小值。

5）Value 属性。表示微调按钮的当前值（数值型），默认为 0。

6）Increment 属性。设置微调按钮被单击时增加或减小的值，默认为 1。

（2）形状控件

形状（Shape）控件是一种能绘制矩形、椭圆和圆的一种控件。

形状控件常用属性如下：

1）Curvature 属性。设置形状控件的曲率：0 代表方角（默认），99 代表圆（或椭圆），1～98 代表圆角。

2）FillStyle 属性。设置形状控件内部填充图案样式。

3）Borderstyle 属性。设置形状控件边框样式。

（3）线条控件

线条（Line）控件可以绘制斜线或者直线。

常用属性如下：

Lineslant 属性。设置线条倾斜方向，默认左上到右下。

（4）图像控件

图像（Image）控件用于显示图片，图像控件可以通过 Stretch 属性来改变图片的现实尺寸。

常用属性如下：

1）Picture 属性。设置要显示的图片。

2）Stretch 属性。设置如何对图像调整尺寸，以放入一个控件：0 代表剪裁（默认）、1 代表等比填充、2 代表等比填充。

5.4　常用事件方法

5.4.1　常用的事件和方法列表

1. 常用事件

（1）Click 事件

是指鼠标单击某个控件对象时触发 Click 事件。一般用于命令按钮、复选框、组合框、命令按钮组、容器、图像、列表框、页框、文本框等控件。

（2）DblClick 事件

是指鼠标双击某个控件对象时触发 DblClick 事件。一般用于命令按钮、复选框、组合框、命令按钮组、容器、图像、列表框、页框、文本框等控件。

（3）Destroy 事件

是指当释放一个对象时触发的 Destroy 事件。大部分控件都响应 Destroy 事件，一个容器对象的 Destroy 事件在它所包含的任何一个对象的 Destroy 事件之前触发。

（4）Error 事件

当某些方法程序运行出错时，触发 Error 事件。

（5）Gotfocus 事件

当一个控件对象获得焦点时，触发 Gotfocus 事件。

（6）Init 事件

建立一个对象时，触发 Init 事件。当一个容器中包含其他控件时，容器中包含的控件的 Init 事件在容器的 Init 事件之前触发。

（7）InteractiveChange 事件

当使用鼠标或键盘改变控件的值时，触发 InteractiveChange 事件。

（8）Load 事件

建立一个对象之前，触发 Load 事件。Load 事件比 Init 事件先发生。

（9）RightClick 事件

当右击一个对象时，触发 RightClick 事件。

（10）Unload 事件

当对象被释放时，触发 Unload 事件。Unload 事件在 Destroy 事件之后发生。

2. 常用方法

（1）Clear 方法

功能：Clear 方法用于清除组合框或列表框的内容。

（2）Hide 方法

功能：Hide 方法用于隐藏表单对象。

（3）Refresh 方法

功能：Refresh 方法用于刷新表单对象，可以重画表单对象，并刷新所有值。

（4）Release 方法

功能：Release 方法用于释放表单对象。

（5）SetFocus 方法

功能：SetFocus 方法让一个控件获得焦点。

（6）Show 方法

功能：Show 方法用于显示表单对象。

5.4.2 编辑代码

事件过程的代码要事先编写，编写代码需要打开代码编辑窗口，方法如下：

1）双击某对象。

2）右击某对象，在弹出的快捷菜单中选择"代码"选项。

3）选择"显示"菜单的"代码"命令。

代码编辑窗口中的"对象"下拉列表框用来重新选定对象，"过程"下拉列表框用来确定要引发代码命令的事件（或方法），代码在列表框中输入。

5.5 添加新属性和方法

5.5.1 创建新属性

启动表单设计器，选择"表单"→"新建属性"命令，弹出"新建属性"对话框，如图 5-31 所示。在新建属性对话框中，输入新建属性的名称，在说明框中输入新属性的说明信息，单击"添加"按钮，此时在属性框中会显示出新建属性名字，新属性的说明信息显示在属性框的底部。

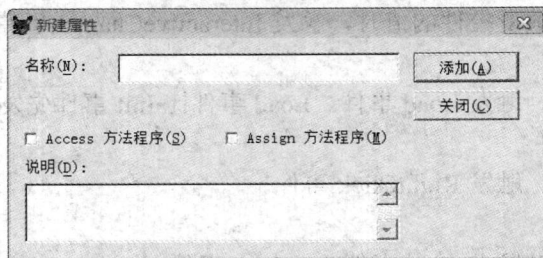

图 5-31　创建属性

5.5.2　创建新方法

启动表单设计器，选择"表单"→"新建方法程序"命令，弹出"新建方法程序"对话框，如图 5-32 所示。

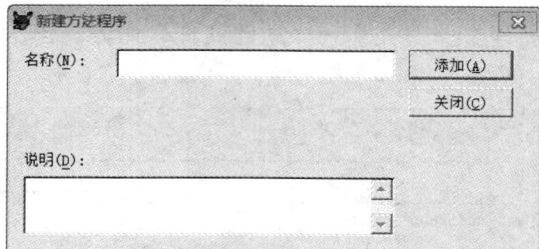

图 5-32　创建方法程序

在新建方法程序对话框中，输入新建方法的名称，在说明框中输入新方法的说明信息，单击"添加"按钮，此时在属性框中会显示出新建方法的名字，新方法的说明信息出现在属性框的底部。

在属性窗口中双击新方法名，打开代码编辑窗口，在代码编辑窗口为新方法输入代码或修改代码。

编辑事件或方法代码需要在代码窗口完成，打开代码窗口，如图 5-33 所示，可以通过以下几种方法：

1）在菜单栏选择"显示"→"代码"命令。

2）在表单空白处或者控件上双击。

3）在表单空白处或者控件上右击，在弹出的快捷菜单中选择"代码"命令。

通过上述方法打开代码窗口后，进行以下操作：

1）在对象框中选择事件或方法所属的对象。

2）在过程框中选择要编辑的方法或事件。

3）在编辑区中输入或修改事件或方法的代码。

4）关闭代码窗口。

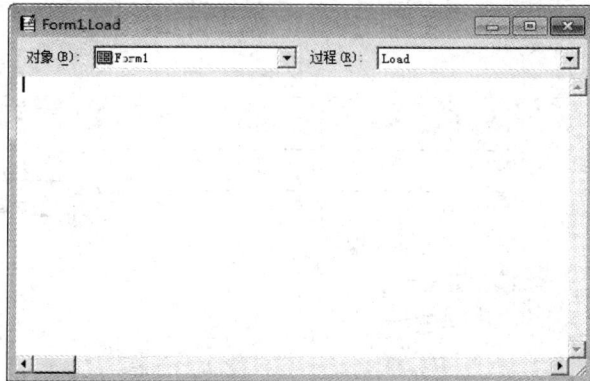

图 5-33　代码窗口

5.6 创 建 子 类

5.6.1 菜单方式

选择"文件"→"新建"→"类"→"新建文件"命令，弹出"新建类"对话框，如图 5-34 所示。

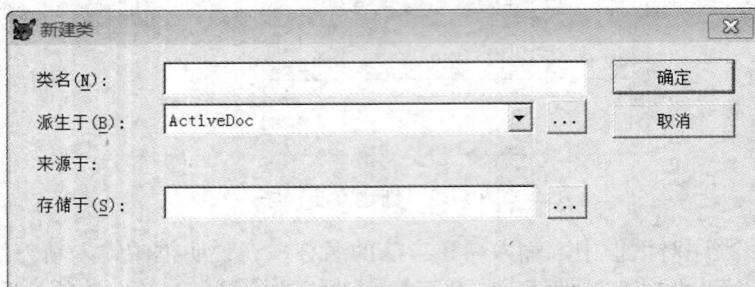

图 5-34 创建类

在新建类对话框中，分别设置以下信息：

类名：定义新创建类的名称。

派生于：选择 Visual FoxPro 基类名或者父类名。

存储于：定义或者选择类库名称。

输入上述信息后，单击"确定"进入类设计器窗口，在类设计器窗口中可以修改新类属性的、事件和方法。

例 5-13 根据 Visual FoxPro 基类 Form，创建一个名为 myform 的自定义表单类。自定义表单类保存在名为 myclasslib 的类库中。自定义表单类 myform 需满足当基于该自定义表单类创建表单时，自动包含一个命令按钮。当单击该命令按钮时，将关闭其所在的表单。

操作步骤如下：

1）选择"文件"→"新建"→"类"→"新建文件"命令，弹出"新建类"对话框，如图 5-35 所示。

2）在新建类窗口中分别输入类名 myform，派生于选择 Form，存储于输入 myclasslib，如图 5-35 所示。

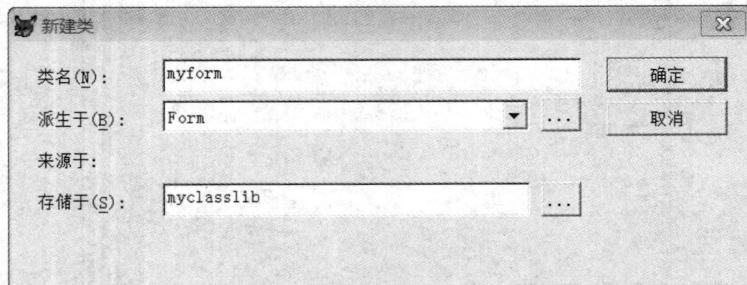

图 5-35 设置类信息

3）单击"确定"按钮，出现类设计器窗口。

4）在表单上添加一个命令按钮 Command1，双击命令按钮输入代码：Thisform.release。

5）最后保存类。

5.6.2 命令方式

【格式】 CREATE CLASS <类名> [OF <类库名>]

【功能】 打开类库设计器，创建一个新类的定义。

【说明】

1）<类名>表示新定义的类名。

2）[OF <类库名>]用来指定基类或者父类类库名，若[OF <类库名>]省略，则将打开新建类对话框，如图 5-35 所示。

5.7 数据表的表单设计

数据环境是 Visual FoxPro 系统提供的一种容器类，当建立表单时系统会自动建立数据环境对象，它本身并不保存表中的数据，但它可以包含与表单有关的表和视图以及表之间的关系。且数据环境中的表会随着表单的打开或运行而打开，并随着表单的释放而关闭。通过在数据环境中添加表和关系，设置相关的属性，可以实现表和表单的有机结合。

1. 数据环境常用属性

（1）AutoOpenTables 属性
当运行或打开表单时，是否打开数据环境中的表和视图，默认值为.T.。

（2）AutoCloseTables 属性
当释放或关闭表单时，是否关闭由数据环境指定的表和视图，默认值为.T.。

2. 打开数据环境设计器

在表单设计器环境下，选择"显示"→"数据环境"命令，或单击表单设计器工具栏中的数据环境按钮，或在表单设计器中的空白处右击，在弹出的快捷菜单中选择"数据环境"命令，进入数据环境设计器，如图 5-36 所示。

图 5-36 数据环境设计器

3. 向数据环境设计器中添加表或视图

在数据环境设计器打开的状态下，选择"数据环境"→"添加"命令，或者在数据环境设计器空白处右击，在弹出的快捷菜单中选择"添加"命令。此时会弹出添加表或视图对话框，如图 5-37 所示，若数据环境设计器原来没有任何表或视图，则在打开数据环境设计器时，会自动弹出该对话框。

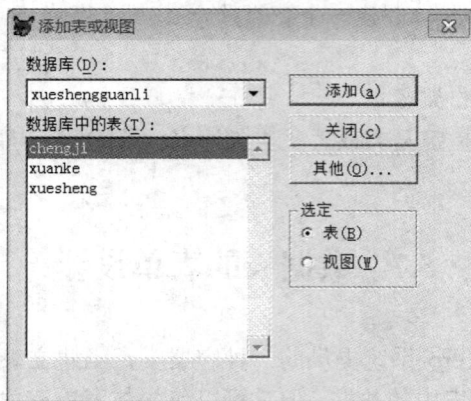

图 5-37　添加表或视图对话框

在添加表或视图对话框中，选择需要添加的表或视图，单击"添加"按钮，完成表或视图的添加操作。单击"关闭"按钮，关闭添加表或视图对话框，返回数据环境设计器。例如，在图 5-37 中分别选择表 xuesheng.dbf 和 chengji.dbf 添加后在图 5-36 数据环境设计器中会出现表 xuesheng.dbf 和 chengji.dbf，如图 5-38 所示。

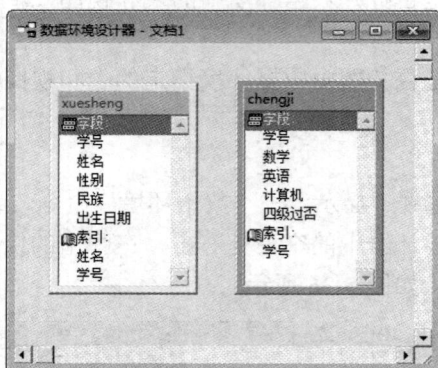

图 5-38　数据环境设计器

如果单击"其他"按钮，将弹出"打开"对话框，可以浏览选择需要添加的表或视图，如果数据环境设计器原来没有任何表或视图且当前没有数据库打开，那么在打开数据环境设计器时会自动弹出"打开"对话框。

4. 从数据环境设计器中移去表或视图

在数据环境设计器中，选要移去的表或视图，选择"数据环境"→"移去"命令，或右击，在弹出的快捷菜单中选择"移去"命令，如图 5-39 所示。

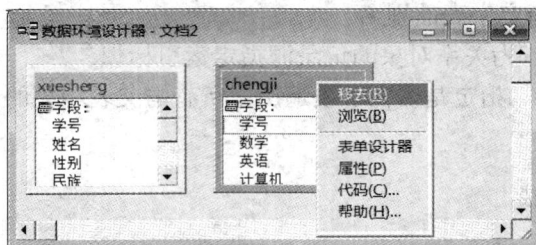

图 5-39 移去数据库表

5. 数据环境中关系的设置

若添加到数据环境中的表之间在数据库中已经建立了永久性联系，则这些关系也会自动添加到数据环境中，若表之间没有建立永久性联系，则在数据环境设计器中，将父表的某个字段拖动到子表的相匹配的索引标记上即可。若子表没有建立相关索引，则将父表的字段拖动到子表的相匹配的字段上，此时系统会提示建立索引，如图 5-40 所示，单击"确定"按钮，返回数据环境设计器窗口，即可完成在数据环境中永久性联系的建立。如图 5-41 所示。

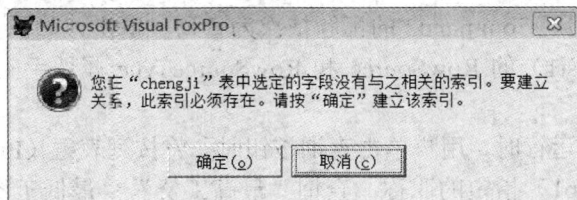

图 5-40 提示建立索引

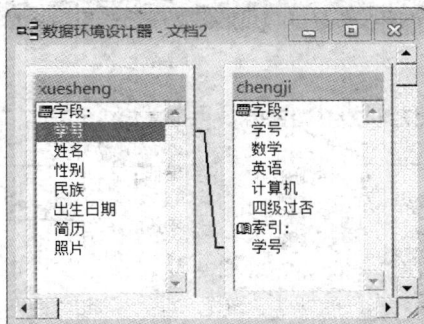

图 5-41 表 xuesheng 与 chengji 建立关系

6. 在数据环境中编辑关系

关系有自己的属性、方法和事件，编辑关系主要通过设置关系的属性来完成。单击关系的连线，然后在属性窗口中选择关系属性设置。

常用的关系属性如下：

1）RelationalExpr 属性。指定基于父表字段的表达式，该表达式与子表中联接父、子表的索引相关。

2）ParentAlias 属性指定父表的别名。

3）ChildAlias 属性指定字表的别名。

4）ChildOrder 属性。为关系对象的记录源指定索引标识。

5）OneToMany 属性。指定是否在子表遍历了所有与父表相关的记录之后，才能移动父表的记录指针。

7. 向表单中添加字段

若将整个表的字段添加到表单中，可在数据环境设计器中选中添加的表或视图，将其拖放到表单的适当位置。若要将某个字段放到表单中，则要在数据环境中选中此表对应的字段名放到表单的适当位置。

例 5-14 数据库"jiaoshiguanli"中有 3 个数据库表：jiaoshi 表、bumen 表和 zhicheng 表。

1）建立包括 5 个标签、1 个列表框（List1）、1 个选项按钮组（OptionGroup1）、3 个文本框和两个按钮的表单 myform13。

2）其中 Label1、Label2、Label3、Label4、Label5 的标题依次为请选择部门、请选择职称、最高工资、最低工资和平均工资；文本框 Text1、Text2、Text3 依次用于显示最高工资、平均工资和最低工资。

3）按钮 Command1、Command2 的标题依次为查询、退出，如图 5-42 所示。

注意：列表框（List1）的 RowSource 和 RowSourceType 属性手工指定为"bumen.部门名"和 6。

程序的功能：表单运行时，用户单击查询按钮时，将按列表框（List1）选定的部门和选项按钮组（OptionGroup1）指定的职称，查询"最高工资"、"最低工资"和"平均工资"，同时将统计数据显示在界面相应的文本框中。

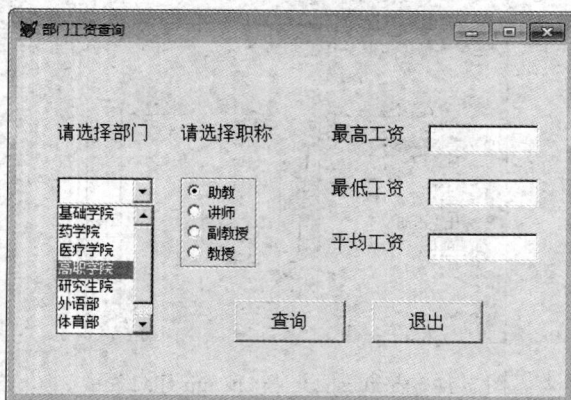

图 5-42　表单运行

操作步骤如下：

1）创建表单界面。

① 在命令窗口中输入 create form myform13 启动表单设计器。

② 向表单中添加相应控件。

③ 打开表单的数据环境，依次添加表 jiaoshi.DBF、bumen.DBF 和 zhicheng.DBF。

2）设置控件属性。

① 打开属性窗口。

② 选择 form1，设置 Caption 属性：部门工资查询。

③ 依次选中 Label1、Label2、Label3、Label4、Label5 标签，设置 Caption 属性依次为：请选择部门、请选择职称、最高工资、最低工资和平均工资，设置所有标签控件 FontSize 属性：12，AutoSize 属性：.T.。

④ 选择选项按钮组（OptionGroup1）设置 ButtonCount 属性：4，设置选项按钮组的 Option1、Option2、Option3、Option4 的 Caption 属性依次为：助教、讲师、副教授、教授，FontSize 属性：12，AutoSize 属性：.T.。

⑤ 选择按钮 Command1 设置 Caption 属性：查询，FontSize 属性：12；选择按钮 Command2 设置 Caption 属性：退出，FontSize 属性：12。

3）设置数据环境。在表单设计器中右键单击表单空白处，选择"数据环境"命令，将"jiaoshi"、"bumen"和"zhicheng"三个表添加到数据环境中。选择列表框（List1）设置 RowSource 和 RowSourceType 属性为"bumen.部门名"和 6。

4）编写事件代码。

① 双击表单打开代码窗口。

② 选择对象 Command1，选择过程 Click，输入代码：

```
bumenmingcheng=Thisform.Combo1.Value
num=Thisform.OptionGroup1.Value
do case
    case num=1
     zc="助教"
    case num=2
     zc="讲师"
    case num=3
     zc="副教授"
    case num=4
     zc="教授"
endcase

dime a(3)
a(1)=0
a(2)=0
a(3)=0

select max(Jiaoshi.工资) as 最高工资 ,avg(Jiaoshi.工资) as 平均工资,
min(Jiaoshi.工资) as 最低工资,from  jiaoshiguanli!jiaoshi , jiaoshiguanli!
zhicheng, jiaoshiguanli!bumen ;
    where  lower(Jiaoshi.部门码)=Bumen.部门码 ;
    and  Jiaoshi.职工号=Zhicheng.职工号;
    and  Bumen.部门名=bumenmingcheng;
```

```
and Zhicheng.职称=zc into array a
Thisform.Text1.Value=a(1)
Thisform.Text3.Value=a(2)
Thisform.Text2.Value=a(3)
Thisform.refresh
```

③ 选择对象 Command2，选择过程 Click，输入代码：

```
Thisform.release
```

5）保存并运行表单 myform13。

5.8　库、表、视图与表单的综合例题

例 5-15　在 "D:\" 文件夹下完成如下综合应用：

1）建立数据库 "订单管理"。

2）将表 order、goods 和 orderitem 添加到 "订单管理" 数据库中。

3）在 "订单管理" 数据库中创建视图 orderview，该视图包含信息：客户名、订单号、图书名、数量、单价和金额（单价*数量）。

4）建立文件名和表单名均为 orderform 的表单，在表单中添加表格控件 grid1（将 RecordSourceType 属性设置为 "表"）和命令按钮 "退出"（command1）。

5）在表单的 load 事件中使用 SQL 语句从视图 orderview 中按客户名升序、金额降序查询数量为 1 的客户名、图书名和金额信息，并将结果存储到表文件 result.dbf 中。

6）在表单运行时使得控件 grid1 中能够显示表 result.dbf 中的内容（在相应的事件中将 grid1 的 recordsource 属性指定为 result.dbf）。

7）单击 "退出" 命令按钮时释放并关闭表单。

完成以上所有功能后运行表单 orderform。

操作步骤如下：

1）单击工具栏中的 "新建" 按钮，在 "新建" 对话框中点选 "数据库" 单选按钮，再单击 "新建文件" 按钮。在 "创建" 对话框中输入 "订单管理"，单击 "保存" 按钮。

2）在数据库设计器中右击，在弹出的快捷菜单中选择 "添加表" 命令，在 "打开" 对话框中依次将 order、goods 和 orderitem 表添加到数据库中。

3）在命令窗口中输入 create VIEW 命令打开视图设计器，在 "添加表或视图" 对话框中依次添加 order、orderitem 和 goods 表，并设置三表间的联系；在视图设计器的 "字段" 选项卡中将 order.客户名、order.订单号、goods.图书名、orderitem.数量、goods.单价 5 个字段添加到选定字段，再在 "函数和表达式" 文本框中输入：goods.单价*orderitem.数量 AS 金额，单击 "添加" 按钮。单击工具栏中的 "保存" 按钮，将视图保存为 orderview。

4）在命令窗口输入命令：CREATE FORM orderform，打开表单设计器，将表单的 Name 属性修改为 orderform。

5）在表单上添加一个表格和一个命令按钮控件，并进行适当的布置和大小调整。将表格的 RecordSourceType 属性设置为 "0-表"，命令按钮的 Caption 属性设置为 "退出"。

6）在表单的 load 事件代码中输入：

```
select 客户名,图书名,金额 from orderview where 数量=1 ;
order by 客户名,金额 cesc into table result.dbf
```

7）在表格的 activatecell 事件代码中输入：

```
thisform.Gridl.recordsource="result.dbf"
```

8）设置"退出"按钮的 Click 事件代码：

```
THISFORM.RELEASE
```

9）单击工具栏中的"保存"按钮，保存表单并运行。

例 5-16 在"D:\"文件夹下完成下列操作：

1）新建一个名为"职工管理"的数据库文件，将自由表"部门"、"职工"添加到该数据库中。

2）将"部门"中的"部门号"定义为主索引，索引名是 index_depa。

3）建立一个查询 mysql，查询"通信"学院工资大于 3000 的人员"姓名"和"职工"信息存入 salary.dbf 中，按工资干序排列，执行该查询。

4）建立包括一个标签（Label1）、一个列表框（List1）、一个表格（Grid1），Label1 的标题为"部门名"的表单 formtwo，如图 5-43 所示。

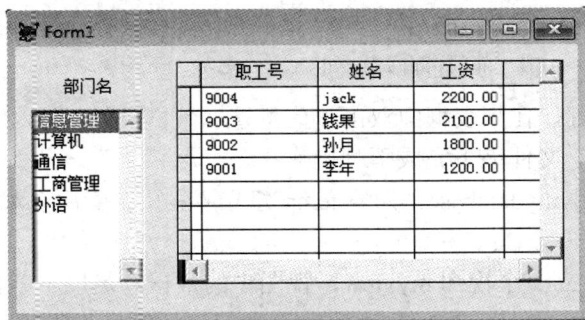

图 5-43 表单 formtwo 样式

5）列表框（List1）的 RowSource 和 RowSourceType 属性手工指定为"部门.部门名"和 6。

6）表格（Grid1）的 RecordSource 和 RecordSourceType 属性手工指定为"select 职工号，姓名，工资 from 职工"和 4。

7）列表框(List1)的 DblClick 事件编写程序。程序的功能是：表单运行时，用户双击列表框中实例时，将该部门的"职工号"、"姓名"和"工资"三个字段的信息存入自由表 three.dbf 中，表中的记录按"职工号"降序排列。

8）运行表单，在列表框中双击"信息管理"。

操作步骤如下：

1）单击常用工具栏的"新建"按钮，新建一个数据库文件"职工管理"，在打开的数据库设计器中右击，在弹出的快捷菜单中选择"添加表"命令，将表"部门"和"职工"添加到数据库中。

2）在"数据库设计器-职工管理"中，右击"部门"表，在弹出的快捷菜单选择"修改"命令。在打开的表设计器中，单击"索引"选项卡，输入索引名"index_depa"，类型设为"主索引"，索引表达式为"部门号"。单击"确定"按钮保存对表的修改。

3）通过"新建"对话框新建一个查询文件，将"部门"表和"职工"表添加到查询设计器中，两表之间的联系默认。在查询设计器的"字段"选项卡下，将字段"职工.姓名"和"职工.工资"添加到选定字段中。在"筛选"选项卡下，选择字段名为"部门.部门名"，条件为"="，实例输入"'通信'"，另起一行，选择字段名"职工.工资"，条件为">"，实例输入"3000"。在"排序依据"选项卡下，设置按工资升序排列。选择"查询"菜单中的"查询去向"命令，设置查询去向为"表"，输入文件名"salary"。然后保存查询为mysql并运行。

4）通过"新建"对话框新建一个表单文件，根据题目要求向表单添加一个标签控件，一个列表框控件及一个表格控件。保存表单为"formtwo"。

5）将标签label1的Caption属性改为"部门名"，列表框list1的RowSource属性为"部门.部门名"，其RowSourceType属性设为"6"。

6）右击表单空白处，选择"数据环境"，将"部门"和"职工"表添加到数据环境中。将表格Grid1的RecordSource属性改为"select 职工号,姓名,工资 from 职工"，其RecordSourceType属性改为"4"。

7）双击列表框，编写其Dbclick事件代码如下：

```
xm=thisform.List1.Value
    thisform.grid1.RecordSource="select 职工号,姓名,工资 from 职工,部门 where
职工.部门号=部门.部门号 and  部门.部门名=xm into dbf three order by 职工号 desc"
```

8）保存表单并运行，在列表框中双击"信息管理"，查看结果。

例5-17　在"D:\"文件夹下完成下列操作：

1）打开数据库文件mydatabase，为表temp建立主索引：索引名和索引表达式均为"歌手编号"。

2）利用表temp建立一个视图myview，视图中的数据满足以下条件：年龄大于等于28岁并且按年龄升序排列。

3）建立一个名为staff的新类，新类的父类是CheckBox，新类存储于名为myclasslib的类库中。

数据库"比赛情况"中有3个数据库表：打分表、歌手信息和选送单位。

4）建立包括4个标签、一个列表框（List1）和3个文本框的表单myform，其中Label1、Label2、Label3、Label4的标题依次为选送单位、最高分、最低分和平均分；文本框Text1、Text2、Text3依次用于显示最高分、最低分和平均分，如图5-44所示。

5）列表框（List1）的RowSource和RowSourceType属性手工指定为"选送单位.单位名称"和6。

6）为列表框（List1）的DblClick事件编写程序。程序的功能：表单运行时，用户双击列表框中选项时，将该选送单位的"单位名称"、"最高分"、"最低分"和"平均分"四个字段的信息存入自由表two.dbf中（字段名依次为单位名称、最高分、最低分和平均分），同时将统计数据显示在界面相应的文本框中。

7）最后运行表单，并在列表框中双击"空政文工团"。

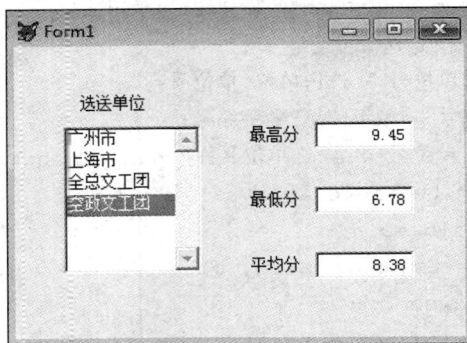

图 5-44 表单样式

操作步骤如下：

1）单击常用工具栏"打开"按钮，打开"D:\实践\94"文件夹下的数据库"mydatabase"。右击学生表"temp"，在弹出的快捷菜单中选择"修改"命令。在打开的表设计器中，单击"索引"选项卡，输入索引名"歌手编号"，类型设为"主索引"，索引表达式为"歌手编号"。单击"确定"按钮保存对表的修改。

2）建视图。

① 在数据库"mydatabase"中，右击数据库空白处，在弹出的快捷菜单中选择"新建本地视图"命令，将"temp"表添加到新建的视图中。

② 在字段选项卡中，将所有字段添加到选定字段中。

③ 在"筛选"选项卡中，设置条件"temp.年龄≥28"。

④ 在"排序依据"选项卡中，设置按"年龄"升序排列。

⑤ 保存视图并命名为 myview。

3）建类。

① 通过"新建"对话框新建一个"类"文件。

② 在弹出的"新建类"对话框中，输入"类名"staff，在"派生于"下拉列表中选择 CheckBox，单击"存储于"文本框后的按钮，在打开的"另存为"对话框选择"D:\实践\94"文件夹，输入文件名 myclasslib，单击"确定"按钮。

4）建表单。

① 选择"文件"菜单中的"新建"命令或单击常用工具栏"新建"按钮新建表单。

② 在打开的表单设计器中，根据题目要求，通过表单控件工具栏添加 4 个标签、一个列表框、3 个文本框。将 4 个标签控件的 caption 属性分别修改为"选送单位"、"最高分"、"最低分"和"平均分"。适当调整各控件的大小和布局。

5）右击表单空白处，在弹出的快捷菜单中选择"数据环境"命令，将"歌手信息"、"选送单位"和"打分表"3 个表添加到数据环境中。然后选中列表框控件，将其 RowSource 属性设为"选送单位.单位名称"，RowSource Type 属性设为"6"。

6）双击列表框控件，编写其 Dbclick 事件代码如下：

```
danweimingcheng=thisform.List1.Value
```

```
SELECT 单位名称,max(分数) as 最高分,min(分数) as 最低分,avg(分数) 平均分;
FROM   比赛情况!打分表 INNER JOIN 比赛情况!歌手信息;
INNER JOIN 比赛情况!选送单位 ;
  ON  歌手信息.选送单位号 = 选送单位.单位号 ;
  ON  打分表.歌手编号 = 歌手信息.歌手编号;
GROUP BY 选送单位.单位号 where 单位名称= danweimingcheng into dbf two
select 最高分 from two into array a
thisform.text1.value=a
select 最低分 from two into array b
thisform.text2.value=b
select 平均分 from two into array c
thisform.text3.value=c
```

7) 保存表单为 myform，并运行。在列表框中双击"空政文工团"，查看结果。

第 6 章 关系数据库标准语言 SQL

SQL 是结构化查询语言 Structured Query Language 的缩写。SQL 已经成为关系数据库的标准数据语言。它包括数据定义、数据操纵、数据查询和数据控制 4 部分。Visual FoxPro 在 SQL 方面支持数据定义、数据查询和数据操纵功能。

6.1 SQL 概 述

最早的 SQL 标准是 1986 年 10 月由美国 ANSI 公布的。随后，国际标准化组织 ISO 于 1986 年 6 月正式采纳为国际标准，并在此基础上进行了补充。后来 ISO 又发布了 SQL92 和 SQL99 标准。目前的最新标准是 SQL 2008。

SQL 语言具有如下主要特点：

1）SQL 是一种一体化的语言，它包括了数据定义、数据查询、数据操纵和数据控制等方面的功能，可以完成数据库活动中的全部工作。

2）SQL 是一种高度非过程化的语言。使用 SQL 操纵数据库，用户只需要告诉系统"做什么"，而不需要指出"怎么做"。是所有关系数据库的公共语言。

3）SQL 语言非常简洁，但功能强大。接近英语自然语言，容易学习和掌握，完成数据库核心功能只需要 9 个命令动词，如表 6-1 所示。

4）SQL 具有两种使用方式。可以直接以命令方式交互使用，也可以以程序方式使用。

表 6-1 SQL 常用命令动词

SQL 功能	命 令 动 词
数据定义（DDL）	CREATE、ALTER、DROP
数据操纵（DML）	INSERT、UPDATE、DELETE
数据查询	SELECT
数据控制（DCL）	GRANT、REVOKE

说明：由于 Visual FoxPro 自身在安全控制方面的缺陷，所以它没有提供数据控制功能，即不支持 GRANT 命令和 REVOKE 命令。

6.2 定 义 功 能

标准 SQL 的数据定义功能非常广泛，一般包括表的定义和视图的定义等。定义数据库对象使用 CREATE 命令。

6.2.1 表的定义

利用 SQL 命令建立的数据表同样可以完成在表设计器中设计表的所有功能。

【格式】CREATE TABLE 表1(字段名 1(类型[, 宽度][, 小数位数])][NULL |NOT NULL] [CHECK <表达式> [ERROR 错误提示信息]] [DEFAULT 表达式][FREE] [PRIMARY KEY|UNIQUE][, 字段名 2…])

【功能】此命令除了建立表的基本功能外，还包括满足实体完整性的主关键字（主索引）PRIMARY KEY、定义域完整性的 CHECK 约束及出错提示信息 ERROR、定义默认值 DEFAULT 等，另外还有描述表之间联系的 FOREIGN KEY 和 REFERENCES 等。

【说明】

1）在定义表时需要指定每个字段的数据类型，只有 C 型，N 型，F 型需要指定宽度，N 型、和 F 型可以指定小数位数，对于固定长度的字段如日期型、逻辑型可以省略字段宽度。

2）NULL 或 NOT NULL 说明字段允许或不允许为空值（不确定的值）。

3）UNIQUE 说明建立候选索引（注意不是唯一索引）。

4）DEFAULT 为一个字段指定默认值。

5）PRIMARY KEY 用于指定表主索引（即关系中主属性）实体完整性约束条件规定，主索引必须是唯一非空。

6）CHECK <表达式> 指定有效性检验，提高安全性。

7）ERROR 指定错误提示信息。

8）FOREIGN KEY 为外表指定普通索引。

9）REFERENCES 作为新表的永久性父表。

10）如果建立自由表（当前没有打开数据库或使用了 FREE），则 NAME、CHECK、DEFAULT、PRIMARY KEY、FOREIGN KEY、REFERENCES 选项不能使用。

下面在"学生管理"数据库中使用 CREATE TABLE 命令建立 3 个表。

例 6-1 建立数据库学生管理，然后建立"STU"学生表。

```
CREATE DATABASE 学生管理
CREATE TABLE STU(学号 C(8) PRIMARY KEY,姓名 C(8),民族 C(2),出生日期 D,;
性别 C(2) CHECK 性别$"男女" ERROR"性别必须是男或女!",;
是否党员 L,专业 C(4),补助 N(5,1))
```

注意：如果一行容纳不下，换行输入时需要在每行末尾加上分号。

表建立完成后，stu 表结构如图 6-1 所示。

例 6-2 建立"SCORE"成绩表。

```
CREATE TABLE SCORE(学号 C(8),课程号 C(3),;
        成绩 N(2) CHECK (成绩>=0 AND 成绩<=100);
                ERROR "成绩范围在 0-100!" (DEFAULT 50)
```

表建立完成后，score 表结构如图 6-2 所示。

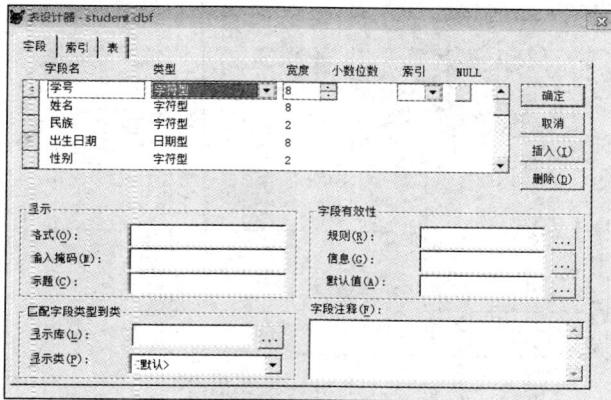

图 6-1 STU 表结构

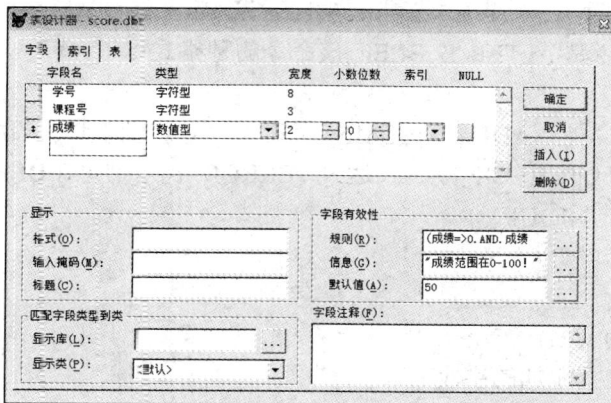

图 6-2 SCORE 表结构

例 6-3 建立"COURSE"课程表。

```
CREATE TABLE COURSE(课程号 C(3) PRIMARY KEY,课程名称 C(20))
```

表建立完成后，已经按课程号升序建立建立主索引，course 表结构如图 6-3 所示。

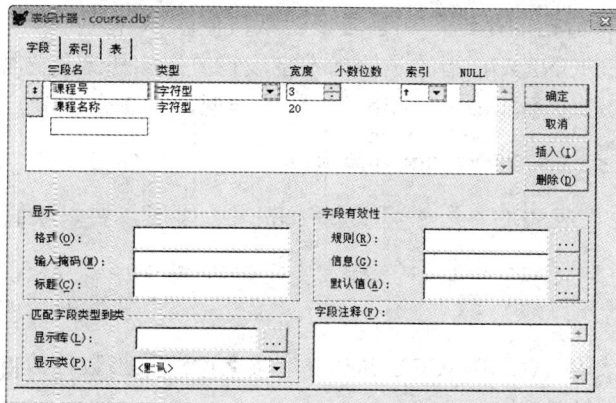

图 6-3 course 表结构

学生管理数据库如图 6-4 所示。

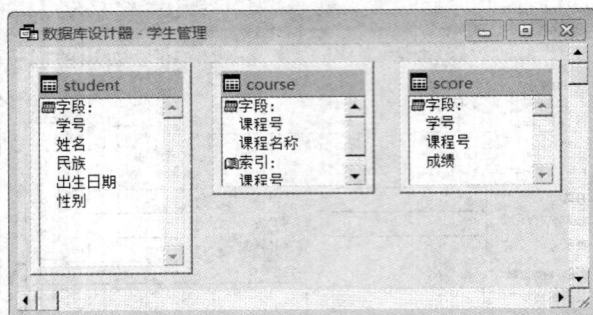

图 6-4　学生管理数据库

6.2.2　表结构的修改

修改表结构的命令是 ALTER TABLE，该命令的种格式如下：

【格式 1】

ALTER TABLE <表名> ADD [COLUMN] 字段名 1 类型[(宽度,小数位)];

[NULL|NOT NULL][CHECK 规则表达式 [ERROR 提示信息]][DEFAULT 默认值];

[PRIMARY KEY|UNIQUE]

【功能】添加新字段。

【说明】

1）指的是所要的表名。

2）字段名 1 指定要添加的字段名。

3）类型指的是字段的数据类型，数据类型得用英文表示。

4）宽度指的是字段的宽度。

5）小数位指的是数值型数据的小数位数。

6）NULL|NOT NULL 指的是字段中是否允许保存空值。

7）CHECK 规则表达式 [ERROR 提示信息]指的是验证字段的值是否符合指定的表达式，不符合可以有错误提示信息。

8）DEFAULT 默认值指的是给添加字段设置默认值。

9）PRIMARY KEY|UNIQUE 指的是给指定字段设置主索引或候选索引。

例 6-4　为"STU"表添加一个"年龄"（数值类型，占 2 个字节）字段。

```
ALTER TABLE STU ADD COLUMN 年龄 N(2)
```

例 6-5　为"STU"表添加一个"奖学金"（整型）字段，要求取值范围在 0～1000。

```
ALTER TABLE STU ADD COLUMN 奖学金 I CHECK 奖学金>=0 AND 奖学金<=1000
```

【格式 2】

ALTER TABLE 表名 ALTER [COLUMN] 字段名(类型[,小数位数] [NULL|NOT NULL];

[RENAME COLUMN 字段名 1 TO 字段名 2];

[DROP [COLUMN] 字段名];

[SET CHECK 规则 [ERROR 提示信息]];

[SET DEFAULT 默认值];

[DROP DEFAULT][DROP CHECK];

[ADD PRIMARY KEY 字段表达式 TAG 索引名];

[DROP PRIMARY KEY];

[ADD UNIQUE 字段表达式 TAG 索引名];

[DROP UNIQUE TAG 索引名];

【功能】修改字段名、类型、宽度及相应属性及定义、修改和删除字段有效性规则、默认值定义及添加删除主索引、候选索引。

【说明】

1）ALTER 选项功能是指定要修改字段名。

2）RENAME COLUMN 字段名 1 TO 字段名 2 指给字段名 1 重新命名为字段名 2。

3）DROP [COLUMN]字段名指删除字段。

4）SET CHECK 规则[ERROR 提示信息]指给指定字段增加规则或修改规则。

5）SET DEFAULT 默认值指给字段增加默认值或修改默认值。

6）DROP CHECK 指删除指定字段的规则。

7）DROP DEFAULT 指删除指定字段的默认值。

8）ADD PRIMARY KEY 字段表达式 TAG 索引名给修改字段增加主索引。

9）DROP PRIMARY KEY 删除主索引。

10）ADD UNIQUE 字段表达式 TAG 索引名给修改字段增加候选索引。

11）DROP UNIQUE TAG 索引名删除候选索引。

例 6-6　修改"STU"表"学号"字段宽度改为 10（原来为 8）。

```
ALTER TABLE STU ALTER COLUMN 学号 C(10)
```

例 6-7　修改"STU"表"年龄"字段有效性规则，年龄大于等于零。

```
ALTER TABLE STU;
ALTER COLUMN 年龄 SET CHECK 年龄>=0 ERROR "年龄应该大于等于零！"
```

例 6-8　删除"STU"表"奖学金"字段有效性规则。

```
ALTER TABLE STU ALTER COLUMN 奖学金 DROP CHECK
```

例 6-9　修改"STU"表"年龄"字段的默认值为 18。

```
ALTER TABLE STU ALTER COLUMN 年龄 SET DEFAULT 18
```

例 6-10　删除"STU"表"年龄"字段的默认值。

```
ALTER TABLE STU ALTER COLUMN 年龄 DROP DEFAULT
```

例 6-11　将"STU"表"奖学金"字段改为"总金额"。

```
ALTER TABLE STU RENAME COLUMN 奖学金 TO 总金额
```

例 6-12　删除"STU"表的"总金额"字段。

```
ALTER TABLE STU DROP COLUMN 总金额
```

例 6-13 将"STU"表的"学号"字段为主索引。

```
ALTER TABLE STU ADD PRIMARY KEY 学号 TAG XH
```

例 6-14 将"STU"表的"学号"定义为候选索引并删除。

```
ALTER TABLE STU ADD UNIQUE 学号 TAG UNXH
ALTER TABLE STU DROP UNIQUE TAG UNXH
```

6.2.3 表的删除

利用 SQL 命令删除表，可直接使用 DROP TABLE 语句。

【格式】DROP TABLE <表名>

【功能】删除指定表。

例如，删除表 course.dbf 应使用的命令：

```
DROP TABLE course
```

【说明】如果删除的是自由表，则应该将当前打开的数据库先关闭，才能进行删除。如果删除数据库表，则要先打开数据库，在数据库中进行操作。否则，即使删除了数据库表，但记录在数据库中的信息并没有被删除，此后会出现错误提示。

6.3 查 询 功 能

SQL 语言的查询使用 SELECT 命令，它的基本形式由 SELECT-FROM-WHERE 查询块组成。基本语法格式如下：

SELECT [ALL|DISTINCT][TOP <数值表达式>[PERCENT]];

<选择列表> [AS 列表题] FROM <表名>;

[WHERE 条件表达式];

[ORDER BY 排序字段名 1[ASC|DESC][,排序字段名 2[ASC|DESC]…]]

[GROUP BY 分组列][HAVING 分组条件];

[UNION SELECT 查询语句]

其中主要短语的含义如下：

1）SELECT 说明要查询的数据。

2）SELECT 语句中使用 ALL 或 DISTINCT 选项来显示表中符合条件的所有行或删除其中重复的数据行，默认为 ALL。使用 DISTINCT 选项时，对于所有重复的数据行在 SELECT 返回的结果集合中只保留一行。

3）使用 TOP n 选项限制返回的数据行数，而 TOP n PERCENT 说明 n 是表示一百分数，指定返回的行数等于总行数的百分之几。

4）选择列表说明要查询的列，它可以是一组列名列表、星号、表达式、变量（包括局部变量和全局变量）和函数等构成，[AS 列表题]重新指定列标题。

5）FROM 子句指定 SELECT 语句查询及与查询相关的表或视图。在 FROM 子句中最多可指定 256 个表或视图，它们之间用逗号分隔。在 FROM 子句同时指定多个表或视图时，如果选择列表中存在同名列，这时应使用对象名限定这些列所属的表或视图。例如在 xuesheng 和 chengji 表中同时存在学号列，在查询两个表中的学号列时应使用下面语句格式加以限定：xuesheng.学号或 chengji.学号。在 FROM 子句中可用"表名 as 别名"或"表名 别名"两种格式为表或视图指定别名。

6）WHERE 子句设置查询条件，过滤掉不需要的数据行。

① WHERE 子句可包括各种条件运算符：>、>=、=、<、<=、<>、!>、!<。

② 范围运算符（表达式值是否在指定的范围）："BETWEEN AND NOT BETWEEN…AND"，如成绩"BETWEEN 80 AND 90"相当于"成绩>=80 AND 成绩<=90"。

③ 列表运算符（判断表达式是否为列表中的指定项）："IN（项 1，项 2…）"或"NOT IN（项 1，项 2…）"，如部门名"IN（'药学院'，'体育部'）"相当于"部门名="药学院"or 部门名="体育部""。

④ 模式匹配符（判断值是否与指定的字符通配格式相符）：LIKE、NOT LIKE，模式匹配符常用于模糊查找，它判断列值是否与指定的字符串格式相匹配，可使用以下通配字符：

百分号%：可匹配任意类型和长度的字符。

下划线_：匹配单个任意字符，它常用来限制表达式的字符长度。

⑤ 空值判断符（判断表达式是否为空）：IS NULL、NOT IS NULL。

⑥ 逻辑运算符（用于多条件的逻辑连接）：NOT、AND、OR。

7）GROUP BY 用于对查询结果分组，HAVING 短语只能与 GROUP BY 配合使用，用来限定分组必须满足的条件。

SQL 的 SELECT 命令的使用非常灵活，用它可以构造各种各样的查询。一般可以将查询分成 3 种类型：单表查询、连接查询、嵌套查询。

8）UNION SELECT 查询语句将多个 SELECT 命令的查询结果进行集合的并运算。

6.3.1 简单查询

单表查询是查询语句只涉及一个表，从一个表中查询有关数据。

【格式】SELECT [DISTINCT] 字段名表 FROM [数据库名!]表名

1. 检索表中指定的列

例 6-15 从 xuanke 表中检索所有人的课程号。

```
SELECT 课程号 FROM xuanke
```

可以看到，在结果中有重复行，如果要去掉重复行需要指定 DISTINCT 短语：

```
SELECT DISTINCT 课程号 FROM xuanke
```

2. 检索表中的所有元组

例 6-16 检索 bumen 表中的所有记录。

```
SELECT 部门码,部门名 FROM bumen
```

结果如下：

部门码	部门名
A1	基础学院
A2	药学院
B1	医疗学院
B2	高职学院
C1	研究生院
A4	外语部
A5	体育部
A3	计算机中心

上述查询选择了 bumen 表中所有列，这可以使用星号（*）代替，它表示所有字段。下面语句结果相同：

```
SELECT * FROM bumen
```

3. 检索经过计算的值

例 6-17 1）检索 gongzi 表中每个职工的职工号和实发工资（奖金-扣款）。

```
SELECT 职工号,奖金-扣款 FROM gongzi
```

部分结果如下：

职工号	EXP_1
01	920.00
02	737.00
03	800.00
04	505.00
05	350.00
06	180.00

2）检索 gongzi 表中每个职工号和年奖金。

```
SELECT 职工号,奖金*12 FROM gongzi
```

部分结果如下：

职工号	EXP_2
01	13440.00
02	9000.00
03	9744.00
04	6240.00
05	4512.00
06	2616.00

上述结果的第二列是通过表达式（奖金*12）计算的列。列名为由系统自动给出，为 EXP_2。用户可以通过指定列的别名来改变查询结果的列标题，这对于含算术表达式、常量、函数名的列尤为有用。例如，对于上例，可以如下定义列别名：

```
SELECT 职工号,奖金*12 as 年奖金 FROM gongzi
```

"年奖金"是虚拟列"奖金*12"的别名。

4. 条件查询

【格式】SELECT [DISTINCT] 字段名表 FROM [数据库名!]表名 WHERE 条件

如果要从表中查询满足条件的记录，应该使用 WHERE 短语，[数据库名!]选项指出表属于哪个数据库。

（1）比较大小

SQL 支持的关系运算符有>、>=、=、<、<=、<>、!>、!<。

例 6-18　检索奖金多于 500 元的职工号。

```
SELECT 职工号 FROM gongzi WHERE 奖金>500
```

例 6-19　检索 jiaoshi 表中姓"王"和姓"李"的记录。

```
SELECT * FROM jiaoshi WHERE 姓名="王" OR 姓名="李"
```

这里的 WHERE 条件可以是任意复杂的逻辑表达式，如可以使用逻辑 NOT、AND、OR 构成复杂条件。SQL 特殊查询中还可以使用特殊运算符 IN 与 NOT IN。

例 6-19 还可以写成：

```
SELECT * FROM jiaoshi WHERE 姓名 IN("王","李")
```

结果如下：

职工号	部门码	姓名	工资	课程号
02	A2	王岩盐	4390.00	2
05	A5	李明月	4520.00	13
09	B1	王海龙	3980.00	8
31	A1	李同	10000.00	7

（2）确定范围

如果查询条件是某个字段值在什么范围内，可以使用 BETWEEN… AND…。BETWEEN 后面是下界值，AND 后面是上界值，且包含下界和上界。

例 6-20　检索 gongzi 出奖金在 600 元到 800 元范围内的职工工资信息。

```
SELECT * FROM gongzi WHERE 奖金 BETWEEN 600 AND 800
```

查询的条件与下面的条件等价：奖金>=600 AND 奖金<=800。

结果如下：

职工号	奖金	扣款	实发工资
02	750.00	13.00	

```
    10              612.00          55.00
```

（3）字符串匹配

在查询语句的 WHERE 条件中可以使用 LIKE 谓词进行字符串的匹配。其格式如下：

```
<字段>[NOT] LIKE "<匹配串>"
```

其含义是查找指定的<字段>值与<匹配串>相匹配的记录。<匹配串>中通常包含通配符%和_。其中：

百分号%：可匹配任意类型和长度的字符。

下划线_：匹配单个任意字符，它常用来限制表达式的字符长度。

例 6-21　检索部门表中部门名称中有学院的信息。

```
SELECT * FROM bumen WHERE 部门名 LIKE "%学院%"
```

结果如下：

```
部门码      部门名
a1          基础学院
a2          药学院
b1          医疗学院
b2          高职学院
```

（4）涉及空值的查询

在数据库表中某些列的值可能是空值（NULL）。例如，在 xuanke 表中，某些学生某门课程的成绩没有确定，这两个属性值为空。我们可以检索涉及空值的记录。

例 6-22　找出尚未确定成绩的学生的选课信息。

```
SELECT * FROM xuanke WHERE 成绩 IS NULL
```

结果如下：

```
学号              课程号          成绩
20110227        12              .NULL.
20110228        12              .NULL.
```

注意：查询空值时要使用"IS NULL"，而不要使用"=NULL"。

5. 查询结果排序

若要对查询结果排序，可使用 ORDER BY 短语，格式如下：

```
ORDER BY 排序项 1 [ASC|DESC] [,排序项 2 [ASC|DESC]…]
```

可以按升序（ASC）或降序（DESC）排序，默认是按升序排序，也可以按一列或多列排序。

例 6-23　检索全部学生的选课信息，结果要求按成绩值升序排序。

```
SELECT * FROM xuanke ORDER BY 成绩 ASC
```

部分结果如下：

学号	课程号	成绩
20110227	12	.NULL.
20110228	12	.NULL.
20100106	4	50.0
20100109	2	53.0
20110205	9	54.0
20100109	5	64.0

上述语句中的 ASC 可以省略。如果按降序排序，只要加上 DESC 即可。

例 6-24　检索全部学生的选课信息，结果要求先按成绩升序排序，再按课程号降序排序。

```
SELECT * FROM xuanke ORDER BY 成绩,课程号 DESC
```

部分结果如下：

学号	课程号	成绩
20100101	1	98.0
20110214	11	97.0
20110224	13	97.0
20110216	11	96.0
20110219	12	94.0
20110215	11	93.0

对排序后的记录，我们可能需要显示部分结果。这可以通过 TOP nExpr[PERCENT]短语实现。其中 nExpr 是数字表达式，TOP nExpr 表示前多少记录，TOP nExpr PERCENT 表示前百分之多少记录。如果 nExpr 表示记录个数，它的范围是 1 到 32666，如果 nExpr 表示百分比，它的范围是 0.01 到 99.99。

注意：TOP 短语必须与 ORDER BY 短语同时使用才有效。

例 6-25　显示成绩最高的 3 位学生的选课信息。

```
SELECT * TOP 3 FROM xuanke ORDER BY 成绩 DESC
```

结果如下：

学号	课程号	成绩
20100101	1	98.0
20110214	11	97.0
20110224	13	97.0

例 6-26　显示成绩最高的前 10%学生的选课信息。

```
SELECT * TOP 10 PERCENT FROM xuanke ORDER BY 成绩 DESC
```

结果如下：

学号	课程号	成绩
20100101	1	98.0

20110214	11	97.0
20110224	13	97.0
20110216	11	96.0
20110219	12	94.0
20110215	11	93.0
20110220	12	93.0

6. 使用聚集函数的查询

SQL 语句不仅具有一般的检索能力，而且还有计算方式的检索。SQL 语言提供了 5 个常用的聚集函数，实现计算查询。

1) COUNT（*）统计记录个数。

2) SUM（<列名>）计算一列值的总和。

3) AVG（<列名>）计算一列值的平均值。

4) MAX（<列名>）求一列值中的最大值。

5) MIN（<列名>）求一列值中的最小值。

例 6-27　检索学生的总选课门数。

```
SELECT COUNT(DISTINCT 课程号) FROM xuanke
```

结果如下：

```
13
```

这里在 COUNT 函数中使用了 DISTINCT，表示地址相同只记数一次。

例 6-28　求出所有职工的奖金之和。

```
SELECT SUM(奖金) FROM gongzi
```

结果如下：

```
7730.00
```

7. 分组与计算查询

可以将查询结果按某一列或多列的值分组，值相等的为一组。这可以使用 GROUP BY 短语实现。

【格式】GROUP BY 分类字段列表 [HAVING 分组条件]

使用 HAVING 可以指定分组条件，选择满足条件的组。

例 6-29　查询选课表中每门课的平均成绩。

```
SELECT 课程号，AVG(成绩) AS 平均成绩  FROM xuanke GROUP BY 课程号
```

结果如下：

课程号	平均成绩
1	80.50

10	69.50
11	92.75
12	86.75
13	84.25
2	69.40
3	81.25
4	67.50
5	76.80
6	78.00
7	77.00
8	82.25
9	73.50

例 6-30 查询选课人数在 5 人以上的课程号。

```
SELECT 课程号，COUNT(*) as 选课人数 FROM  xuanke GROUP BY 课程号 HAVING;
COUNT(*)>=5
```

结果如下：

课程号	选课人数
12	6
2	5
5	5

8. 集合的并运算

SQL 支持集合的并运算，运算符是 UNION，即可以将两个 SELECT 语句的查询结果通过并运算合并成一个查询结果。为了进行并运算，要求两个查询结果具有相同的字段个数，并且对应的字段的数据类型相同。

例 6-31 查询姓"刘"和"李"的学生信息。

```
SELECT * FROM xuesheng WHERE 姓名="刘";
UNION;
SELECT * FROM xuesheng WHERE 姓名="李"
```

6.3.2 联接查询

若一个查询同时涉及两个或两个以上的表,则称之为联接查询。有多种类型的联接查询:简单的联接查询、自联接查询、超联接查询等。

1. 简单的联接查询

【格式】SELECT [DISTINCT] 字段名表 FROM 表名 1,表名 2[,表名 3...] WHERE 各表间的联接条件 [AND 其他查询条件]

各表间的联接条件一般为各表间的相同列名相等。

例 6-32 检索每个学生的学号、姓名及其所选数学课程的成绩。

该查询涉及 "xuesheng" 和 "chenhji"，因此要做这两个表的联接，这两个表是通过 "学号" 字段联系的，查询语句如下：

```
SELECT xuesheng.学号,姓名,数学 FROM xuesheng,chengji;
WHERE xuesheng.学号=chengji.学号
```

在做多个表联接时，要把联接的表写在 FROM 子句里，中间用逗号分隔，在 WHERE 子句中要包含联接条件，这里的 "xuesheng.学号= chengji.学号" 就是联接条件，为了区分不同表的同名字段，需要在字段前加上表名前缀。

如果在查询结果列中包含两个表的联接字段(如学号)，也必须在该字段前加上表名前缀以示区分，否则将出现错误。

部分查询结果如下：

学号	姓名	数学
20100101	朱银	78.0
20100102	李仪军	86.0
20100103	王立明	92.0
20100104	杨小灵	82.0
20100105	吴峻	88.0
20100106	李光	69.0

例 6-33 查询数学成绩大于等于 90 的学生的学号，姓名，数学成绩。

```
SELECT xuesheng.学号,姓名,数学 FROM xuesheng,chengji;
WHERE xuesheng.学号= chengji.学号 and 数学>90
```

查询结果如下：

学号	姓名	数学
20100103	王立明	92.0
20110201	王征	96.0
20110209	周一明	100.0
20110218	张楠	100.0

这里的 "xuesheng.学号= chengji.学号" 是联接条件，"数学>=90" 是查询条件。

例 6-34 检索出 "李光" 所选的课程名称及成绩。

该查询需要做 xuesheng 表、xuanke 表及 kecheng 的联接，语句如下：

```
SELECT 课程名,成绩 FROM xuesheng,xuanke,kecheng;
WHERE xuesheng.学号=xuanke.学号 AND xuanke.课程号=kecheng.课程号;
AND 姓名="李光"
```

查询结果如下：

课程名	成绩

化学	81.0
计算机基础	50.0

2. 自联接查询

所谓自联接是一个表可以与它自己联接,是将同一关系与其自身进行联接。这种联接是根据一个表中出自同一值域的两个不同字段进行一对多联系。

为了说明自联接,假设有下面的"雇员"表:

雇员号	姓名	经理
101	李虹	
102	张军	101
103	王力	101
104	徐丽	102
104	赵毅	103

雇员号与经理两字段出自同一值域,但是上、下级关系。

此表中李楠是张军、王力的经理,而张军又是徐丽的经理,王力又是赵毅的经理。

如果直观列出他们的领导关系可以有自联接完成:

```
SELECT A.姓名,"领导",B.姓名 FROM 雇员 A,雇员 B;
WHERE A.雇员号=B.经理
```

结果会显示出:

李虹	领导	张军
李虹	领导	王力
张军	领导	徐丽
王力	领导	赵毅

表中"经理"字段中记录的是该雇员的经理的雇员号。

例 6-35　检索出每个雇员名和他的经理名。

该查询需要通过雇员表的自联接才能实现。

```
SELECT E.姓名,M.姓名 =s 经理 FROM 雇员 E,雇员 M WHERE E.经理=M.雇员号
```

3. 超联接查询

Visual FoxPro 的 SQL 支持超联接查询。

【格式】SELECT <选择列表> FROM <表 1> INNER|LEFT|RIGHT|FULL JOIN <表 2> ON 联接条件　WHERE <条件表达式>

在超联接中,需要联接的表通过 JOIN 实现,联接条件通过 ON 实现,其中:

INNER JOIN 表示内联接,它与普通联接相同;

LEFT JOIN 表示左联接;

RIGHT JOIN 表示右联接;

FULL JOIN 表示全联接；

ON 指定联接条件。

下面的例子使用超联接实现。

（1）内联接

内联接与普通联接相同，只有满足联接条件的记录才出现在查询结果中。它使用 INNER JOIN 或 JOIN 实现联接。

例 6-36 检索每个学生的姓名及其所选课程的成绩信息。

该查询涉及"xuesheng"和"xuanke"，因此要做这两个表的联接，这两个表是通过"学号"字段联系的，查询语句如下：

```
SELECT xuesheng.学号,姓名,数学 FROM xuesheng JOIN chengji;
ON xuesheng.学号= chengji.学号
```

该查询完成的功能与例 6.32 相同。这里的 INNER 可以省略。

例 6-37 查询成绩大于等于 90 的学生的学号，姓名，成绩。

```
SELECT xuesheng.学号,姓名,数学 FROM xuesheng JOIN chengji;
  ON  xuesheng.学号= chengji.学号 WHERE 数学>90
```

该查询完成的功能与例 6.33 相同。这里的 ON 指定联接条件，WHERE 指定查询条件。

（2）左联接

左联接是除满足联接条件的记录出现在查询结果中外，第一个表（左边）中不满足联接条件的记录也出现在查询结果中。相关的右表查询字段值是 NULL。

【格式】SELECT <选择列表> FROM 左表 LEFT JOIN 右表 ON 联接条件 [WHERE <条件表达式>]

例 6-38 检索学生和学生的选课信息，要求没有选课的学生信息也出现在查询结果中。

```
SELECT xuesheng.学号,姓名,性别,成绩 FROM xuesheng LEFT JOIN xuanke;
ON xuesheng.学号=xuanke.学号
```

部分结果如下：

学号	姓名	性别	成绩
20100101	朱银	女	98.0
20100101	朱银	女	82.0
20100102	李仪军	男	74.0
20100102	李仪军	男	77.0
20100103	王立明	男	66.0
20100103	王立明	男	91.0

（3）右联接

【格式】

SELECT <选择列表> FROM 左表 RIGHT JOIN 右表 ON 联接条件 [WHERE <条件表达式>]

除满足联接条件的记录出现在查询结果中外，右表中不满足联接条件的记录也出现在查询中，而相关的左表查询字段值是 NULL。

例 6-39　检索每门课程的课程名称和成绩表中的学生的选课信息，要求没有人选的课程名称也出现在查询结果中。

```
SELECT xuesheng.学号,姓名,性别,成绩 FROM xuesheng RIGHT JOIN xuanke;
    ON xuesheng.学号= xuanke.学号
```

（4）全联接

【格式】SELECT <选择列表> FROM 左表 FULL JOIN 右表 ON 联接条件 [WHERE <条件表达式>]

查询的左右表各个字段的所用值全部显示，有满足联接条件的记录在同行输出，不满足联接条件的字段相应列将显示为 NULL。

例 6-40　检索每门课程的课程名称和成绩表中的学生的选课信息，要求所有信息都出现在查询结果中。

```
SELECT xuesheng.学号,姓名,性别,成绩 FROM xuesheng FULL JOIN xuanke;
    ON xuesheng.学号= xuanke.学号
```

注意：超联接查询中多个表联接时，要注意 FROM 后中间表是联接前后表的纽带必是与前后表都有联接关系的，另外 FROM 后表名的顺序与条件 ON 的顺序是相反的。

6.3.3　嵌套查询

在 SQL 语言中，一个 SELECT-FROM-WHERE 语句称为一个查询块。将一个查询块嵌套在另一个查询块的 WHERE 子句或 HAVING 短语的条件中的查询称为嵌套查询。查询结果出自一个表，但条件却涉及另外的多个相关表。例如：

```
SELECT * FROM xuesheng;                && 父查询
    WHERE 学号 IN ;
    (SELECT 学号 FROM chengji )          && 子查询
```

本例中，下层查询块"SELECT 学号 FROM chengji"嵌套在上层查询块"SELECT * FROM xuesheng WHERE 学号 IN"的 WHERE 条件中的。上层查询块称为父查询，下层查询块称为子查询。

1. 带 IN 谓词的子查询

在嵌套查询中，子查询的结果往往是一个集合，所以谓词 IN 是嵌套查询中最经常使用的谓词。

例 6-41　检索没有选课的学生的信息。

```
SELECT 学号,姓名 FROM xuesheng;
WHERE 学号 NOT IN (SELECT 学号 FROM xuanke)
```

结果如下：

学号　　　　　　姓名

20100111	李婧
20100112	杨小阳
20100113	王琪
20100114	罗小晴
20100115	赵一军
20100116	吴伟平
20100117	杨兰兰
20100118	李楠
20100119	胡一非
20100120	刘建

例 6-42   检索被学生选取的课程的信息，并按课程名称降序排序。

```
SELECT * FROM kecheng;
WHERE 课程号 IN (SELECT 课程号 FROM xuanke);
ORDER BY 课程名 DESC
```

部分结果如下：

课程号	课程名
11	足球
3	物理
8	外科学
7	内科学
12	篮球
13	健美操

2. 带 ANY（SOME）或 ALL 量词的子查询

例 6-43   检索学生成绩都大于或等于"20100101"学号任意一门成绩的学生选课信息。该查询可以使用 ANY 或 SOME 量词实现。

```
SELECT * FROM xuanke WHERE 成绩>=ANY;
    (SELECT 成绩 FROM xuanke WHERE 学号="20100101")
```

部分结果如下：

学号	课程号	成绩
20100101	1	98.0
20100104	1	84.0
20100101	3	82.0
20100103	3	91.0
20100121	5	90.0
20100122	7	86.0
20110202	8	82.0
20110203	8	91.0
20110206	9	86.0

```
20110208        9              83.0
```

因为"大于某一个"与"大于最小的"是等价的，因此该查询等价于：

```
SELECT * FROM score WHERE 成绩>=;
    (SELECT MIN(成绩) FROM score WHERE 学号="20100101")
```

例 6-44　检索学生成绩都大于或等于"20100101"学号所学所有课程成绩的学生信息。该查询可以使用 ALL 量词实现。

```
SELECT * FROM xuanke WHERE 成绩>=all;
    (SELECT 成绩 FROM xuanke WHERE 学号="20100101")
```

结果如下：

```
学号            课程号        成绩
20100101        1            98.0
```

因为"大于所有的"与"大于最大的"是等价的，因此该查询等价于：

```
SELECT * FROM score WHERE 成绩>=;
    (SELECT MAX(成绩) FROM score WHERE 学号="20100101")
```

3. 内外层相关的子查询

在前面的例子中，子查询的查询条件不依赖于父查询，这类子查询称为不相关子查询。但有时子查询的查询条件依赖于父查询，这类子查询称为相关子查询。

订购单表的记录如下：

订购单号	职工号	供应商号	订购日期	总金额
OR66	E3	S6	06/23/01	35000.0000
OR63	E1	S4	06/28/01	12000.0000
OR66	E6	S4	05/25/01	6250.0000
OR66	E6	.NULL.	.NULL.	6000.0000
OR69	E3	S4	06/13/01	30050.0000
OR80	E1	.NULL.	.NULL.	25600.0000
OR90	E3	.NULL.	.NULL.	6690.0000
OR91	E3	S3	06/13/01	12560.0000

例 6-45　列出每个职工经手的具有最高总金额的订购单信息。

```
SELECT * FROM 订购单 outer;
    WHERE 总金额=;
        (SELECT MAX(总金额) FROM 订购单 WHERE 职工号=outer.职工号)
```

结果如下：

订购单号	职工号	供应商号	订购日期	总金额
OR66	E3	S6	06/23/01	35000.0000

OR66	E6	S4	05/25/01	6250.0000
OR66	E6	.NULL.	.NULL.	6000.0000
OR80	E1	.NULL.	.NULL.	25600.0000

4. 带 EXISTS 谓词的子查询

EXISTS 和 NOT EXISTS 表示存在和不存在，它们使用在外层查询的 WHERE 条件中。

【格式】

WHERE EXISTS(<子查询>)

或

WHERE　NOT EXISTS(<子查询>)

使用 EXISTS 的含义是，如果<子查询>结果为非空，条件为真；如果<子查询>结果为空，条件为假。

使用 NOT EXISTS 的含义是，如果<子查询>结果为空，条件为真；如果<子查询>结果为非空，条件为假。

例 6-46　检索所有没有选课学生的信息。

```
SELECT * FROM xuesheng;
WHERE not EXISTS(;
    SELECT * FROM xuanke WHERE 学号=xuesheng.学号)
```

结果如下：

学号	姓名	性别	民族	出生日期
20100111	李婧	女	汉	04/08/92
20100112	杨小阳	男	汉	10/31/91
20100113	王琪	女	满	03/12/92
20100114	罗小晴	女	汉	11/29/91
20100115	赵一军	男	汉	10/18/91
20100116	吴伟平	男	汉	02/19/92
20100117	杨兰兰	女	汉	01/07/92
20100118	李楠	女	汉	09/18/91
20100119	胡一非	男	汉	05/08/92
20100120	刘建	男	汉	11/05/91

如果要检索选课的学生的信息，将上述语句中 NOT EXISTS 换成 EXISTS 即可。

例 6-47　查询没有选课的学生信息。

```
SELECT * FROM xuesheng;
WHERE NOT EXISTS;
        (SELECT * FROM xuanke WHERE 学号=xuesheng.学号)
```

结果如下：

学号	姓名	性别	民族	出生日期
20100111	李婧	女	汉	04/08/92

20100112	杨小阳	男	汉	10/31/91
20100113	王琪	女	满	03/12/92
20100114	罗小晴	女	汉	11/29/91
20100115	赵一军	男	汉	10/18/91
20100116	吴伟平	男	汉	02/19/92
20100117	杨兰兰	女	汉	01/07/92
20100118	李楠	女	汉	09/18/91
20100119	胡一非	男	汉	05/08/92
20100120	刘建	男	汉	11/05/91

6.3.4　SELECT 语句的几个重要选项

前面的查询结果都是在浏览窗口中显示。但有时需要将查询结果保存起来以备在程序的其他地方使用，这需要用到 SELECT 语句的有关选项。

1．将查询结果存放到永久表中

使用短语 INTO TABLE|DBF TableName 可以将查询结果存放到永久表（.dbf 文件）中。
例 6-48　检索成绩最高的前 3 名学生的选课信息，将结果存放到 highsal 表中。

```
SELECT * TOP 3 FROM xuanke;
    ORDER BY 成绩 DESC INTO TABLE aa
```

使用该短语还可以实现表的复制。
例 6-49　利用 SQL SELECT 命令将表 xuanke 复制到 bb。

```
SELECT * FROM xuanke;
    INTO TABLE bb
```

2．将查询结果存放到临时表中

使用短语 INTO CURSOR CursorName 可以将查询结果存放到临时表中。其中是临时表名，该短语产生的临时表是一个只读的.dbf 文件，可以像使用一般的.dbf 文件一样使用它（不能在命令窗口中直接查询）。
例 6-50　检索所有学生信息并存放到临时表 tmp.dbf 中。

```
SELECT * FROM xuesheng INTO CURSOR tmp
```

一般利用 INTO CURSOR 短语存放一些临时结果，比如一些复杂的汇总查询可能需要分阶段完成，需要根据几个中间结果再汇总等，这是利用该短语存放中间结果就非常合适，使用完后这些临时表会自动删除。

3．将查询结果存放到数组中

使用 INTO ARRAY <数组名> 短语将查询结果存放到数组中。数组名可以是任意的数组变量名。一般存放查询结果的数组是二维数组，数组的每行一条记录，每列对应查询结果的一列。查询结果存放到数组中，可以非常方便地在程序中使用。

例 6-51　检索学生表中所有记录并存放到数组 tmp 中。

```
SELECT * FROM xuesheng;
    INTO ARRAY tmp
```

该语句执行后在产生的数组变量 tmp 中，tmp(1,1)元素存放的是第 1 条记录的学号，tmp(1,2)元素存放的是第 1 条记录的姓名，tmp(1,3)元素存放的是第 1 条记录的性别。

特别地，也可以将查询的一个值存放在数组中，例如：

```
SELECT SUM(成绩) FROM xuesheng INTO ARRAY abc
```

则 abc(1,1)元素中存放的是全体学生的成绩和。

4. 将查询结果存放到文本文件中

使用 TO FILE <文件名>短语可以将查询结果存放到文本文件（扩展名为.txt）中，可以省略扩展名。

例 6-52　将学生表中年龄最高的前 3 名学生信息存放到 cc.txt 文本文件中。

```
SELECT * TOP 3 FROM xuesheng;
    ORDER BY 出生日期 TO FILE cc
```

5. 将查询结果输出到打印机

使用短语 TO PRINTER[PROMPT]可以直接将查询结果输出到打印机，如果使用了 PROMPT 选项，在开始打印之前会打开打印机设置对话框。

6.4　操作功能

SQL 的数据操作功能主要包括数据的插入、数据的更新和数据的删除，使用的 SQL 命令分别是 INSERT、UPDATE 和 DELETE。

6.4.1　插入数据

Visual FoxPro 支持两种 SQL 插入命令的格式，一种是标准格式，另一种是特殊格式。
标准格式：
INSERT INTO dbf 表名([字段名 1[,字段名 2, …]) VALUES(表达式 1[,表达式 2, …])

例 6-53　向 xuanke 表中插入一个记录，("20100115", "014",95)。

```
INSERT INTO xuanke VALUES("20100190","014",95 )
```

使用这种格式插入数据需要给出每个字段的值，且值的顺序要与表中字段顺序一致。另外，字段值要使用各自类型的常量表示法，如这里的日期使用严格的日期的常量形式。

如果课程号没有确定，则只能插入学号和成绩两个属性值，命令如下：

```
INSERT INTO xuanke(学号,成绩) VALUES("201010191",88)
```

特殊格式:

```
INSERT INTO dbfname FROM ARRAY ArrayName|FROM MEMVAR
```

使用该命令可以从指定的数组或与表字段同名的内存变量插入记录值。

例 6-54　从数组元素插入记录。

```
DIMENSION aa(3)
aa(1)="201010192"
aa(2)="016"
aa(3)=80
INSERT INTO score FROM ARRAY aa
```

上述命令执行后将向订购单表中插入一个记录:("201010192", "016",80)。

6.4.2　更新数据

SQL 的数据更新的命令如下:

【格式】UPDATE <表名> SET <列名 1>=表达式 1[,列名 2=表达式 2...] WHERE　条件

【说明】利用 WHERE 子句指定条件,以更新满足条件的一些记录的字段值,并且一次可更新多个字段;如果不使用 WHERE 子句,则更新全部记录。

例 6-55　给 gongzi 表中的所有职工奖金增加 200 元。

```
UPDATE gongzi SET 奖金=奖金+200
```

例 6-56　计算 gongzi 表中所有实发工资的值。

```
UPDATE gongzi SET 实发工资=奖金-扣款
```

6.4.3　删除数据

SQL 从表中删除数据的命令如下:

【格式】DELETE FROM　表名　[WHERE　条件]

【说明】FROM 指定从哪个表中删除记录,WHERE 指定被删除的记录所满足的条件,如果不使用 WHERE 子句,则删除该表中的全部记录。

例 6-57　删除 STU 表中学号为"20100102"的记录。

```
DELETE FROM stu WHERE 学号="20100102"
```

例 6-58　删除 xuesheng 表中出生日期为 1991 年 1 月 1 日之前(含)的记录。

```
DELETE FROM xuesheng WHERE 出生日期<={^1991/01/01}
```

例 6-59　删除目前没有选课的学生的信息。

```
DELETE FROM xuesheng WHERE 学号 NOT IN (SELECT 学号 FROM xuanke)
```

这是 WHERE 条件中带子查询的删除语句。

注意：在 Visual FoxPro 中的 DELETE 命令是逻辑删除记录，如果要物理删除记录仍需要使用 PACK 命令。

6.5 视 图 管 理

视图是从一个或几个基本表（或视图）导出的表。它与基本表不同，视图是一个虚表。视图兼有"表"和"查询"的特点，与查询相类似的地方是，可以用来从一个或多个相关联的表中提取有用信息；与表相似的是可以用来更新其中的信息，并保存结果至表中。可以从本地表、其他视图、存储在服务器上的表或远程数据源中创建视图，所以又分为本地视图和远程视图。

视图是操作表的一种手段，通过视图可以查询表，通过视图可以更新表。视图基于表而又超越表。视图是数据库中的一个特有功能，只有在包含视图的数据库打开时才能使用视图。

6.5.1 定义视图

SQL 语言用 CREATE VIEW 命令建立视图。

【格式】CREATE VIEW 视图名 AS SELECT 查询语句

SELECT 查询语句，它说明和限定了视图中的数据，视图的字段名将与 SELECT 查询语句中指定的字段名或表中的字段名同名。

视图依赖于数据库，所以在建立视图之前应有数据库打开。

1. 从单个表中派生视图

例 6-60 定义一个名为 e_w 的视图，其中只包含学号和姓名字段。

```
CREATE DATABASE sdb
CREATE VIEW view1 AS  SELECT 学号,姓名 FROM xuesheng
```

视图一经定义就可以和基本表一样被查询，对于最终用户来说，有时并不需要知道操作的是基本表还是视图。例如，现在如果要查询所有学生的学号和姓名，就可以使用下面的查询：

```
SELECT * FROM view1
```

注意：使用 CREATE VIEW 命令创建视图必须打开数据库。

2. 从多个表中派生视图

视图一方面可以限定对数据的访问，另一方面又可以简化对数据的访问。可以从多个表中派生视图。

例 6-61 定义一个名为 v_emp 的视图，其中包含学号、姓名、成绩字段。

```
CREATE DATABASE sdb
CREATE VIEW v_emp AS SELECT xuesheng.学号,姓名,成绩 FROM xuesheng,xuanke;
  WHERE xuesheng.学号= xuanke .学号
```

该视图就是从两个表中派生的，如果使用下面语句查询该视图：

```
SELECT * FROM v_emp
```

部分结果如下：

学号	姓名	成绩
20100101	矢银	98.0
20100101	朱银	82.0
20100102	李仪圣	74.0
20100102	李仪圣	77.0
20100103	王立明	91.0
20100103	王立明	66.0

3. 视图中的虚字段

用一个查询来建立一个视图的 SELECT 子句可以包含算术表达式或函数，这些表达式或函数与视图的其他字段一样对待，由于它们是计算得来的，并不存储在表内，所以称为虚字段。

例 6-62 定义一个名为 v_salary 的视图，其中包含"学号"、"月补助"和"年补助"字段。

```
OPEN DATABASE sdb
CREATE VIEW v_salary AS SELECT 职工号,奖金 AS 月奖金,奖金*12 AS 年奖金 FROM;
 gongzi
```

这里在 SELECT 短语中使用 AS 重新定义了视图的字段名。字段"年奖金"是计算得来的，所以必须给出字段名，它是虚字段。

查询该视图的命令如下：

```
SELECT * FROM v_salary
```

部分结果如下：

职工号	月奖金	年奖金
01	1120.00	13440.00
02	750.00	9000.00
03	812.00	9744.00
04	520.00	6240.00
05	376.00	4512.00
06	218.00	2616.00

6.5.2 视图的删除

由于视图是从表派生出来的，所以不存在修改结构的问题，但是视图可以删除。删除视图的命令是：

【格式】DROP VIEW <视图名>

例如，要删除视图 v_emp，只要键入命令：

```
DROP VIEW v_emp
```

6.5.3　关于视图的说明

在关系数据库中，视图始终不真正含有数据，它总是原有表的一个窗口。所以，虽然视图可以像表一样进行各种查询，但是插入、更新和删除操作在视图上却有一定限制。在一般情况下，当一个视图是由单个表导出时可以进行插入和更新操作，但不能进行删除操作；当视图是从多个表导出时，插入、更新和删除操作都不允许进行。这种限制是很有必要的，它可以避免一些潜在问题的发生。

6.6　SQL 查询与表单综合例题

例 6-63　在"D:\"文件夹下，完成如下操作。

设计一个名为 mysupply 的表单，表单的控件名和文件名均为 mysupply。表单的形式如图 6-5 所示。

表单标题为"零件供应情况"，表格控件为 Grid1，命令按钮"查询"为 Command1、"退出"为 Command2，标签控件 Label1 和文本框控件 Text1（程序运行时用于输入工程号）。

运行表单时，在文本框中输入工程号，单击"查询"命令按钮后，表格控件中显示相应工程所使用的零件的零件名、颜色和重量（通过设置有关"数据"属性实现），并将结果按"零件名"升序排序存储到 pp.dbf 文件。

单击"退出"按钮关闭表单。

完成表单设计后运行表单，并查询工程号为"J4"的相应信息。

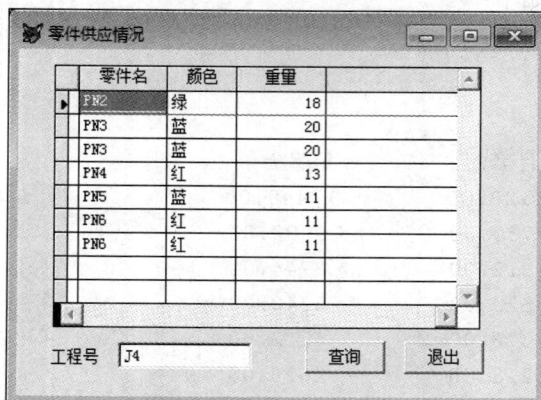

图 6-5　零件供应情况

操作步骤如下：

1）单击工具栏中的"新建"按钮，在"新建"对话框中选择"文件类型"选择组中的"表单"命令，单击"新建文件"按钮。

2）在表单设计器中设置表单的 Name 属性为 mysupply，Caption 属性为"零件供应情况"，从控件工具栏中分别选择一个表格、一个标签、一个文本框和两个命令按钮放置到表单上，分别设置标签 label1 的 Caption 属性为"工程号"，命令按钮 Command1 的 Caption 属性为"查询"，Command2 的 Caption 属性为"退出"，表格的 Name 属性为"grid1"，RecordSourceType 属性为"0-表"。

3）双击"查询"命令按钮，并输入如下代码：

```
Select 零件.零件名,零件.颜色,零件.重量;
From 供应,零件;
Where 零件.零件号=供应.零件号 and 供应.工程号=thisform.text1.value;
Order By 零件名;
Into dbf pp
ThisForm.Grid1.RecordSource="pp"
```

再双击"退出"命令按钮，并输入：

```
THISFORM.RELEASE
```

4）单击工具栏中的"保存"按钮，在"另存为"对话框中输入表单名 mysupply，单击"保存"按钮。

5）单击工具栏中的"运行"按钮，在文本框中输入 J4，并单击"查询"命令按钮。

例 6-64 在"D:\"文件夹下，完成如下操作。

设计一个表单名和文件名均为 form_item 的表单，其中，所有控件的属性必须在表单设计器的属性窗口中设置。表单的标题设为"使用零件情况统计"。表单中有一个组合框（Combo1）、一个文本框（Text1）和两个命令按钮"统计"（Command1）和"退出"（Command2）。

运行表单时，组合框中有 3 个条目"s1"、"s2"和"s3"（只有 3 个，不能输入新的，RowSourceType 的属性为"数组"，Style 的属性为"下拉列表框"）可供选择，单击"统计"命令按钮后，则文本框显示出该项目所使用零件的金额合计（某种零件的金额=单价*数量）。

单击"退出"按钮关闭表单。

完成表单设计后要运行表单的所有功能。

操作步骤如下

1）在命令窗口中输入 crea form form_item，然后按 Enter 键，在表单设计器的"属性"对话框中设置表单的 Caption 属性为"使用零件情况统计"，Name 属性为 form_item。

2）从"表单控件"工具栏向表单添加一个组合框、一个文本框和两个命令按钮，设置组合框的 RowSourceType 属性为"5-数组"、Style 属性为"2-下拉列表框"、RowSource 属性为 A，设置命令按钮 Command1 的 Caption 属性为"统计"，设置命令按钮 Command2 的 Caption 为"退出"。

3）双击表单空白处，在表单的 Init 事件中输入如下代码：

```
Public a(3)
A(1)="s1"
A(2)="s2"
A(3)="s3"
```

4）分别双击命令按钮"统计"和"退出"，为它们编写 Click 事件代码。其中，"统计"按钮的 Click 事件代码如下：

```
x=allt(thisform.combo1.value)
SELECT SUM(使用零件.数量*零件信息.单价) as je;
   FROM 使用零件情况!使用零件 INNER JOIN 使用零件情况!零件信息;
ON 使用零件.零件号=零件信息.零件号;
   WHERE 使用零件.项目号=x into array b
thisform.text1.value=allt(str(b[1]))
"退出"按钮的 Click 事件代码如下：
thisform.release
```

5）单击工具栏中的"保存"按钮，再单击"运行"按钮运行表单，并依次选择下拉列表框中的项，运行表单的所有功能。

例 6-65　在"D:\"文件夹下完成如下操作。

1）建立一个文件名和表单名均为 oneform 的表单，该表单中包括两个标签（Label1 和 Label2）、一个选项按钮组（OptionGroup1）、一个组合框（Combo1）和两个命令按钮（Command1 和 Command2），Label1 和 Label2 的标题分别为"工资"和"实例"，选项组中有两个选项按钮，标题分别为"大于等于"和"小于"，Command1 和 Command2 的标题分别为"生成"和"退出"，如图 6-6 所示。

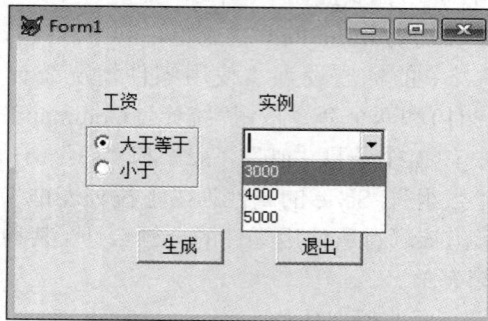

图 6-6　表单 oneform 样式

2）将组合框的 RowSourceType 和 RowSource 属性手工指定为 5 和 a，然后在表单的 Load 事件代码中定义数组 a 并赋值，使得程序开始运行时，组合框中有可供选择的"工资"实例为 3000、4000 和 5000。

3）为"生成"命令按钮编写程序代码，其功能是：表单运行时，根据选项按钮组和组合框中选定的值，将"教师表"中满足工资条件的所有记录存入自由表 salary.dbf 中，表中的记录先按"工资"降序排列，若"工资相同"再按"姓名"升序排列。

4）为"退出"命令按钮设置 Click 事件代码，其功能是关闭并释放表单。

5）运行表单，在选项组中选择"小于"，在组合框中选择"4000"，单击"生成"命令按钮，最后单击"退出"命令按钮。

操作步骤如下：

1）在命令窗口输入：

```
Create Form oneform
```

并按 Enter 键，新建一个名为 oneform 表单。

2）在表单控件工具栏中以拖动的方式向表单中添加两个标签、一个选项组、一个组合框和两个命令按钮。设置表单的 Name 属性为 oneform，Label1 的 Caption 属性为 "工资"，Label2 的 Caption 属性为 "实例"，Command1 的 Caption 属性为 "生成"，Command2 的 Caption 属性为 "退出"，组合框的 RowSourceType 属性为 "5-数组"，RowSource 属性为 "a"，两个选项按钮的 Caption 属性分别为 "大于等于" 和 "小于"。

3）双击表单空白处，编写表单的 load 事件代码：

```
*********表单的 load 事件代码*********
public a(3)
a(1)="3000"
a(2)="4000"
a(3)="5000"
*************************
```

4）双击命令按钮，分别编写 "生成" 和 "退出" 按钮的 Click 事件代码。

```
******"生成"按钮的 Click 事件代码*******
x=val(thisform.combo1.value)
if thisform.optiongroup1.value = 1
sele * from 教师表 where 工资>=x order by 工资 desc,姓名 into table salary
else
sele * from 教师表 where 工资<x order by 工资 desc,姓名 into table salary
endif
***********************************
******"退出"按钮的 Click 事件代码*******
ThisForm.Release
***********************************
```

5）保存表单，并按题目要求运行表单。

例 6-66 在 "D:\" 文件夹下完成下列操作。

1）建立一个文件名和表单名均为 oneform 的表单文件，表单中包括两个标签控件（Label1 和 Label2）、一个选项组控件（Optiongroup1）、一个组合框控件（Combo1）和两个命令按钮控件（Command1 和 Command2），Label1 和 Label2 的标题分别为 "系名" 和 "计算内容"，选项组中有两个选项按钮 option1 和 option2，标题分别为 "平均工资" 和 "总工资"，Command1 和 Command2 的标题分别为 "生成" 和 "退出"。如图 6-7 所示。

2）将 "学院表" 添加到表单的数据环境中，然后手工设置组合框（Combo1）的 RowSourceType 属性为 6、RowSource 属性为 "学院表.系名"，程序开始运行时，组合框中可供选择的是 "学院表" 中的所有 "系名"。

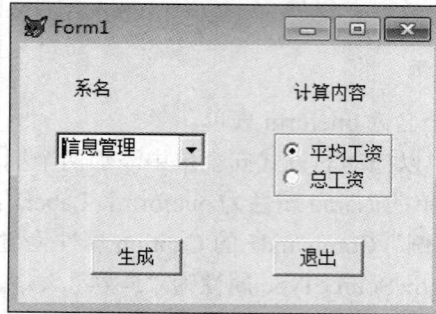

图 6-7　表单 oneform 样式

3）为"生成"命令按钮编写程序代码。程序的功能：表单运行时，根据组合框和选项组中选定的"系名"和"计算内容"，将相应"系"的"平均工资"或"总工资"存入自由表 salary 中，表中包括"系名"、"系号"以及"平均工资"或"总工资"3 个字段。

4）为"退出"命令按钮编写程序代码，程序的功能是关闭并释放表单。

5）运行表单，在选项组中选择"平均工资"，在组合框中选择"信息管理"，单击"生成"命令按钮。最后，单击"退出"命令按钮结束。

操作步骤如下：

1）打开 College 数据库。在命令窗口中输入"Create Form oneform"，按下 Enter 键新建一个表单。在表单上添加两个标签、一个选项组、一个组合框和两个命令按钮，并进行适当的布置和大小调整。

设置表单的 Name 属性为 oneform，Label1 的 Caption 属性为"系名"，Label2 的 Caption属性为"计算内容"，Command1 的 Caption 属性为"生成"，Command2 的 Caption 属性为"退出"，组合框的 RowSourceType 属性为"6-字段"，RowSource 属性为"学院表.系名"，两个选项按钮的 Caption 属性分别为"平均工资"和"总工资"。

2）右击表单空白处，在弹出的快捷菜单选择"数据环境"命令，将"学院表"和"教师表"添加到数据环境设计器中"。双击命令按钮，编写两个命令按钮的 Click 事件代码。

```
******"生成"按钮的 Click 事件代码*******
x=thisform.combo1.value
if thisform.optiongroup1.value=1
SELECT 学院表.系名, 学院表.系号, avg(教师表.工资) as 平均工资;
FROM college!学院表 INNER JOIN college!教师表 ;
ON 学院表.系号 = 教师表.系号;
WHERE 学院表.系名 = x;
GROUP BY 学院表.系号;
INTO TABLE salary.dbf
else
SELECT 学院表.系名, 学院表.系号, sum(教师表.工资) as 总工资;
FROM college!学院表 INNER JOIN college!教师表 ;
ON  学院表.系号 = 教师表.系号;
WHERE 学院表.系名 = x;
```

```
GROUP BY 学院表.系号;
INTO TABLE salary.dof
Endif
***************************
******"退出"按钮的Click 事件代码******
ThisForm.Release
***************************
```

3）保存表单，并按题目要求运行。

例 6-67　在"D:\"文件夹下，完成如下操作。

设计一个名为 mystu 的表单（文件名为 mystu，表单名为 form1），表单标题为"计算机系学生选课情况"，所有控件的属性必须在表单设计器的属性窗口中设置。表单中有一个表格控件（名称为 Grid1，该控件的 RecordSourceType 属性设置为 4-SQL 说明）和两个命令按钮"查询"（Command1）和"退出"（Command2）。

运行表单时，单击"查询"命令按钮后，表格控件中显示 6 系（系字段值等于字符 6）的所有学生的姓名、选修的课程名和成绩。

单击"退出"按钮关闭表单。

完成表单设计后要运行表单的所有功能。

操作步骤如下

1）新建一个空白表单，文件名为 mystu。

2）通过表单控件工具栏，添加一个表格控件和两个命令按钮控件到表单中。

3）将表"学生"、"课程"和"选课"添加到表单的数据环境中。

设置表单的 Caption 属性为"计算机系学生选课说明"，Command1 的 Caption 属性为"查询"，Command2 的 Caption 属性为"退出"，表格控件的 RecordSourceType 属性为"4-SQL 说明"。

4）编写两个命令按钮的 Click 事件代码如下：

```
******"查询"按钮的Click 如下代码******
thisform.grid1.recordsourcetype=4
thisform.grid1.recordsource=;
"SELECT  学生.姓名, 课程.课程名称, 选课.成绩;
 FROM  学生,选课,课程 ;
   WHERE  选课.课程号 = 课程.课程号 ;
   AND  学生.学号 = 选课.学号;
   AND 学生.系 = '6';
   INTO CURSOR temp"
 thisform.refresh
***********************
"退出"按钮的Click 事件代码如下。
ThisForm.Release
```

5）保存并按题目要求运行表单。

第 7 章　报表与标签设计

Visual FoxPro 提供的"报表设计"功能非常强大，不仅能控制打印输出数据记录的格式，而且允许将各种格式的文本与图形对象组合一起输出，建立清晰的、图文并茂的"报表"。

Visual FoxPro 报表设计工作主要包括数据源的设定和打印布局设计。

7.1　报 表 概 述

报表的设计主要包括两方面：数据源和布局。数据源是定义报表的数据来源。数据来源通常为自由表或数据库表，也可以来自视图、查询或临时表。报表的布局是定义报表的打印格式。

7.1.1　报表样式

根据报表的布局和数据来源不同，报表的样式也不同，可以分为以下 5 种样式（表 7-1）：

1）列报表：一行打印一条记录，这是最常见的报表样式。

2）行报表：一列打印一条记录。

3）一对多报表：基于数据表的一对多关系，报表数据来源于多个表，这样生成的报表。适用于表间存在一对多关系的情形。

4）多栏（列）报表：报表拥有多条记录，可以是多栏行报表，也可以是多栏列报表。适用于字段较少的简单报表。

5）标签：报表中字段一般沿左边对齐向下排列，多用于商品标价和名字标签等。

表 7-1　报表的 5 种样式

布 局 类 型	说　　明	示　　例
列	每行一条记录，每条记录的字段在页面上按水平方向放置	分组/总计报表；财政报表；存货清单；销售总结
行	一列的记录，每条记录的字段在一侧竖直放置	列表
一对多	一条记录或一对多关系	发票；会计报表
多列	多列的记录，每条记录的字段沿左边缘竖直放置	电话号码簿；名片
标签	多列记录，每条记录的字段沿左边缘竖直放置，打印在特殊纸上	邮件标签；名字标签

7.1.2　创建报表方法

Visual FoxPro 系统提供了 3 种创建报表的方式，分别如下：

1）用报表向导创建报表。

2）用快速报表创建简单报表。

3）用报表设计器创建自定义报表或修改已有的报表。

无论是通过哪种方法创建的报表，都保存为报表文件，其文件扩展名为".frx"。每个报表文件还会产生一个与之相关的、扩展名为".frt"的文件。

下面各节将详细介绍这3种创建方法。

7.2 利用报表向导创建报表

用"报表向导"创建报表，方法比较简单。是创建报表的一种常用且快捷的方法。只要按照"报表向导"的对话框提示进行设定，就能够完成报表的创建。用"报表向导"创建报表，可以建立来自一个表或视图的简单报表，也可以创建基于一个父表与一个相关子表数据的一对多报表。

7.2.1 用"报表向导"创建简单报表

1. 启动报表向导

选择"文件"菜单中的"新建"命令，在弹出的"新建"对话框中点选"报表"单选按钮，然后单击"向导"按钮，弹出"向导选取"对话框如图7-1所示。

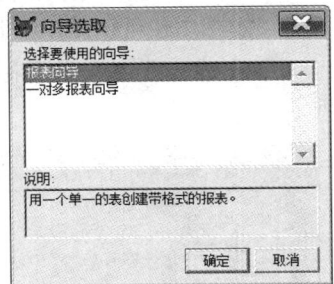

选择"报表向导"是用一个单一的表创建带格式的报表。单击"确定"按钮，将弹出报表向导的多个步骤对话框。

2. "报表向导"的使用

步骤如下：

1）字段选取。如图7-2所示。选取生成报表的表和字段。将要显示的字段添加到选定字段栏里，然后单击"下一步"按钮。

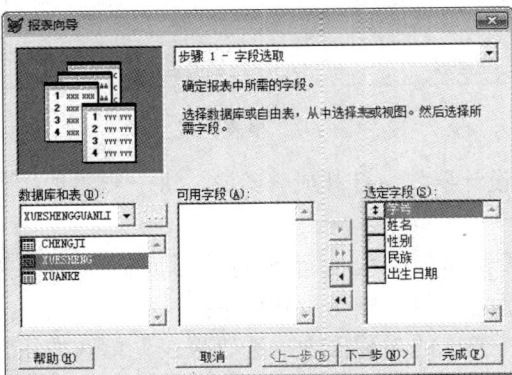

图 7-1 选择报表类型

2）分组记录。设定报表中的数据按某数据字段分组显示，如图7-3所示。

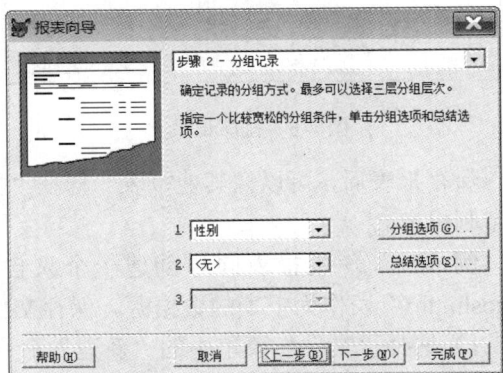

图 7-2 字段选取   图 7-3 分组记录步骤

3）选择报表样式。报表向导提供了五种报表样式，可任意选择。当单击任何一种样式时，向导都在放大镜中更新成该样式的示例图片。如图 7-4 所示。

4）定义报表布局。指定报表输出显示的列数、字段布局及方向。（如果在步骤 2 中指定了分组，则本步骤中的"列数"和"字段布局"选项不可用），如图 7-5 所示。

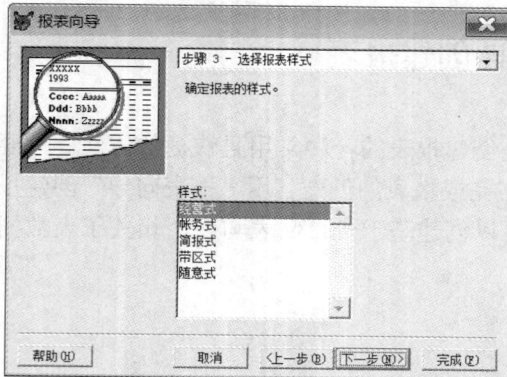

图 7-4 选择报表样式

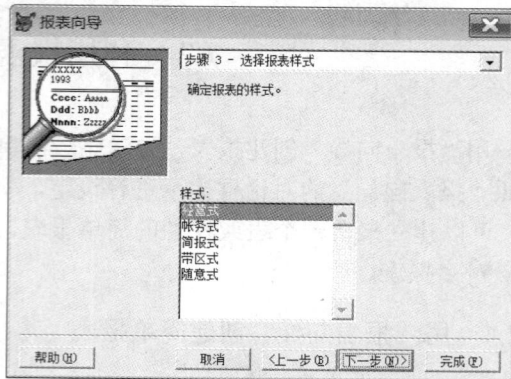

图 7-5 定义报表布局

5）排序记录。可以指定报表上的数据按某一个或多个字段排序。最多可设置 3 个索引字段。如图 7-6 所示。

6）完成。可设置报表标题。单击"预览"按钮，可以在完成报表前显示报表，如图 7-7 所示。

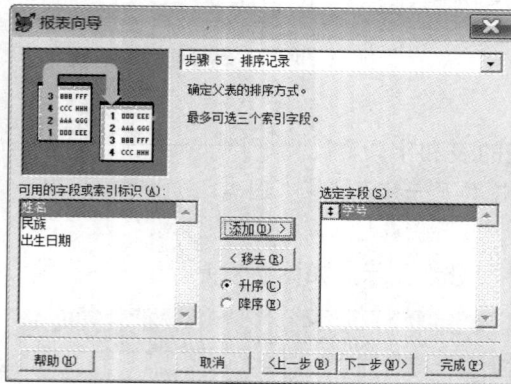

图 7-6 排序记录

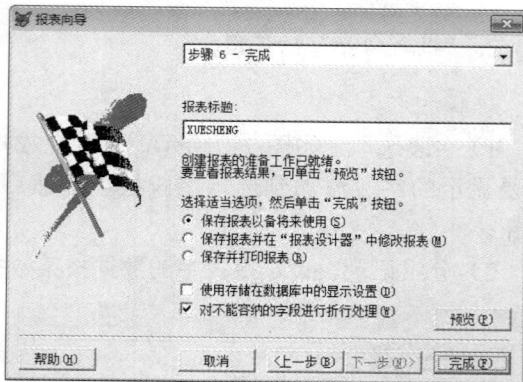

图 7-7 报表完成

保存报表后，可以像其他报表一样在"报表设计器"中打开或修改它，进一步添加控件和定制报表。

例 7-1 使用报表向导创建一个只含数据表部分字段内容的简单报表。这里使用"jiaoshi.dbf"表作为报表的数据源。保存文件名为：lt7-1。操作步骤如下：

1）选择"文件"菜单中的"新建"命令，在弹出的对话框中点选"报表"单选按钮，然后单击"向导"按钮，弹出"向导选取"对话框。

2）向导选取。因为数据源只有一个数据表，选择"报表向导"选项，单击"确定"按钮，将弹出"报表向导"对话框。

3）选取数据表和字段。单击带有"数据库和表"下拉列表框右边的"…"按钮，弹出"打开"对话框，选择"jiaoshi"数据表，然后在"可用字段"列表框中选择所需字段到"选定字段"中，如图 7-8 所示。

4）单击"下一步"按钮，弹出"分组记录"步骤对话框，在该对话框中，选取"部门码"为分组依据，如图 7-9 所示。

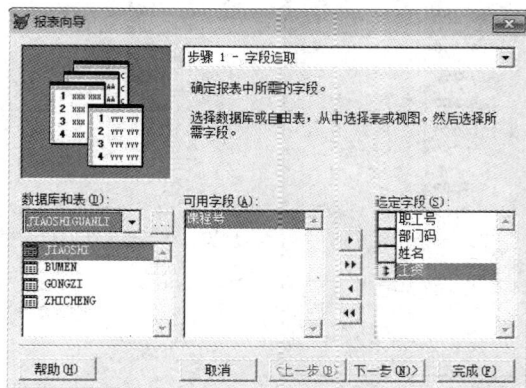

图 7-8　选取字段　　　　　　　　　　　　　图 7-9　分组记录

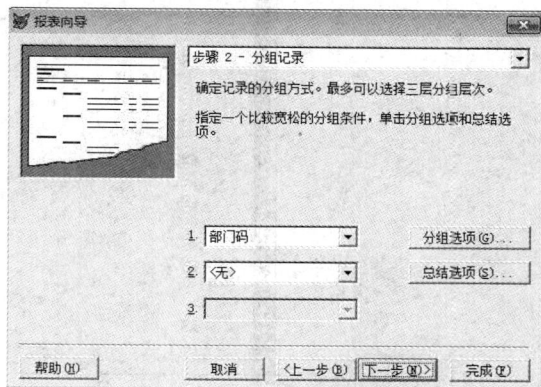

5）单击"下一步"按钮，弹出"选择报表样式"对话框。在该对话框中，选取"随意式"。

6）单击"下一步"按钮，弹出"定义报表布局"对话框，选取默认。

7）单击"下一步"按钮，弹出"排序记录"对话框，在"可用字段"中选取"职工号"添加到"选定字段"，如图 7-10 所示。

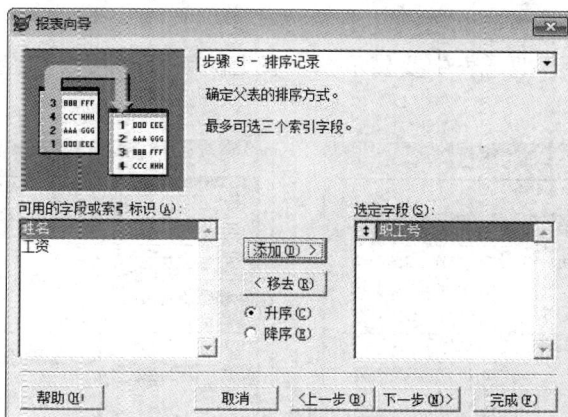

图 7-10　选取子表的字段

8）单击"下一步"按钮，弹出"完成"对话框，单击"预览"按钮可以预览报表，如图 7-11 所示。在该对话框中，可指定报表标题，选择报表保存方式以及对不能容纳的字段是否进行折行处理，单击"完成"按钮可以建立该报表。

图 7-11　预览报表

7.2.2　用"报表向导"创建一对多报表

启动报表向导。和用"报表向导"建立简单报表方法相同。

"报表向导"的向导选取不同的是在弹出的向导选取对话框中，选择"一对多报表向导"。然后进入向导各个步骤。

1）从父表选择字段。把父表中要显示在报表上的字段放入"选定字段"列中，如图 7-12 所示。

2）从子表选择字段。把子表中要显示在报表上的字段放入"选定字段"列中，如图 7-13 所示。

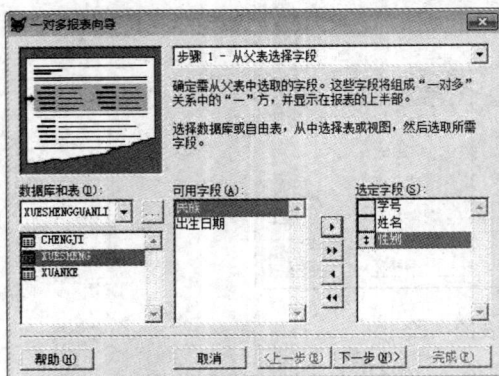

图 7-12　选取父表字段

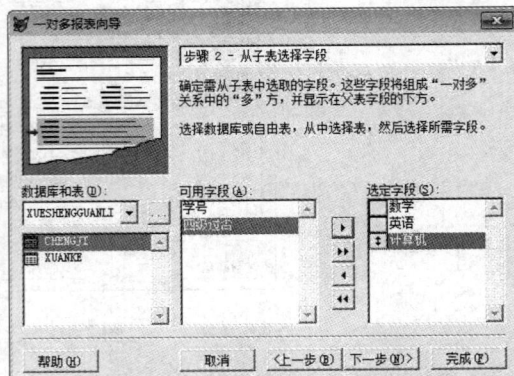

图 7-13　选取子表字段

3）为表建立关系。设定父表和子表的数据建立联系的字段。如图 7-14 所示。

步骤 4）～6）为排序记录、选择报表样式和完成，都与用向导建立简单报表相同，这里不再说明。

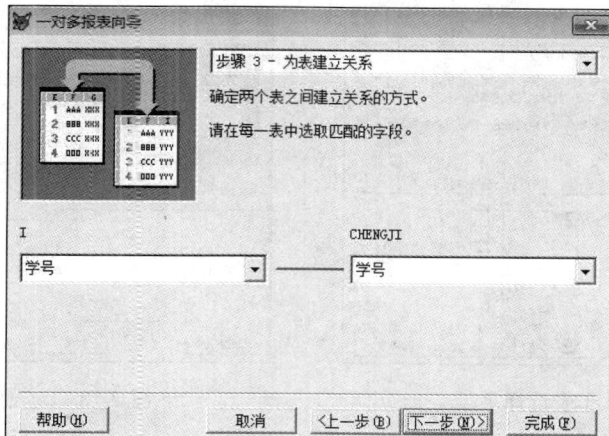

图 7-14 建立父表与子表关系

例 7-2 利用报表向导创建一个一对多报表。父表使用"jiaoshi"表,子表使用"zhicheng"表,报表文件名:lt7-2。操作步骤如下:

1) 按例 7-1 打开"报表向导"对话框,选定"一对多报表向导",如图 7-15 所示,单击"确定"按钮,弹出"一对多报表向导"的"从父表选择字段"步骤对话框,选择"jiaoshi"表作为父表,并选取图 7-16 所示字段为"选定字段"。

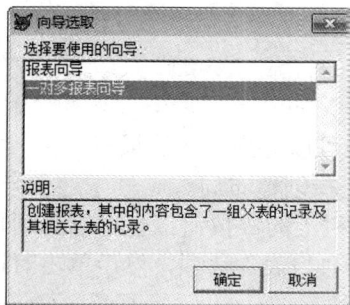

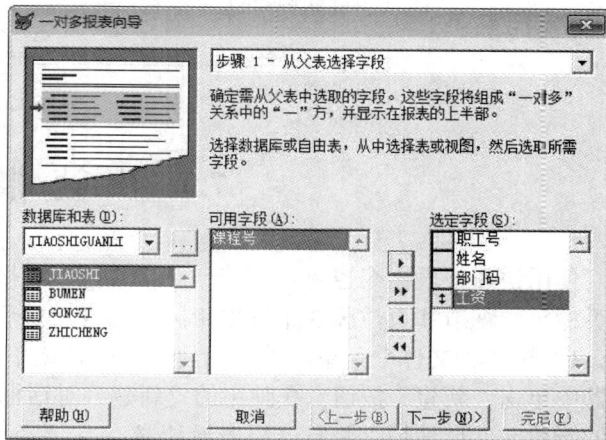

图 7-15 选取一对多报表向导　　　　　　　图 7-16 从父表选择字段

2) 单击"下一步"按钮,弹出"从子表选择字段"对话框,选择"zhicheng"表作为子表,并选取图 7-17 所示字段为"选定字段"。

3) 单击"下一步"按钮,弹出"为表建立关系"对话框,自动选取父表的"职工号"和子表的"职工号"为关联字段,如图 7-18 所示。

4) 单击"下一步"按钮,弹出"排序记录"对话框,用于确定父表的排序方式,选取字段"职工号"按升序排列,如图 7-19 所示。

步骤 5) 及其后各步骤与例 7-1 该部分步骤一致。

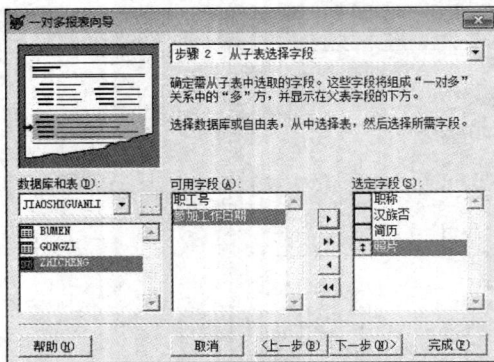

图 7-17 从子表选择字段

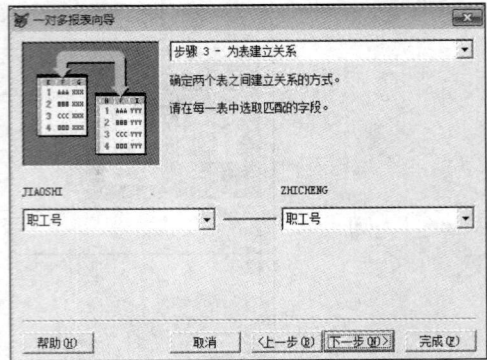

图 7-18 为表建立关系

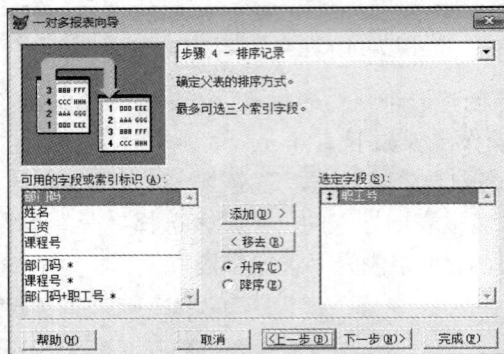

图 7-19 排序记录

7.3 快 速 报 表

使用快速报表命令也可以创建一个格式简单的报表。还可以选择基本的报表组件，主要为页标头、细节和页注脚 3 个基本带区的内容，然后根据选择创建布局。

1）选择"文件"菜单中的"新建"命令，或单击工具栏上的 ▢ 按钮；也可以在项目管理器中单击"新建"按钮。在弹出的"新建"对话框中选择"报表"选项，然后单击对话框上的新建文件 ▢ 按钮。将打开报表设计器。

2）在"报表"菜单中，选择"快速报表"命令，如图 7-20 所示。

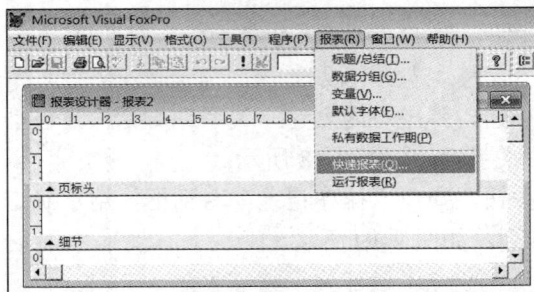

图 7-20 创建快速报表

在弹出的打开对话框中，选择生成报表的数据表，如图 7-21 所示。

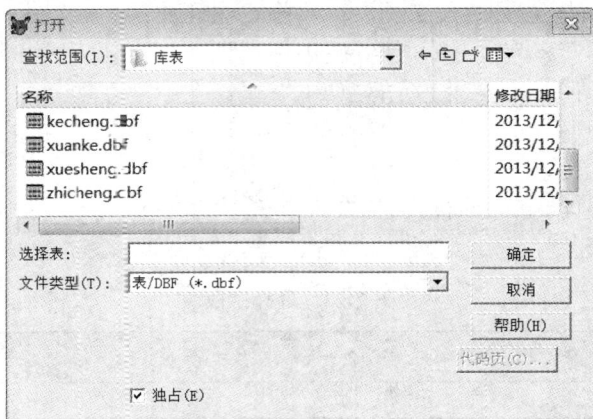

图 7-21 选择报表使用的数据

选定要使用的表，然后单击"确定"按钮，将弹出"快速报表"对话框，如图 7-22 所示。

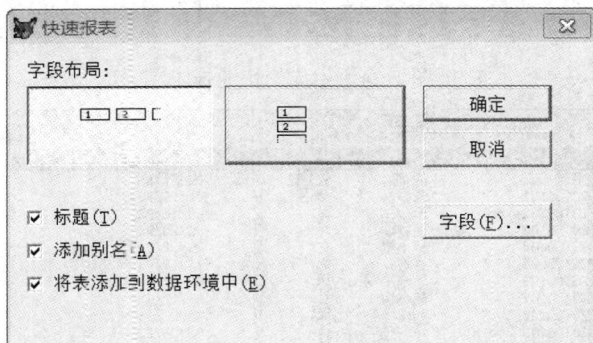

图 7-22 快速报表

对话框中主要按钮和选项的功能如下：

① 字段布局：对话框中两个较大的按钮用于设计报表的字段布局，单击左侧按钮产生列报表；单击右侧的按钮，则产生字段在报表中竖向排列的行报表。

② "标题"复选框：表示在报表中为每一个字段添加一个字段名标题。

③ "添加别名"复选框：表示在报表中字段前面添加表的别名。由于快速报表的数据源是单个表，别名无实际意义。

④ "将表添加到数据环境中"复选框：表示把打开的表文件添加到报表的数据环境中作为报表的数据源。

⑤ 单击"字段"按钮，弹出"字段选择器"对话框，为报表选择可用的字段，如图 7-23 所示。

设定好各个选项后，单击"确定"按钮，就会快速生成一个简单报表，图 7-24 为"报表设计器"中的"快速报表"生成结果，可通过"打印预览"查看报表效果，如图 7-25 所示。

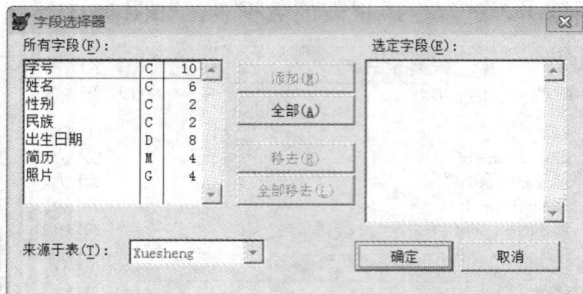

图 7-23　选择字段

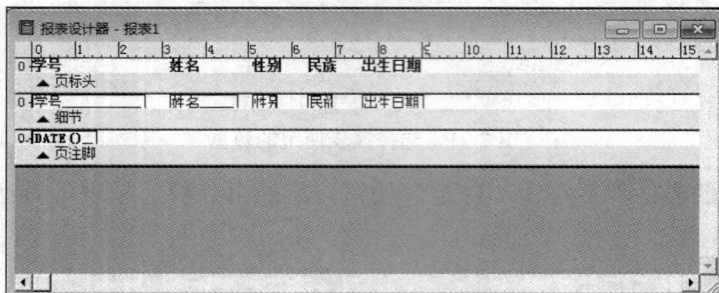

图 7-24　生成的快速报表

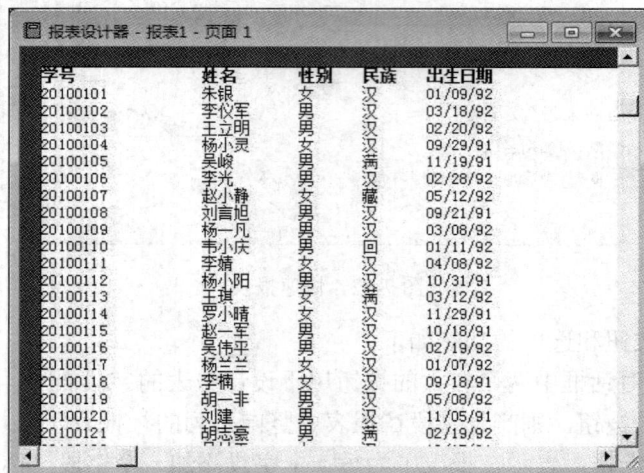

图 7-25　"快速报表"的预览结果

7.4　利用报表设计器创建报表

"报表向导"和"快速报表"只能创建模式化的简单报表，而利用"报表设计器"可以创建符合用户要求和具有特色的报表。利用"报表设计器"可以方便地设置报表数据源、设计报表布局、添加各种报表控件、设计带表格线的报表、分组报表、多栏报表，对利用"报表向导"和"快速报表"创建的模式化简单报表可以进行各种修改操作。

7.4.1　利用报表设计器创建报表

1. 报表设计器

要自定义报表，首先要启动报表设计器。其方法有以下 3 种：

1）选择"文件"菜单中的"新建"命令，或单击工具栏上的 □ 按钮；在弹出的"新建"对话框中选择"报表"选项，然后单击对话框上的新建文件 □ 按钮。将打开报表设计器。

2）若创建某个项目中的报表，可以在"项目管理器"的"文档"选项卡中单击"新建"按钮，在弹出的"新建"对话框中选择"报表"选项，然后单击对话框上的新建文件 □ 按钮。

3）在命令窗口中输入创建报表文件的命令。

【格式】CREATE　REPORT <报表文件名>

2. 数据环境设计器

Visual FoxPro 系统中提供了数据环境设计器，可以放置报表的数据源。打开数据环境设计器的方法是：选择"显示"菜单中的"数据环境"命令，则弹出"数据环境设计器"窗口，如图 7-26 所示。也可以在报表设计器上右击，在弹出的快捷菜单中选择"数据环境"命令。

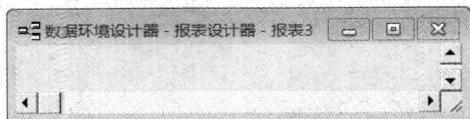

图 7-26　"数据环境设计器"窗口

在数据环境设计器中，选择系统菜单中的"数据环境"→"添加"命令，或者是在数据环境设计器上右击，在弹出的快捷菜单中选择"添加"命令，将会弹出"添加表或视图"对话框，如图 7-27 所示。

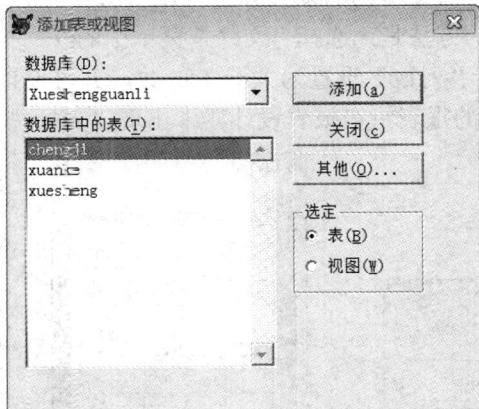

图 7-27　添加数据源

添加到数据环境设计器窗口中的报表数据源将随着报表的打开或运行自动打开，同时随着报表的关闭自动释放关闭。

3. "报表设计器"中的带区

带区的作用是在打印报表或预览报表时控制数据在页面上的打印位置。带区共有 9 个，其作用及使用情况如表 7-2 所示。

表 7-2 带区的说明

带 区 名 称	带 区 作 用	设 置 方 法
标题	报表首部题目	从"报表"菜单中选择"标题/总结"带区
页标头	每页头打印一次	
列标头	每列头打印一次	从"文件"菜单中选择"页面设置"，设置"列数">1
组标头	每组头打印一次	从"报表"菜单中选择"数据分组"
细节	每记录打印一次	默认可用
组注脚	每组尾打印一次	从"报表"菜单中选择"数据分组"
列注脚	每列尾打印一次	从"文件"菜单中选择"页面设置"，设置"列数">1
页注脚	每页尾打印一次	默认可用
总结	报表尾部总结	从"报表"菜单中选择"标题/总结"带区

报表设计器中的基本带区有 3 个：页标头、细节和页注脚。其他带区可通过菜单命令来设置显示。

（1）设置标题和总结带区

选择系统菜单中的"报表"→"标题/总结"命令，则弹出"标题/总结"对话框，如图 7-28 所示。

将"标题带区"复选框选中，报表设计器中将自动增加一个"标题"带区。选中"总结带区"复选框，报表设计器中将自动在尾部增加一个"总结"带区。

（2）设置列标头和列注脚带区

当报表为多栏报表时，若在每列的开头和结尾显示内容，则在"列标头"和"列注脚"带区设置。设置多栏报表的方法是：选择"文件"菜单中的→"页面设置"命令，在弹出的"页面设置"对话框中，将"列数"设置为大于 1 的数，并可设置每列宽度及列之间间隔。如图 7-29 所示。设为多列的报表将在报表设计器中出现"页标头"和"页注脚"带区。

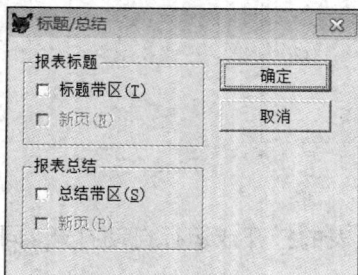

图 7-28 "标题/总结"对话框

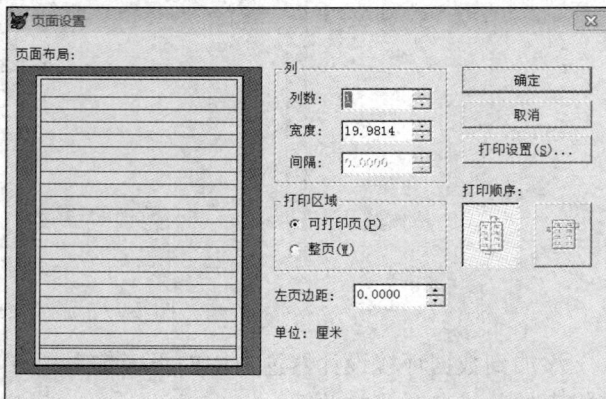

图 7-29 "页面设置"对话框

（3）设置"组标头"和"组注脚"带区

要设置报表的数据内容按其字段分组排列，可以在组标头和组注脚带区中设置。操作的方法是："报表"菜单中的"数据分组"命令，将弹出"数据分组"对话框，如图 7-30 所示。

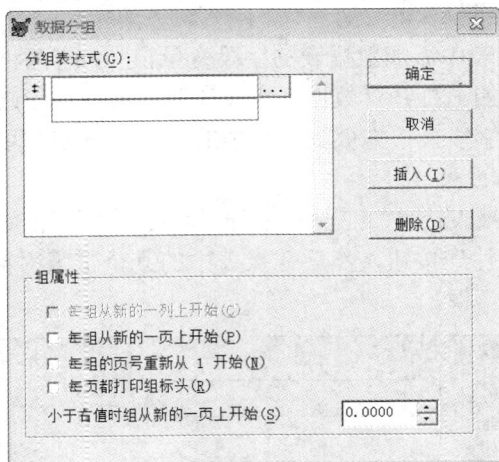

图 7-30　设置分组

（4）调整带区高度

在报表设计器中，每个带区的高度可以自行调整。最常用的方法是将鼠标移动到带区的标识上，拖动鼠标至合适的位置；另一种方法是双击需要调整高度的带区标识栏，将弹出一个"细节"对话框，在其中设置高度具体值，如图 7-31 所示。

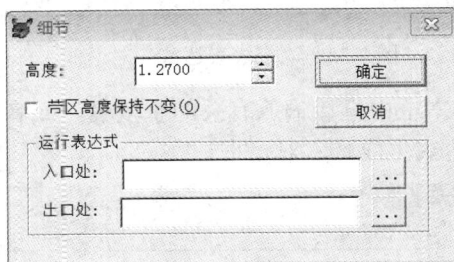

图 7-31　"细节"对话框

4．报表控件工具栏

Visual FoxPro 在打开报表设计器时，默认会同时打开报表控件工具栏，或者选择菜单"显示"将"报表控件工具栏"选项选中。将出现报表控件工具栏，如图 7-32 所示。下面介绍这些控件的使用方法。

（1）标签控件

标签控件是报表中常用控仵，通常用于向报表的带区中添加说明性文字和标题等，标签指定的内容是字符型常量。

图 7-32　报表控件工具栏

标签控件用来在报表中添加说明性文字或者标题。单击"报表控件"工具栏中的"标签"按钮，然后在报表中适当位置单击，在鼠标单击处将出现一个闪

烁插入点，此时即可输入标签的文字内容。

（2）域控件

域控件是报表中最常用的控件，主要用于在报表的带区中放置需要打印的字段、变量和表达式的计算结果。

1）添加域控件。在报表中添加数据表的字段变量控件，有两种方法。一种方法是从"数据环境设计器"窗口中添加。打开"数据环境设计器"窗口，在该窗口中添加表或者视图，然后把要在报表中输出的字段直接拖放到报表中的适当位置，这些字段就会自动生成对应的域控件。

第二种方法是利用"报表控件"工具栏中的"域控件"按钮来添加域控件。单击"报表控件"工具栏中的"域控件"按钮，然后在报表中的某个带区内单击，就会弹出如图 7-33 所示的"报表表达式"对话框。

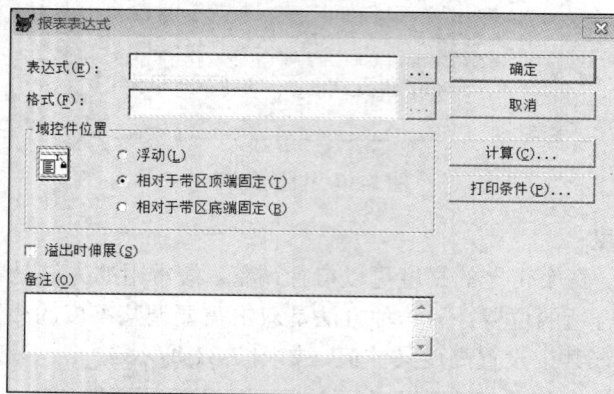

图 7-33　"报表表达式"对话框

在"表达式"右边的文本框中直接输入有关的字段名，或者单击其右侧的"…"按钮，弹出如图 7-34 所示的"表达式生成器"对话框。

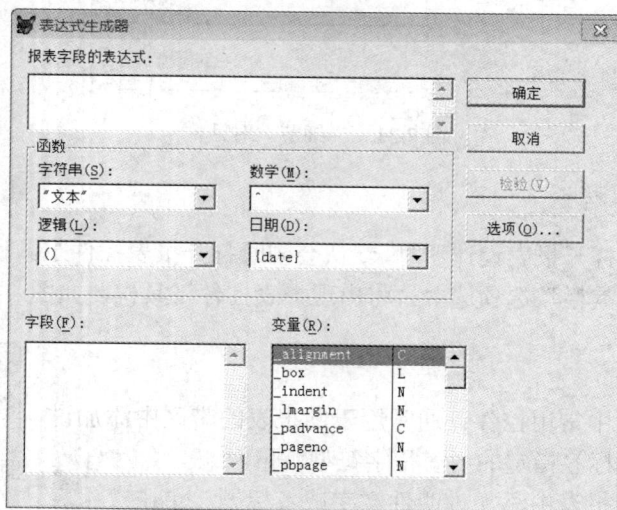

图 7-34　"表达式生成器"对话框

在"报表表达式"对话框左下角"字段"下的列表框双击要在报表中输出的字段名,该字段名就会自动出现在"报表字段的表达式"的列表框中。如果"字段"中的列表框中为空,说明没有指定数据源,应在数据环境中添加有关的表或视图。单击"确定",返回"报表表达式"对话框,指定的字段名就会出现在"表达式"右边的文本框中。

如果添加的字段是可计算的字段,可以单击"报表表达式"对话框中的"计算"按钮,将弹出图 7-35 所示的"计算字段"对话框,在该对话框中可选定计数、总和、平均值、最大值、最小值、标准差、方差等计算。

单击"报表表达式"对话框中的"确定"按钮,关闭"报表表达式"对话框,即可在报表中添加一个字段名域控件。

2)设置域控件的格式。域控件添加到报表中以后,可以根据需要改变域控件的数据类型和设定它的打印格式。这里设定的域控件格式将决定报表在打印输出时该域控件的格式,但不改变对应字段在数据表中的数据类型和格式。

双击报表中某一域控件,可打开如图 7-33 所示的"报表表达式"对话框,单击该对话框"格式"右侧的"…"按钮,弹出如图 7-36 所示的"格式"对话框,通过该对话框可设置当前域控件的数据类型与具体格式。

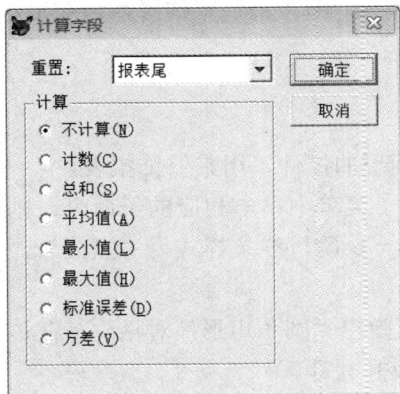

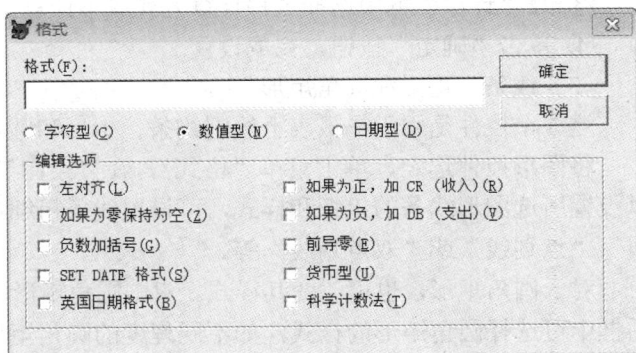

图 7-35 计算字段   图 7-36 "格式"对话框

在"格式"对话框中,可以设置该域控件的数据类型为字符型、数值型、日期型 3 种。设定不同的数据类型,该对话框的"编辑选项"框中的各个选项将随之改变。当设置为字符型数据时,"编辑选项"框中可设定该字符数据格式为大小写方式、输入掩码、对齐方式等;当设定为数值型数据时,"编辑选项"框中可设定该数值型数据格式为是否加前导零、是否为货币型、是否为科学计数法格式、负数是否加括号等;当设定为"日期型"数据时,可设置该日期型数据为 SET DATE 格式还是英国日期格式。

3)域控件中使用变量。创建报表时,可以使用创建的报表变量,报表变量可以用在域控件的任何表达式中。创建报表变量的步骤如下:

① 在报表设计器窗口打开的情况下,选择菜单中的"报表"→"变量"命令,弹出如图 7-37 所示的"报表变量"对话框。

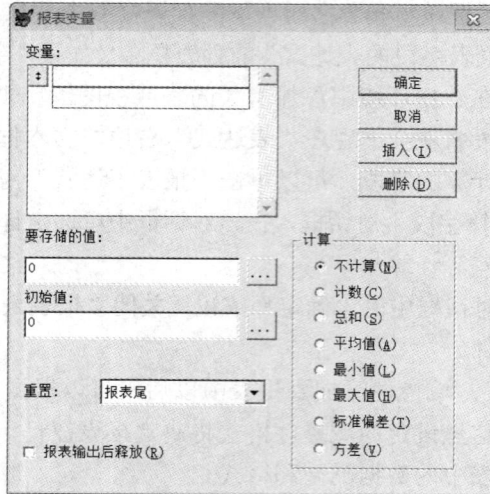

图 7-37　"报表变量"对话框

② 在"报表变量"对话框的"变量"下的文本框中输入一个变量名；在"要存储的值"下的文本框中输入一个具体的数值或表达式；在"初始值"下的文本框中指定其初始值。

③ 在"计算"框中选择一种计算方式或不计算。

④ 单击"确定"按钮，完成设置。

（3）线条、矩形和圆角矩形

这 3 个控件是用于在报表上绘制线条、矩形和圆角矩形的控件，用来修饰报表。

将图形控件选定，单击菜单"格式"，在"绘图笔"子菜单中单击相应的子命令，则可以设置所选图形线条的粗细和样式，可设置线条粗细在 1~6 磅，线条样式为"点线"、"虚线"、"点划线"或"双点划线"等。

对于圆角矩形，也可改变其样式。双击圆角矩形，可弹出"圆角矩形"对话框，在该对话框中可选择圆角矩形的样式，如不同程度的圆角矩形或椭圆等。

（4）图片/ActiveX 绑定控件

开发程序时，常用到声音、图片、照片等对象处理，可以使用对象链接与嵌入(OLE)技术。若需要将 OLE 对象添加到报表中，则要使用图片/ActiveX 绑定控件。

7.4.2　设计报表

自定义设计报表主要包括以下步骤操作：

1）创建报表，打开报表设计器。

2）打开数据环境设计器，将报表上用到的数据表添加到数据环境中。

3）调整带区高度。

4）利用报表控件工具栏上的控件，设计报表；对于要显示在报表中的数据表中的字段变量，也可以通过数据环境设计器，将其拖动到报表上。

5）根据需要，添设报表的标题、总结、组标头、组注脚、列标头和列注脚带区，并进行设计。

6）通过打印预览，预览报表效果。

7）选择打印或运行报表，打印输出报表。

7.4.3 输出报表

报表设计完成后，可将报表输出。输出报表就是打印报表。Visual FoxPro 也提供了报表预览功能，可以在打印输出前在预览窗口中观察报表输出的结果。

1. 预览报表

菜单方式预览报表：

选择"文件"菜单中的"打印"命令，或单击工具栏上的 按钮，将弹出窗口显示报表结果。

2. 打印报表

（1）菜单方式打印报表

选择"文件"菜单中的"打印"命令，或单击工具栏上的 按钮，将弹出"打印"对话框，如图 7-38 所示。单击对话框上的"选项"按钮，将弹出"打印选项"对话框，可以指定打印的报表文件，如图 7-39 所示。

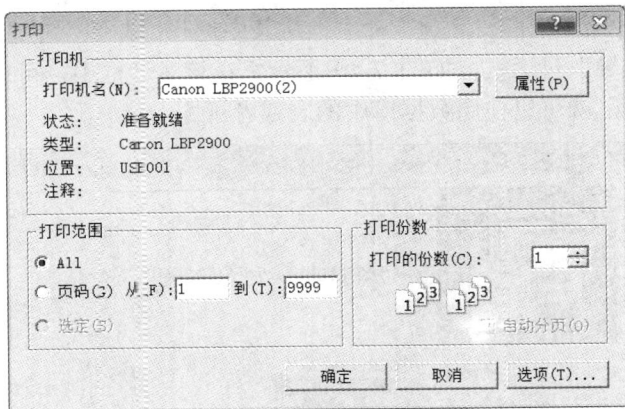

图 7-38 "打印"对话框

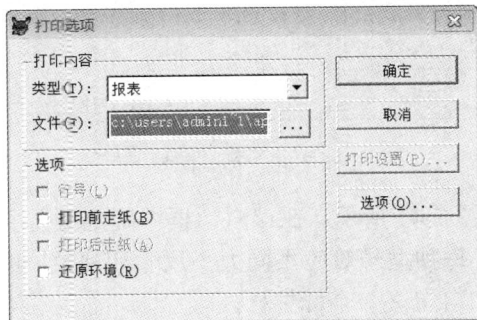

图 7-39 "打印选项"对话框

选择"报表"菜单中的"运行报表"命令，也将弹出图 7-38 所示的"打印"对话框。

（2）命令方式打印报表

Visual FoxPro 中提供了运行报表的命令，可以在命令窗口中执行。其命令格式如下：

```
REPORT FORM <报表文件名> [范围] [FOR 条件] [PREVIEW] [TO PRINT]
```

其中：

[PREVIEW]：指定在窗口中预览报表。

[TO PRINT]：指定将报表输出到打印机上。

[FOR 条件]：指定满足条件的记录输出到报表上。

7.5 标 签 设 计

在实际工作中，有时需要根据数据库内容打印一些小的卡片，如学生的个人信息卡，在 Visual FoxPro 中标签是一种特殊的报表，它的创建、修改方法与报表基本相同。

1. 利用标签向导创建标签

步骤如下：

1）选择"文件"菜单中的"新建"命令，从其中选择"标签"单选按钮，单击"向导"按钮，弹出"标签向导"对话框，如图 7-40 所示。在该对话框中，可选择数据库或者自由表，如果选择数据库，就可以使用数据库中的表或者视图。

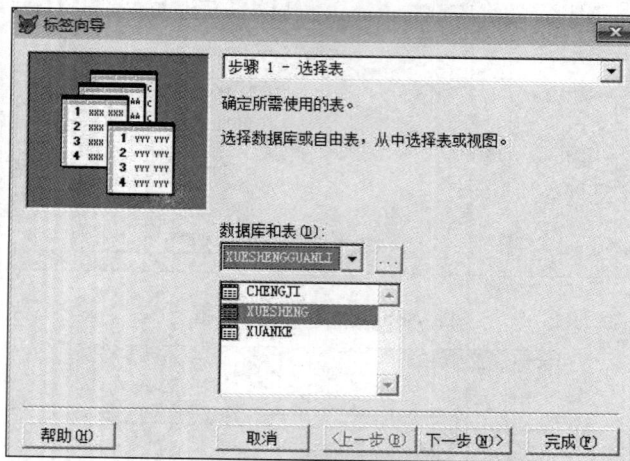

图 7-40 标签向导

2）选择标签类型，如图 7-41 所示。在该对话框中确定所需要标签的样式，系统默认有很多型号的标签可供选择，每种型号对应不同大小尺寸和列数，可根据需要进行选择。还可以点击"新建标签"按钮，自定义一个标签样式。

3）定义布局，如图 7-42 所示。这一步将定义标签的布局。"可用字段"中为数据源可使用的字段列表。"选定字段"中为要输出标签的布局样式，可以添加数据源中的字段名、文本框中用户输入的文本内容，还可以使用系统提供的"."","、"-""："""、"空格、回车等添加标点符号和换行符。

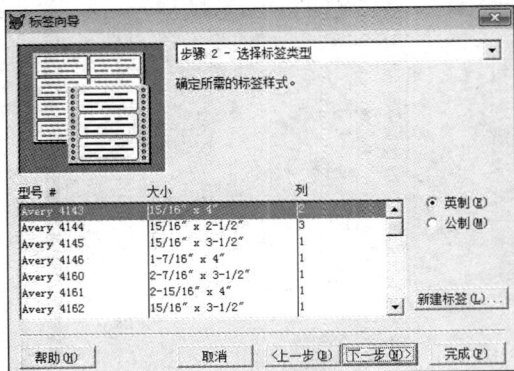

图 7-41　选择标签类型

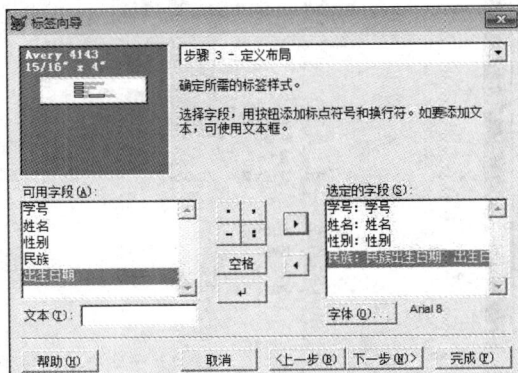

图 7-42　定义布局

4）排序记录，如图 7-43 所示。在该步骤可以设定打印标签的输出顺序，系统将按选定字段的顺序对记录进行排序，最多可选 3 个字段。

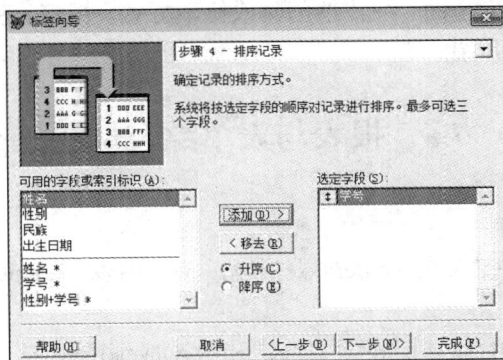

图 7-43　排序记录

5）完成，如图 7-44 所示。此时可预览标签效果，如图 7-45 所示。单击"完成"按钮，保存标签文件，系统默认扩展名为".lbx"，备注文件的扩展名为".lbl"。

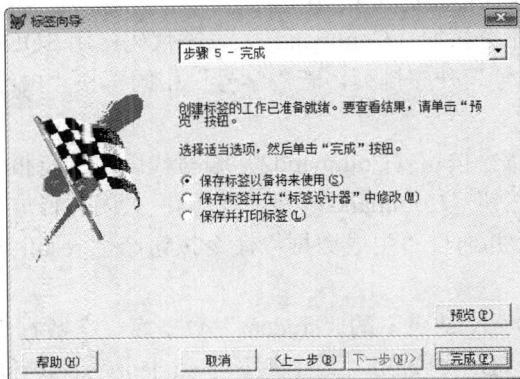

图 7-44　完成

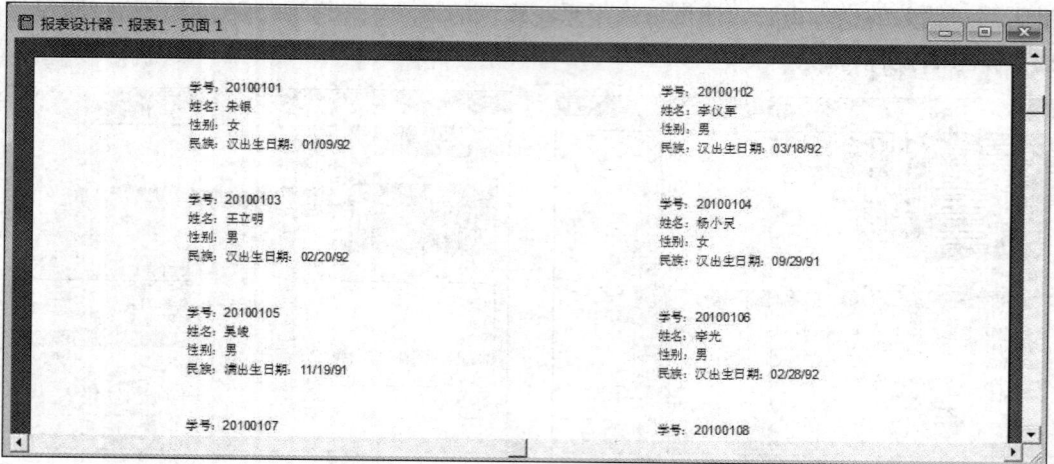

图 7-45　预览标签

2. 利用标签设计器创建标签

使用标签设计器可以更全面、细致地创建或修改标签。标签设计器的使用与报表设计器相似，这里就不再做具体介绍。

7.6　报表与表单综合例题

例 7-3　在"D:\"文件夹下完成如下操作。

1）打开基本操作题中建立的 student 数据库，将自由表 student、score 和 course 添加到数据库中。

2）在 student 数据库中建立反映学生选课和考试成绩的视图 viewsc，该视图包括"学号"、"姓名"、"课程名称"和"成绩"4 个字段。

3）使用报表向导建立一个报表，该报表按顺序包含视图 viewsc 中的全部字段，样式为"简报式"，报表文件名为 three.frx。

4）打开表单文件 three，完成下列操作：

① 为"生成数据"命令按钮（Command1）编写代码：用 SQL 命令查询视图 viewsc 的全部内容，要求先按"学号"升序排列，若"学号"相同再按"成绩"降序排列，并将结果保存在 result 表中。

② 为"运行报表"命令按钮（Command2）编写代码：预览报表 three.frx。

③ 为"退出"命令按钮（Command3）编写代码：关闭并释放表单。

最后运行表单 three，并通过"生成数据"命令按钮产生 result 表文件。

操作步骤如下：

1）打开"D:\实践\50"文件夹下的"student"数据库，在数据库设计器的空白处右击，选择"添加表"命令，将"D:\实践\50"文件夹下的 student、score 和 course 三个自由表添加到数据库中。

2）新建一个视图，将 student、score 和 course 三个添加到视图设计器中，并在其字段选项卡中将 student.学号、student.姓名、course.课程名称和 score.成绩添加到"选定字段"列表框中。

3）将视图保存为"viewsc"并运行。

4）通过报表向导新建一个报表，在报表的"字段选取"对话框中将视图"viewsc"中的全部字段添加到"选定字段"列表框中；在报表的"选择报表样式"对话框中选择简报式；其他各项均取默认值，直接单击"下一步"或"完成"按钮。最后将报表以"three"为文件名进行保存。

5）打开表单文件 three，为"生成数据"命令按钮（Command1）编写代码如下。

```
SELECT * FROM viewsc ORDER BY 学号,成绩 DESC INTO TABLE result
```

为"运行报表"命令按钮（Command2）编写代码如下。

```
report form three preview
```

为"退出"命令按钮（Command3）编写代码如下。

```
ThisForm.Release
```

保存并运行表单 three，依次单击表单中的 3 个命令按钮。

例 7-4 在"D:\"文件夹下完成如下操作。

1）打开基本操作中建立的数据库 sdb，使用 SQL 的 CREATE VIEW 命令定义一个名称为 SVIEW 的视图，该视图的 SELECT 语句完成查询：选课门数是 3 门以上（不包括 3 门）的每个学生的学号、姓名、平均成绩、最低分和选课数，并按"平均成绩"降序排序。最后将定义视图的命令代码存放到命令文件 T1.prg 中并执行该文件。

接着利用报表向导制作一个报表。要求选择 SVIEW 视图中所有字段；记录不分组；报表样式为"随意式"；排序字段为"学号"（升序）；报表标题为"学生成绩统计一览表"；报表文件名为 pstudent。

2）设计一个名称为 form2 的表单，表单上有"浏览"（名称为 Command1）和"打印"（Command2）两个命令按钮。单击"浏览"命令按钮时，先打开数据库 sdb，然后执行 SELECT 语句查询前面定义的 SVIEW 视图中的记录（两条命令，不可以有多余命令）；单击"打印"命令按钮时，预览报表文件 pstudent 的内容（一条命令，不可以有多余命令）。

操作步骤如下：

1）打开数据库 sdb。创建程序文件，在程序文件中输入下列语句。

```
CREATE VIEW SVIEW AS;
SELECT SC.学号,姓名,AVG(成绩) AS 平均成绩,MIN(成绩) AS 最低分,COUNT(课程号) AS
选课数;
FROM SC,STUDENT;
WHERE SC.学号=STUDENT.学号;
GROUP BY STUDENT.学号;
HAVING COUNT(课程号)>3;
ORDER BY 平均成绩 DESC
```

保存程序文件名为 T1.prg，并运行。

2）单击常用工具栏中的"新建"按钮，文件类型选择"报表"，利用向导创建报表。

3）在"向导选取"对话框中，选择"报表向导"并单击"确定"按钮，弹出"报表向导"对话框。

4）在"报表向导"对话框的"步骤 1-字段选取"中，首先要选取视图"sview"，在"数据库和表"列表框中，选择视图"sview"，接着在"可用字段"列表框中显示视图 sview 的所有字段名，并选定所有字段名至"选定字段"列表框中，单击"下一步"按钮。

5）在"报表向导"对话框的"步骤 2-分组记录"中，单击"下一步"按钮。

6）在"报表向导"对话框的"步骤 3-选择报表样式"中，在"样式"中选择"随意式"，单击"下一步"按钮。

7）在"报表向导"对话框的"步骤 5-排序次序"中，选定"学号"字段并选择"升序"，再单击"添加"按钮，单击"完成"按钮。

8）在"报表向导"对话框的"步骤 6-完成"中，在"报表标题"文本框中输入"学生成绩统计一览表"，单击"完成"按钮。

9）在"另存为"对话框中，输入保存报表名"pstudent"，再单击"保存"按钮，最后报表就生成了。

10）单击常用工具栏中的"新建"按钮，文件类型选择"表单"，打开表单设计器。

11）在"表单设计器"中添加两个命令按钮（"浏览"和"打印"）。

12）双击"浏览"命令按钮，在"Command1.Click"编辑窗口中输入：

```
OPEN DATABASE sdb
SELECT * FROM sview
```

然后关闭编辑窗口。

13）双击"打印"命令按钮，在"Command2.Click"编辑窗口中输入"REPORT FORM pstudent"，接着关闭编辑窗口。

14）保存文件名为 form2，并运行。

例 7-5 在"D:\"文件夹下，打开 Ecommerce 数据库，完成如下综合应用（所有控件的属性须在表单设计器的属性窗口中设置）。

1）利用报表向导生成报表文件 myreport，包含客户表 customer 中的全部字段，报表标题为"客户信息"，其他各项均取默认值。

2）设计一个文件名和表单名均为 myform 的表单，表单标题为"客户基本信息"。要求该表单上有"女客户信息"（Command1）、"客户购买商品情况"（Command2）、"输出客户信息"（Command3）和"退出"（Command4）四个命令按钮。

各命令按钮功能如下：

① 单击"女客户信息"按钮，使用 SQL 的 SELECT 命令查询客户表 Customer 中"女"客户的全部信息。

② 单击"客户购买商品情况"按钮，使用 SQL 的 SELECT 命令查询简单应用中创建的 sb_view 视图中的全部信息。

③ 单击"输出客户信息"按钮，在屏幕上预览 myreport 报表文件的内容。

④ 单击"退出"按钮，关闭表单。

操作步骤如下：

1）单击常用工具栏中的"打开"按钮，打开数据库 Ecommerce.dbc。

2）单击常用工具栏中的"新建"按钮，文件类型选择"报表"，利用向导创建报表。

3）在"向导选取"对话框中，选择"报表向导"并单击"确定"按钮，显示"报表向导"对话框。

4）在"报表向导"对话框的"步骤 1-字段选取"中，在"数据库和表"列表框中，选择表"Customer"，接着在"可用字段"列表框中显示表 Customer 的所有字段名，将所有字段名添加至"选定字段"列表框中，单击"完成"按钮。

5）在"报表向导"对话框的"步骤 6-完成"中，在"报表标题"文本框中输入"客户信息"，单击"完成"按钮。保存报表名为 myreport。

6）单击常用工具栏中的"新建"按钮，文件类型选择"表单"，打开表单设计器。单击工具栏上"保存"按钮，在弹出的"保存"对话框中输入"myform"即可。

7）在"表单设计器"中，在表单控件的"属性"对话框的 Caption 处输入"客户基本信息"，在 Name 处输入"myform"。

8）在"表单设计器"中，添加四个命令按钮，在第 1 个命令按钮"属性"对话框的 Caption 处输入"女客户信息"，在第 2 个命令按钮"属性"对话框的 Caption 处输入"客户购买商品情况"，在第 3 个命令按钮"属性"对话框的 Caption 处输入"输出客户信息"，在第 4 个命令按钮"属性"对话框的 Caption 处输入"退出"。

9）双击"女客户信息"按钮，在"Command1.Click"编辑窗口中输入"SELECT * FROM customer WHERE 性别="女""。

10）双击"客户购买商品情况"按钮，在"Command2.Click"编辑窗口中输入"SELECT * FROM sb_view"。

11）双击"输出客户信息"按钮，在"Command3.Click"编辑窗口中输入"REPORT FORM myreport PREVIEW"。

12）双击"退出"命令按钮，在"Command4.Click"编辑窗口中输入"ThisForm.Release"，接着关闭编辑窗口。

第 8 章　菜单设计与应用

一个应用程序通常是以菜单的形式体现其所具有的功能，用户则可以通过选择菜单里面的功能来进行相关的操作。Visual FoxPro 系统中提供了菜单设计器，我们可以使用菜单设计器配置和定制系统菜单，也可以设计下拉式菜单和快捷菜单。

8.1　菜　单　概　述

菜单是应用程序的重要组成部分，是用户调用应用程序功能的一种方法或是操作应用程序的一种途径。了解菜单的种类、结构、特点和行为，是为用户设计专属菜单系统的基础。

8.1.1　菜单结构

Visual FoxPro 中支持两种类型的菜单：条形菜单和弹出式菜单。以条形菜单为主菜单，弹出式菜单为子菜单，所共同组成的菜单被称为下拉式菜单。快捷菜单由一个或一组上下级的弹出式菜单组成。

每一个菜单都有名称（标题）和内部名字。名称只是一个外在的标识，显示在屏幕上供用户识别；内部名字供在程序代码中引用，用来指代该选项，具有实际意义。菜单里的选项也是如此，都有自己的外在的名称和内部名字。例如，编辑菜单中的"复制"就是选项名称，他的内部名字是"_MED_COPY"。为了使用便捷，菜单或菜单选项可以设置一个热键和一个快捷键。热键通常是一个字符，在菜单激活状态下使用，按该项的热键就可以快速选中该项；快捷键都是组合键，无论菜单是否激活都可以通过快捷键直接选中指定的选项。

无论是哪类菜单，当选中某个选项时，都会产生一个结果，菜单选中后的结果一般有 3 种：执行一条命令；执行一组命令（也称调用过程）；弹出一个子菜单。

8.1.2　菜单设计基本过程

Visual FoxPro 中菜单的设计就是利用菜单设计器设计菜单，之后存储成菜单定义文件（.mnx 文件）。菜单定义文件不能直接运行，要先将其生成菜单程序文件（.mpr 文件），之后运行菜单程序文件。若运行中出错或不完善，要回到菜单设计器中，打开菜单定义文件进行编辑或进一步设计，之后再生成菜单程序文件，最后再次运行。

菜单设计的基本步骤如图 8-1 所示。

1. 调用菜单设计器

新建一个菜单，首先要调用菜单设计器，其方法如下：

1）选择"文件"菜单中的"新建"命令，在弹出的"新建"对话框中选择"菜单"选项，然后单击"新建"按钮，弹出"新建菜单"对话框，如图 8-2 所示。

如果要修改一个已有的菜单，可以选择"文件"菜单中的"打开"命令，在弹出的"打开"对话框中选择要打开的菜单定义文件,将打开在菜单设计器窗口中,如图8-3所示。

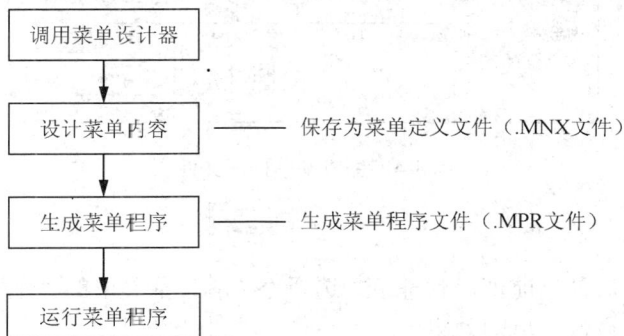

图 8-1 菜单设计的基本步骤

图 8-2 新建菜单对话框

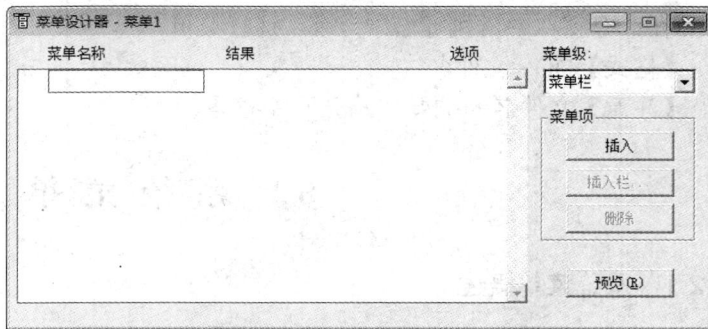

图 8-3 菜单设计器

2)用命令创建或打开已有菜单文件。

【格式】MODIFY MENU <菜单定义文件名>

【说明】菜单定义文件名的扩展名(.mnx),可以省略。

若该文件名为已有文件,则打开已有文件,否则将创建新文件。

2. 定义菜单

在菜单设计器窗口中创建菜单,定义菜单的名称、热键、快捷键、功能等。

3. 保存菜单定义文件

菜单内容设计完成后,要将菜单的定义保存到.mnx 文件中。方法是选择"文件"菜单中的"保存"命令,或按 Ctrl+W 组合键。

4. 生成菜单程序文件

菜单编辑文件只保存了菜单的定义,并不能运行。要运行菜单应先将菜单定义文件生成菜单程序文件。其方法是:在菜单设计器窗口是当前窗口状态下,选择"菜单"菜单中的"生成"命令,在弹出的生成菜单对话框中指定菜单程序文件的存放路径和名称,然后单击确定,如图8-4所示。

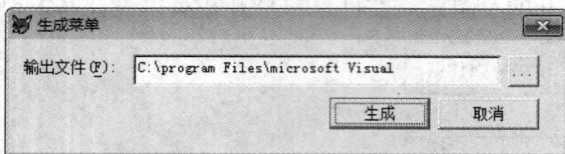

图 8-4　生成菜单程序文件

5. 预览菜单

在菜单设计器窗口是当前窗口状态下，选择"菜单"菜单中的"预览"命令，将在系统的窗口菜单处，显示设计菜单的效果。

6. 运行菜单

在命令窗口中，执行 DO 命令，运行菜单。

【格式】DO <文件名>

【注意】文件名的扩展名.mpr 不能省略。

8.2　系 统 菜 单

8.2.1　系统菜单概述

Visual FoxPro 自身就提供了一个系统菜单，其主菜单是一个条形菜单。选择条形菜单的每一个菜单项都会激活一个弹出式菜单。

条形菜单本身的内部名字为_MSYSMENU，也可以看做是整个菜单系统的名字。表 8-1 是条形菜单中常见的选项名称和对应的内部名字，表 8-2 是弹出式菜单的内部名字，表 8-3 是"编辑"菜单中常用选项的选项名称和内部名字。

表 8-1　条形菜单中常见选项

选 项 名 称	内 部 名 字
文件	_MSM_FILE
编辑	_MSM_EDIT
显示	_MSM_VIEW
工具	_MSM_TOOLS
程序	_MSM_PROG
窗口	_MSM_WINDO
帮助	_MSM_SYSTM

表 8-2　条形菜单中常见选项

弹出式菜单名称	内 部 名 字
文件	_MFILE
编辑	_MEDIT

续表

弹出式菜单名称	内 部 名 字
显示	_MVIEW
工具	_MTOOLS
程序	_MPROG
窗口	_MWINDOW
帮助	_MSYSTM

表 8-3　编辑菜单中常见选项

选 项 名 称	内 部 名 字
撤销	_MED_UNDO
重做	_MED_REDO
剪切	_MED_CUT
复制	_MED_COPY
粘贴	_MED_PASTE
清除	_MED_CLEAR
全部选定	_MED_SLCTA
查找...	_MED_FIND
替换...	_MED_REPL

8.2.2　系统菜单的配置

对于系统菜单，可以通过 SET SYSMENU 命令来设置其允许或禁止被访问，也可以重新配置系统菜单。

命令 1：

【格式】SET SYSMENU ON|OFF|AUTOMATIC

【功能】设置系统菜单访问权限。

ON：允许程序执行时访问系统菜单。

OFF：禁止程序执行时访问系统菜单。

AUTOMATIC：可以显示并访问系统菜单。

命令 2：

【格式】SET SYSMENU TO DEFAULT

【功能】将系统菜单恢复成缺省配置。

命令 3：

【格式】SET SYSMENU SAVE

【功能】将当前的菜单配置指定为默认配置。

命令 4：

【格式】SET SYSMENU NOSAVE

【功能】将默认配置恢复成 Visual FoxPro 系统菜单的标准配置。

命令 5：

【格式】SET SYSMENU TO 弹出式菜单名表| TO 条形菜单项名表

【功能】重新配置系统菜单。

TO 弹出式菜单名表：重新配置系统菜单，以内部名字列出可用的弹出式菜单。

TO 条形菜单项名表：重新配置系统菜单，以条形菜单选项内部名字列出可用的子菜单。

不带参数的 SET SYSMENU TO 命令将屏蔽系统菜单，使系统菜单不可用。可使用 SET SYSMENU TO DEFAULT 恢复默认菜单。

8.3　下拉式菜单设计

下拉式菜单是一种最常见的菜单。主要以两种形式应用：一是出现在系统菜单的位置上，作为应用程序的下拉式菜单；二是为顶层表单设计下拉式菜单。

在设计菜单时，各菜单项及其功能既可以自己定义，也可以引用 Visual FoxPro 系统的标准菜单项及其功能。

8.3.1　定义菜单

定义菜单就是在"菜单设计器"窗口中设计菜单。

首先，选择"文件"菜单中的"新建"命令，在弹出的"新建"对话框中选择"菜单"选项。然后单击"新建"按钮，弹出"新建菜单"对话框，如图 8-2 所示。选择左侧的"菜单"按钮，弹出菜单设计器。菜单设计器如图 8-3 所示。

打开菜单设计器后，就可以在其中设计菜单。

1. 菜单设计器窗口

其中右上方的菜单级用来选择编辑哪一层菜单，"菜单栏"表示条形菜单部分。

左侧为编辑菜单内容部分，有以下 3 项内容：

1）菜单名称：指定在菜单中选项的显示内容。其中可通过加"\<"设置菜单访问键，也就是热键。如菜单名称为"查询（\<L）"，那么，菜单运行时将显示"查询（L）"，L 为该菜单项的访问键。

使用分割线：根据各菜单项功能的相似性，为增加菜单的可读性，可使用分割线，将功能相似的弹出式菜单的菜单项分组，方法如下：

在"菜单名称"列中的两组之间，输入"\-"来取代一个菜单项。系统就会在两组之间插入一个分组线。

2）结果：可有 4 个子选项：命令、填充名称（或菜单项＃）、子菜单、过程。含义如下：

① 选择"命令"选项时，其右侧出现一编辑栏，可输入一条命令。当菜单运行时，选择该选项时，将执行该命令。

② 在设置条形菜单部分时，可选择选择"填充名称"；在设置弹出式菜单时，可选择"菜单项＃"。选择"填充名称"，则在右侧出现的文本框中指定菜单项的内部名字；选择"菜单项＃"，则在右侧出现的文本框中指定菜单项的序号。

③ 选择"子菜单"选项时，其右侧出现一个"新建"（或"编辑"）按钮，点击该按钮，可创建或编辑该项的子菜单。编辑后可通过窗口右侧的"菜单级"的下拉列表框，选择返回

上一级或最外层的菜单。

④ 选择"过程"选项时，其右侧出现一个"新建"（或"编辑"）按钮，点击该按钮，可创建或编辑一个过程，当菜单运行时，选择该选项时，将执行这个过程代码。

3）选项：单击某个菜单项"选项"列的无符号按钮，可弹出如图 8-4 所显示的"提示选项"对话框，可以定义快捷方式等其他属性。

快捷方式：键盘快捷键一般用 Ctrl 或 Alt 键与另一个字符键组成。为菜单或菜单项指定键盘快捷键的操作步骤如下。

单击"键标签"文本框，在键盘上按下组合键，此时在"键标签"和"键说明"文本框中，都会显示所按下的快捷键。

信息：指定一个字符或字符表达式作为定义菜单项的说明信息。当鼠标指向该菜单项时，该说明信息就会显示在主窗口的状态栏上。

跳过：选择"跳过"复选框的"…"按钮，屏幕显示"表达式生成器"对话框。在"跳过"框中，输入表达式。若此表达式取值为假，则废止菜单或菜单项。若取值为真，则启用菜单或菜单项。

主菜单名：指定条形菜单菜单项的内部名字或弹出式菜单菜单项的序号。如果不指定菜单项的内部名字或序号，系统会自动设定。只有当菜单项的"结果"选择为"命令"、"过程"或"子菜单"时，此选项才被激活。

4）菜单级：可用于选择要处理的菜单栏或子菜单。

2. 菜单的修改

"菜单设计器"除了列表框窗口之外，还有以下按钮：

1）"插入"按钮：在"菜单设计器"窗口中，插入一个新的菜单项行。

2）"插入栏"按钮：可在"插入系统菜单栏"对话框中，插入系统菜单栏：新建、打开、关闭、保存等。

3）"删除"按钮：可在"菜单设计器"窗口中，删除当前行。

4）"预览"：可预览正在创建的菜单的运行效果。已经定义的菜单系统会出现在当前屏幕窗口的最外层。

5）"移动"按钮：每一个菜单项左侧都有一个移动按钮，拖动移动按钮可以改变菜单项在当前菜单中的位置。

3. 创建下拉菜单

菜单项创建好后，可以在菜单上设置下拉菜单的菜单项。

1）在"菜单设计器"的"菜单名称"栏中，单击要添加下拉菜单的菜单项。

2）在"结果"列中，选定"子菜单"，单击"创建"按钮。

3）显示"子菜单"设计窗口。

4）在"菜单名称"列中，输入新建的菜单名称。

4. 创建子菜单

每个菜单都可以创建包含其他菜单的子菜单。

1）在"菜单名称"列中，单击要添加子菜单的菜单项。

2）在"结果"列中，选择"子菜单"选项。

3）单击"创建"。

4）输入名称。

5. 添加系统菜单项

在当前菜单项行之前插入一个 Visual Foxpro 系统菜单项，则单击菜单设计器上的"插入栏"按钮（菜单的主菜单上不能插入），就会弹出一个"插入系统菜单栏"的对话框，如图 8-5 所示。

在该对话框中选择要插入的系统菜单项，然后单击"插入"按钮，就可将菜单项插入设计的菜单中。

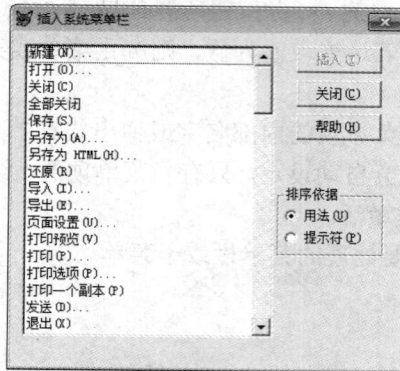

图 8-5　插入系统菜单栏对话框

8.3.2　设置"常规选项"

在菜单设计器环境下，选择系统菜单"显示"中的"常规选项"命令，将弹出"常规选项"对话框，如图 8-6 所示。

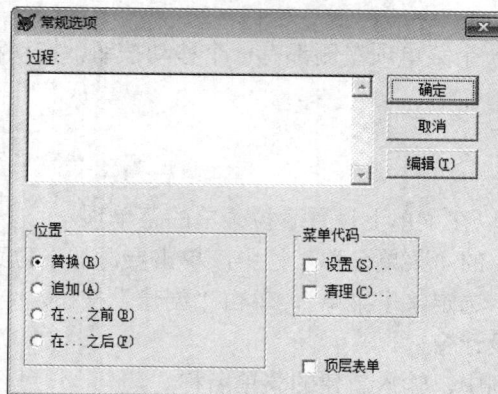

图 8-6　常规选项对话框

"常规选项"对话框可以定义整个下拉式菜单系统的总体属性。包括以下几个方面：

1．过程

为条形菜单指定一个过程代码。当条形菜单中的某个菜单项没有规定具体的动作，单击该菜单选项时，将该过程代码作为默认动作执行。

编辑过程，可以直接在过程框中输入过程代码，也可以单击"编辑"按钮，将打开一个专门的过程代码编辑窗口，在"常规选项"窗口中单击"确定"按钮，就激活了该代码编辑窗口。

2．位置

设定当前定义的下拉式菜单与当前系统菜单的关系，可以设置 4 种关系方式：

1）替换：用当前定义的菜单替换系统菜单内容。

2）追加：将当前定义的菜单追加到系统菜单内容的后面。

3）在"…"之前：将定义的菜单插在当前系统菜单某个菜单项之前。当选择该单选按钮项，则其右侧会出现一个下拉列表框，显示系统菜单的各个选项，选择其中一个，当前定义的菜单运行时，将会插在该系统菜单项的前面，如图 8-7 所示。

4）在"…"之后：将定义的菜单插在当前系统菜单某个菜单项之后。当选择该单选按钮项时，则其右侧会出现一个下拉列表框，显示系统菜单的各个选项，选择其中一个，当前定义的菜单运行时，将会插在该系统菜单项的后面。

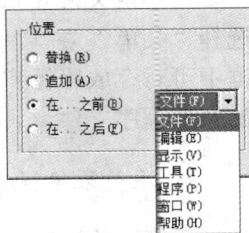

图 8-7　设置菜单位置

3．菜单代码

包含两个复选框：设置和清理。选择复选框，就会打开一个相应的代码编辑窗口。在"常规选项"窗口中单击"确定"按钮，就激活了该代码编辑窗口。

"设置"复选框代码放置在菜单程序文件中菜单定义代码的前面，在菜单产生之前执行。可以把菜单产生前的一些初始化操作设置在这里。

"清理"复选框代码放置在菜单程序文件中菜单定义代码的后面，在菜单显示出来之后执行。可以把关闭菜单、释放变量的操作设置在这里。

4．设置顶层表单菜单

勾选"顶层表单"复选框，当前定义的菜单可以添加到一个顶层表单中，若未勾选，当前定义的菜单将显示在系统菜单处。

8.3.3　设置"菜单选项"

选择系统菜单"显示"中的"菜单选项"命令，将弹出"菜单选项"对话框，如图 8-8 所示。

可以在"过程"的编辑栏里输入命令代码，也可以单击"编辑"按钮，将弹出一个编辑窗口，单击"确定"按钮，在该窗口中输入命令代码。定义的过程命令代码为当前弹出式菜单的公共过程代码，如果当前菜单中的某个菜单项没有规定具体的动作，那么当选择这个菜单项时，将执行公共过程代码。

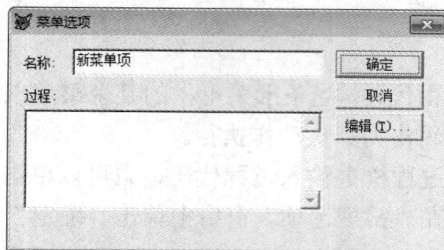

图 8-8　菜单选项对话框

对于主菜单，该选项只设置默认公共过程，对于弹出式菜单，还可以对该弹出式菜单定义内部名字。

8.3.4　菜单程序的生成和运行

1. 生成菜单程序

菜单定义文件（.mnx）本身并不能够运行，必须在菜单设计器窗口处于当前窗口状态下，选择"菜单"菜单中的"生成"选项，弹出如图 8-4 所示的"生成菜单"对话框。在该对话框中可对存放路径和文件名进行修改，然后单击"生成"按钮，则会生成扩展名为".mpr"的菜单程序文件。只有生成的扩展名为".mpr"的可执行菜单程序文件才能被运行。

2. 运行菜单程序

运行菜单程序的方法有两种。

（1）菜单方式

选择"程序"菜单中的"运行"命令，在弹出的"运行"对话框中选择要运行的文件，然后单击"运行"按钮即可。

（2）命令方式

在命令窗口中执行"DO <文件名>"，其中文件的扩展名".mpr"不能省略。

例 8-1　使用菜单设计器制作一个"学生管理"的下拉式菜单，其结构如图 8-9 所示。

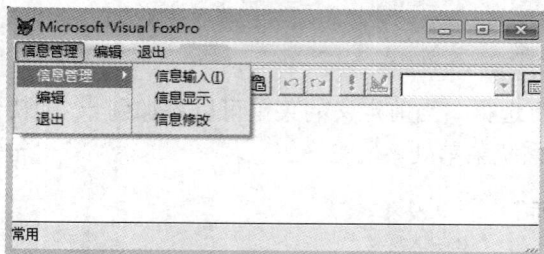

图 8-9　"学生管理"的下拉式菜单

要求如下：

1）菜单包括"信息管理"、"编辑"和"退出"3 个菜单栏。其中"信息管理"和"编辑"都包括 3 个子菜单。"退出"则将系统菜单恢复成默认设置。

2）"信息管理"的子菜单包括"信息输入（I）"、"信息显示"和"信息修改"3 项。

3）当选择"信息输入（I）"菜单项时，将调用过程打开"学生"表，并可以向表中添加记录。

4）当选择"信息显示"菜单项时，完成下列操作：打开"教学.dbf"数据库，使用 SQL 的 SELECT 语句查询数据库表"学生.dbf"，最后关闭数据库。

5）当选择"信息修改"菜单项时，运行程序"xg.prg"，实现对学生信息的修改。

6）"编辑"的子菜单中包括"剪切"、"复制"和"粘贴"3 项。它们分别调用系统的标准功能。

其具体步骤如下。

1）在"命令"窗口中输入命令 CREATE MENU 学生管理，系统弹出一个"新建菜单"对话框，在该对话框中单击"菜单"图形选项，进入"菜单设计器"环境。

2）首先在"菜单名称"项下输入"信息管理"、"编辑"和"退出"3 个菜单名称。接着，在"信息管理"和"编辑"的"结果"下拉框中都选择"子菜单"选项，在"退出"菜单行的"结果"下拉列表框中选择"过程"选项，如图 8-10 所示。

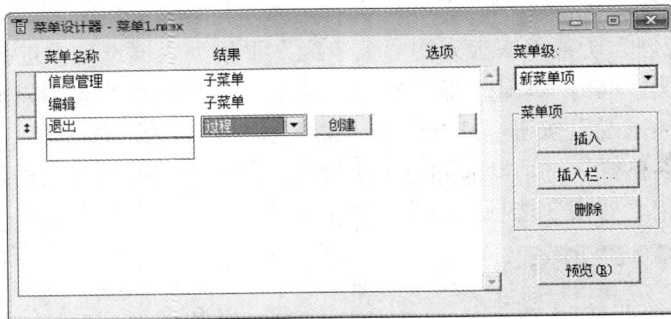

图 8-10　设置主菜单

单击"退出"菜单行的"结果"列上的"创建"按钮，打开一个文本编辑窗口，在其中输入如下代码。

```
SET SYSMENU NOSAVE
SET SYSMENU TO DEFAULT
```

3）单击"信息管理"菜单行的"结果"列上的"创建"按钮，切换到子菜单页，可在其中定义子菜单。包括"信息输入（I）"、"信息显示"和"信息修改"3 项，如图 8-11 所示。

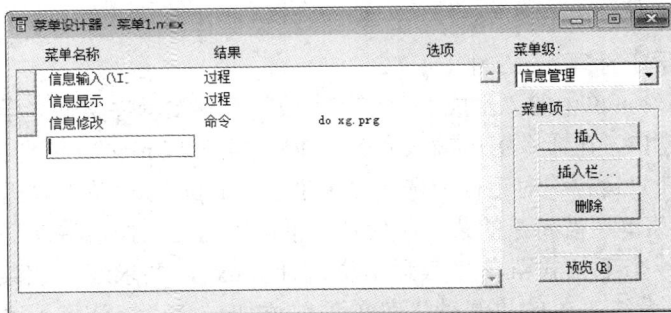

图 8-11　创建信息管理子菜单

为菜单项"信息输入（I）"定义过程。在"结果"列中选择"过程"，单击其右边的"创建"（初次使用时显示）或"编辑"（已定义过程时显示）按钮，在出现的"过程"编辑窗口中输入以下代码。

```
USE xuesheng
APPEND
USE
```

为"信息显示"定义过程。在"结果"列中选择"过程"，单击其右边的"创建"按钮，在出现的"过程"编辑窗口中输入以下代码。

```
OPEN DATABASE jiaoxueguanli
SELECT * FROM xuesheng
CLOSE ALL
```

为菜单项"信息修改"菜单项指定一个命令"DO xg.prg"，该命令可以执行对指定程序的调用。

4）在"信息管理"子菜单右上方的"菜单级"下拉列表框选项中选择"菜单栏"即可返回主菜单定义页面。单击"编辑"菜单行的"结果"列上的"创建"按钮，切换到"编辑"子菜单页，单击"插入栏"按钮，打开一个"插入系统菜单栏"对话框，如图8-12所示。

从"插入系统菜单栏"对话框的列表框中选择"复制"项并单击"插入"按钮，用同样方法插入"粘贴"和"剪切"选项，结果如图8-13所示。

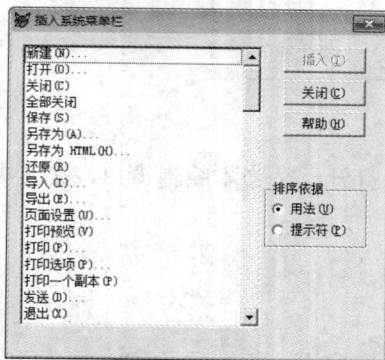

图8-12 "插入系统菜单栏"对话框

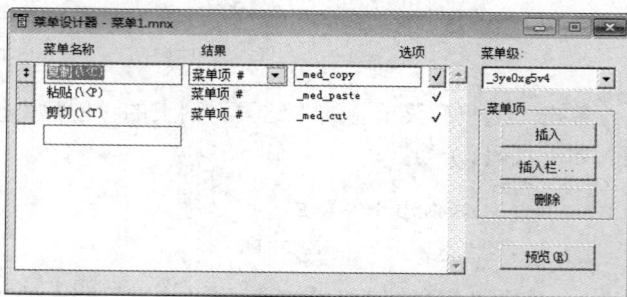

图8-13 编辑子菜单设计结果

5）选择"文件"菜单项中的"保存"命令，将结果保存在菜单定义文件"学生管理.mnx"和菜单备注文件"学生管理.mnt"中。

6）选择"菜单"菜单中的"生成"命令，生成一个菜单程序文件"学生管理.mpr"。关闭"菜单设计器"窗口，在命令窗口输入命令"DO 学生管理.mpr"（或选择"程序"菜单中的"运行"选项，在"运行"对话框中选择"学生管理.mpr"，再单击"运行"按钮）。会看到Visual FoxPro的菜单栏被新建的菜单所代替，单击"退出"按钮将恢复系统菜单。

例8-2 创建一个下拉式菜单"教师工资统计.mnx"，要求运行该菜单程序时会在当前的Visual FoxPro系统菜单的"帮助"菜单项前添加一个"统计"子菜单项，如图8-14所示。

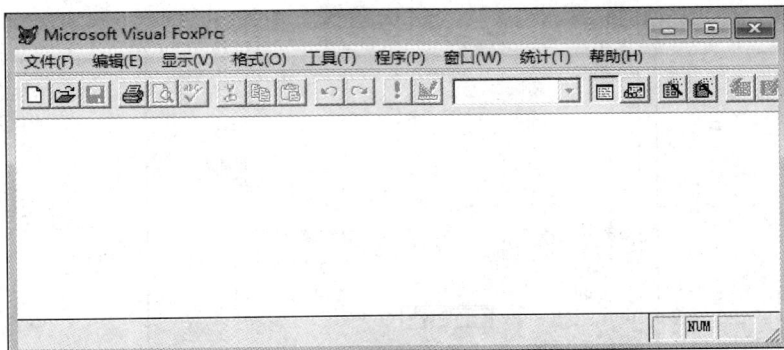

图 8-14　教师工资统计的菜单结构

菜单"统计"访问键为"T"。

菜单"统计"的功能是以"部门码"为依据统计各部门所有教师"实发工资"的和。统计结果包含"职工号"、"姓名"和"合计"3 项内容，并按"合计"降序排序，最后将结果存入"统计表"表中。

操作步骤如下：

1）打开"菜单设计器"窗口，在"菜单名称"下输入"统计（\<T）"。将"统计"菜单的结果设置为"过程"，如图 8-15 所示。单击"过程"后的"编辑"按钮，在打开的窗口中输入下列语句：

```
Select jiaoshi.职工号,姓名,sum(实发工资) as 合计;
From jiaoshi,gongzi where jiaoshi.职工号=gongzi.职工号;
group by jiaoshi.部门码 order by 合计 desc into table 统计表
```

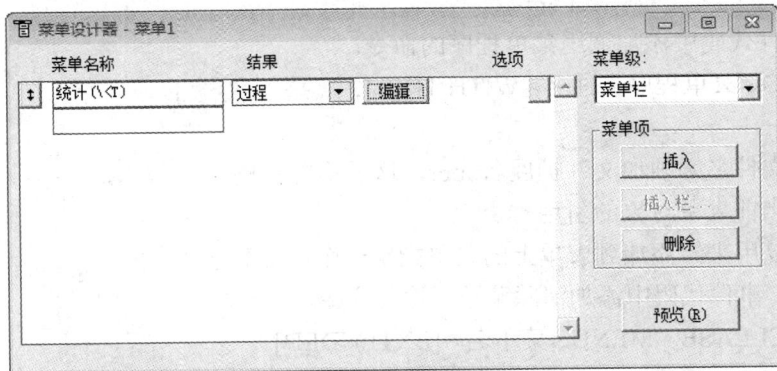

图 8-15　创建统计菜单项

2）选择"显示"菜单中的"常规选项"命令，在"常规选项"选项的"位置"区域点选"在…之前"单选按钮，在后面的下拉菜单中选择"帮助（H）"选项，如图 8-16 所示。

3）在"菜单设计器"窗口下，选择"菜单"菜单中的"生成"命令，生成"产品统计.mpr"文件。

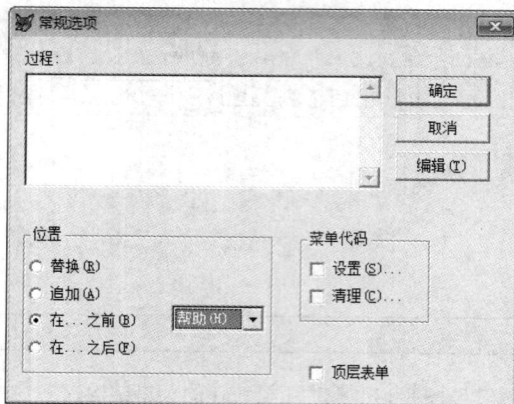

图 8-16　"常规选项"对话框

8.3.5　制作顶层表单的菜单

下拉式菜单的应用默认放在系统菜单处，也可以应用在某个表单上，作为顶层表单的菜单，其设置的方法如下：

1）用上面的方法建立下拉式菜单，在菜单设计器中定义菜单的各项内容。

2）在菜单设计器下，选择系统菜单"显示"中的"常规选项"命令，在弹出的"常规选项"对话框中，勾选"顶层表单"复选框，然后确定。

3）保存菜单，选择"菜单"菜单中的"生成"命令，生成菜单程序文件。

4）创建或打开要使用菜单的表单文件。

5）设置表单的属性：ShowWindow，值为 2，成为顶层表单。

6）编写表单的两个事件代码：

① Init 事件代码中添加调用菜单程序的命令。

【格式】DO <菜单程序文件名> WITH THIS [, "<菜单名>"]

【说明】

菜单程序文件名必须加文件扩展名.mpr，这里不能省略。

This 表示当前表单对象的引用。

菜单名可以用来给添加到表单上的菜单指定一个内部名字。

② Destroy 事件代码中添加清除菜单程序的命令。

【格式】RELEASE　MENU <菜单名> [EXTENDED]

【说明】

① 该命令将在表单关闭（执行 Destroy 事件）时，同时清除菜单，释放其所占用的内存空间。

② 菜单名是调用菜单时定义的菜单内部名字，若菜单名省略，就以菜单文件名为菜单名。

③ EXTENDED 表示在清除条形菜单时一起清除其下属的所有子菜单。

例 8-3　在例 8-1 的基础上创建一个顶层表单应用。

1．建立菜单

1）选择"文件"菜单中的"打开"命令，或者单击工具栏上的"打开"按钮，在弹出的对话框中选择菜单文件"学生管理.mnx"。

2）在菜单设计器打开后，选择"显示"菜单中的"常规选项"命令，弹出"常规选项"对话框，勾选"顶层表单"复选框，然后单击"确定"按钮。

3）选择"退出"菜单项，为其修改过程。选择"退出"菜单中的"结果"列上的"编辑"命令，在弹出的"过程"编辑窗口中输入以下代码：

```
学生管理.RELEASE
SET SYSMENU TO DEFAULT     &&恢复系统菜单
```

4）保存菜单定义。选择"文件"菜单中的"另存为"命令，将结果保存在菜单定义文件在"xsgl.mnx"和菜单备注文件"xsgl.mnt"中。

5）生成菜单程序。选择"菜单"菜单中的"生成"命令，生成一个菜单程序文件"xsgl.mpr"。

2．建立表单

1）打开表单设计器，将表单的 caption 属性设置为"学生信息"将其 ShowWindow 属性设置为"2-作为顶层表单"。

2）调用菜单程序"xsgl.mpr"。双击表单界面，打开过程代码设计窗口，在"过程"下拉列表框中选择"Init"事件，并在"过程"编辑窗口中输入如下代码：

```
DO xsgl.mpr WITH THIS
```

再在"过程"下拉列表框中选择"Destroy"事件，并在"过程"编辑窗口中输入如下代码：

```
RELEASE MENU xsgl EXTENDED
```

3）选择"文件"菜单中的"保存"命令，保存表单文件为"学生信息管理.scx"。

8.4　快捷菜单设计

8.4.1　快捷菜单

通常情况下，下拉式菜单作为应用程序的菜单系统，列出了整个应用程序的全部功能。而快捷菜单一般从属于某个界面对象，当右击该对象时，将会弹出快捷菜单。快捷菜单通常列出与选定对象相关的一些功能命令。

利用系统提供的快捷菜单设计器可以方便地定义和设计快捷菜单。与下拉式菜单相比，快捷菜单没有条形菜单，只有弹出式菜单。快捷菜单一般是一个弹出式菜单，或者由几个具有上下级关系的弹出式菜单组成。

8.4.2 建立快捷菜单步骤

1）首先选择菜单"文件"中的"新建"命令，在弹出的"新建"对话框中选择"菜单"选项。然后单击"新建"按钮，将会弹出选择菜单类型的"新建菜单"对话框。

2）在"新建菜单"对话框中，单击右侧的"快捷菜单"按钮，将弹出快捷菜单设计器。

3）在快捷菜单设计器中设计各个菜单项内容，其方法与下拉式菜单的弹出式菜单设计基本相同。只是在快捷菜单中没有条形菜单部分。

4）选择"菜单"菜单中的"生成"命令，将设计的菜单生成菜单程序文件。

5）设置菜单应用后，清除菜单的命令。

选择"显示"菜单中的"常规选项"命令，在弹出的"常规选项"对话框中，勾选"清理"复选框，再单击"确定"按钮，然后在打开的编辑窗口中输入"清理"的命令。

【格式】RELEASE POPUPS <快捷菜单名> [EXTENDED]

【说明】将该命令放在"清理"中执行，将在选中、执行快捷菜单命令后，及时清除菜单、释放其所占的内存空间。EXTENDED 表示释放所有的子菜单。

6）打开要使用快捷菜单的表单文件，在表单设计器环境中添加快捷菜单对象。

7）选定使用快捷菜单的对象，编辑 RightClick 事件，执行调用快捷菜单命令。

【格式】DO <快捷菜单程序文件名>

【说明】快捷菜单程序文件名的扩展名.mpr 不能省略。

例 8-4 设计一个表单，表单运行时标签控件自动显示时钟和日期，并使用随机函数来改变日期显示标签的颜色。为表单建立快捷菜单，快捷菜单有"暂停"、"继续"和"退出"3 个菜单项。运行表单时，在表单上右击，则弹出快捷菜单：选择"暂停"命令，则停止时钟；选择"继续"命令，则继续时钟运行；选择"退出"命令，则关闭表单。

操作步骤如下。

1. 创建菜单

1）在"新建菜单"对话框中单击"快捷菜单"按钮，在"快捷菜单设计器"的"菜单名称"项下输入"暂停"、"继续"和"退出"，如图 8-17 所示。其"结果"均设置为"过程"。

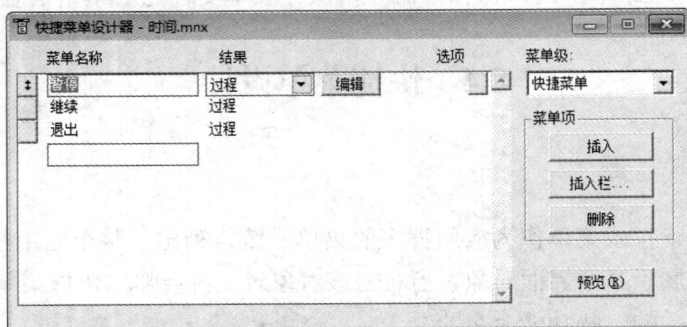

图 8-17　快捷菜单设计器

2）选择"暂停"命令，单击"编辑"按钮，在窗口中输入"form1.timer1. interval=0"。

3）选择"继续"命令，单击"编辑"按钮，在打开窗口中输入"form1.timer1. interval=1000"。

4）选择"退出"命令，单击"创建"按钮，在打开窗口中输入"forml.release"。

5）保存菜单文件为"时间.mnx"，生成菜单程序"时间.mpr"。关闭菜单设计器。

2. 设计表单

1）打开"表单设计器"窗口，如图 8-18 所示，在表单中添加两个标签控件 Labell、Label2，一个计时器控件 Timer1。

2）设置控件对象的属性。

设置表单的属性：caption 属性值为"日期时间"。

设置 Label1 和 Labe12 的属性：AutoSize 属性值为.T.，FontSize 属性值为 18。

设置计时器 Timerl 的属性：Interval 属性设为 1000。

3）设置计时器 Timerl 的 Timer 事件代码。

```
Thisform.Labell.Caption="今天是： "+subs(dtos(date()),1,4)+"年";
        +subs(dtos(date()),5,2)+"月"+subs(dtos(date()),7)+"日"
Thisform.Label2.Caption="现在时间: "+time()
ThisForm.Label1.ForeColor=Rgb(Int(Rand()*255),Int(Rand()*255 ),;
        Int(Rand()*255))
ThisForm.refresh
```

4）双击属性窗口的"rightclick event"处，在打开的编辑窗口中输入"DO 时间.mpr"。

5）保存并运行表单，运行结果如图 8-19 所示。

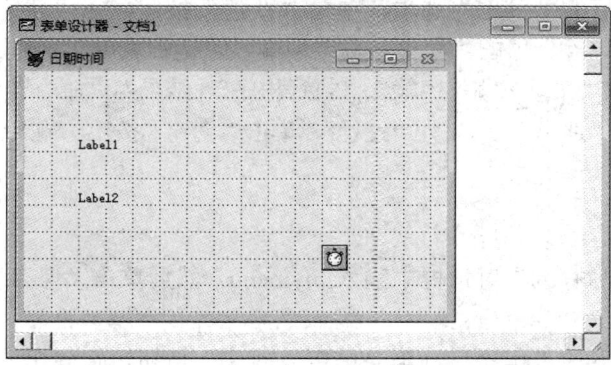

图 8-18　表单设计器

图 8-19　快捷菜单运行结果

8.5　菜单与表单综合例题

例 8-5　在"D:\"文件夹下完成如下综合应用。

1）打开在基本操作题中建立的项目 myproject。

2）在项目中建立程序 SQL，该程序只有一条 SQL 查询语句，功能是：查询 7 月份以后（含）签订订单的客户名、图书名、数量、单价和金额（单价*数量），结果先按客户名、再按图书名升序排序存储到表 MYSQLTABLE。

3）在项目中建立菜单 mymenu，该菜单包含运行表单、执行程序和退出 3 个菜单项，它们的功能分别是执行表单 myform，执行程序 SQL，恢复到系统默认菜单（前两项使用直接命令方式；最后一项使用过程，其中包含一条 clear events 命令）。

4）在项目中建立程序 main，该程序的第一条语句是执行菜单 mymenu，第二条语句是 read events，并将程序设置为主文件。

5）连编生成应用程序 myproject.app。

6）最后运行连编生成的应用程序，并执行程序所有菜单项。

操作步骤如下：

1）单击工具栏中的"打开"按钮，在"打开"对话框中打开项目 myproject。

2）选择项目管理器中"代码"节点下的"程序"选项，单击"新建"按钮，在弹出的窗口中输入：

```
SELECT 客户名,图书名,数量,单价,单价*数量 AS 金额 ;
FROM  mybase!goods INNER JOIN mybase!orderitem ;
INNER JOIN mybase!order ;
ON  Orderitem.订单号 = Order.订单号 ;
ON  Goods.图书号 = Orderitem.图书号 ;
WHERE month(order.签订日期)>=7 ;
ORDER BY 客户名,图书名 INTO TABLE MYSQLTABLE
```

单击工具栏上的"保存"按钮，在"另存为"对话框中输入 SQL，再单击"保存"按钮。

3）选择项目管理器中"其他"节点下的"菜单"选项，单击"新建"按钮，在"新建菜单"对话框中单击"菜单"按钮，在菜单设计器的"菜单名称"中输入"运行表单"，结果为"命令"，输入"do form myform"。再在"菜单名称"中输入"执行程序"，结果为"命令"，输入"do sql"。接着在"菜单名称"中输入"退出"，结果为"过程"，单击"创建"按钮，输入：

```
set sysmenu to default
clear events
```

单击工具栏上的"保存"按钮，在"另存为"对话框中输入 mymenu，然后单击"保存"按钮。

4）·选择项目管理器中"代码"节点下的"程序"选项，单击"新建"按钮，在弹出的对话框中输入：

```
do mymenu.mpr
read events
```

单击工具栏上的"保存"按钮，在"另存为"对话框中输入 main，再单击"保存"按钮。

5）在项目管理器中选中程序 main 右击，在弹出的快捷菜单中选择"设置主文件"命令，将其设置成主文件。

6）单击项目管理器右侧的"连编"按钮，打开"连编选项"对话框，如图 8-20 所示。在"操作"中选择"连编应用程序"选项，单击"确定"按钮。在打开的"另存为"对话框中输入应用程序名 myproject，单击"保存"按钮，即可生成连编项目文件。最后运行 myproject.app，并依次执行"运行表单"、"执行程序"和"退出"菜单命令。

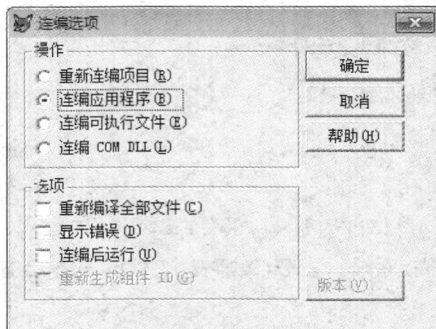

图 8-20 "连编选项"对话框

例 8-6 在"D:\"文件夹下操作。

1）建立一个文件名和表单名均为 myform 的表单文件。

2）在"D:\"文件夹下建立一个如图 8-21 所示的快捷菜单 mymenu，该快捷菜单有两个选项"取前三名"和"取前五名"。分别为两个选项建立过程，使得程序运行时，单击"取前三名"选项的功能是：根据"学院表"和"教师表"统计平均工资最高的前三名的系的信息并存入表 sa_three 中，sa_three 中包括"系名"和"平均工资"两个字段，结果按"平均工资"降序排列；单击"取前五名"选项的功能与"取前三名"类似，统计查询"平均工资"最高的前五名的信息，结果存入 sa_five 中，sa_five 表中的字段和排序方法与 sa_three 相同。

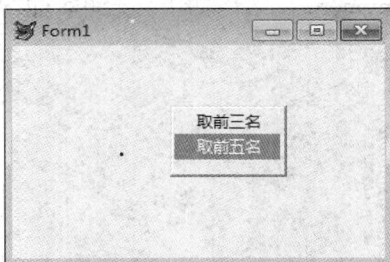

图 8-21 表单 myform 样式

3）在表单 myform 中设置相应的事件代码，使得右击表单内部区域时，能弹出快捷菜单，并能执行菜单中的选项。

4）运行表单，弹出快捷菜单，分别执行"取前三名"和"取前五名"两个选项。

操作步骤如下：

1）在命令窗口中输入"Create form myform"，按下 Enter 键新建一个表单，按要求修改表单的 Name 属性为 myform。双击表单，在其 RightClick 事件中输入"DO mymenu.mpr"。

2）单击工具栏中的"新建"按钮，在"新建"对话框中选择"菜单"，单击"新建文件"按钮，选择"快捷菜单"，在菜单设计器中输入两个菜单项"取前三名"和"取前五名"，结果均为"过程"。

3）分别单击两个菜单项后面的"创建"按钮，编写对应的过程代码：

```
********"取前三名"菜单项中的代码********
SELECT TOP 3 学院表.系名,avg(教师表.工资) as 平均工资;
```

```
        FROM 学院表,教师表 ;
        WHERE 学院表.系号 = 教师表.系号;
        GROUP BY 学院表.系名;
        ORDER BY 2 DESC;
        INTO TABLE sa_three.dbf
        **************************
        *******"取前五名"菜单项中的代码*******
        SELECT TOP 5  学院表.系名, avg(教师表.工资) as 平均工资;
        FROM  学院表,教师表 ;
        WHERE 学院表.系号 = 教师表.系号;
        GROUP BY 学院表.系名;
        ORDER BY 2 DESC;
        INTO TABLE sa_five.dbf
        **************************
```

4）选择"菜单"菜单中的"生成"命令，按提示保存为 mymenu，并生成菜单源程序文件（.MPR）。

5）运行表单，在表单空白处右击，依次执行两个菜单项中的命令。

例 8-7　在"D:\"文件夹下有 myform 表单文件，将该表单设置为顶层表单，然后设计一个菜单，并将新建立的菜单应用于该表单（在表单的 Load 事件中运行菜单程序）。

新建立的菜单文件名为 mymenu，结构如下（表单、报表和退出是菜单栏中的 3 个菜单项）：

```
表单
    浏览课程
    浏览选课统计
报表
    预览报表
退出
```

各菜单项的功能如下：

1）选择"浏览课程"时在表单的表格控件中显示"课程"表的内容（在过程中完成，直接指定表名）。

2）选择"浏览选课统计"时在表单的表格控件中显示简单应用题建立的视图 sview 的内容（在过程中完成，直接指定视图名）。

3）选择"预览报表"命令时预览简单应用题建立的报表 creport（在命令中完成）。

4）选择"退出"命令时关闭和释放表单（在命令中完成）。

最后要生成菜单程序，并注意该菜单将作为顶层表单的菜单。

操作步骤如下：

1）单击常用工具栏中的"新建"按钮，在"新建"对话框中点选"菜单"单选按钮，再单击"新建文件"按钮。

2）在"新建菜单"对话框中选择"菜单"按钮，在菜单设计器中的"菜单名称"中依次输入"表单"、"报表"和"退出"这 3 个主菜单项，然后选择"表单"菜单项，在"结果"

中选择"子菜单",单击"创建"按钮,在"菜单设计器"中,输入两个子菜单项"浏览课程"和"浏览选课统计",选择"报表"菜单项,在"结果"中选择"子菜单",单击"创建"按钮,在"菜单设计器"中,输入一个子菜单项"预览报表"。

3）在"浏览课程"子菜单的"结果"中选择"过程"并输入命令下列语句:

```
myform.grid1.RecordSource="课程"
```

4）在"浏览选课统计"子菜单的"结果"选择"过程"并输入命令下列语句:

```
myform.grid1.RecordSource="sview"
```

5）在"预览报表"子菜单的"结果"选择"命令"并输入命令:

```
report form creport preview
```

6）在"退出"主菜单的"结果"选择"过程"并输入以下命令语句:

```
thisform.release
set sysmenu to default
```

7）选择"显示"菜单中的"常规选项"命令,在"常规选项"对话框中选中"顶层表单"。再单击工具栏上"保存"按钮,在弹出"保存"对话框中输入"mymenu"即可。

8）在"菜单设计器"窗口下选择"菜单"菜单中"生成"命令,生成"mymenu.mpr"文件。

9）单击常用工具栏中的"打开"按钮,打开 myform 表单。在"表单设计器"中,在其"属性"的 ShowWindow 处选择"2-作为顶层表单";双击"Init Event",在"myform.Init"编辑窗口中输入"do mymenu.mpr with this,'xxx'",启动菜单命令;双击"Destroy Event"选项,在"myform.Destroy"编辑窗口中输入"release menu xxx extended",在表单退出时释放菜单。

例 8-8　在"D:\"文件夹下创建一个名为 myform 的顶层表单,表单的标题为"考试",然后在表单中添加菜单,菜单的名称为 mymenu.mnx,菜单程序的名称为 mymenu.mpr。效果如图 8-22 所示。

1）"计算"和"退出"菜单命令的功能都通过执行"过程"完成。

2）"计算"菜单命令的功能是根据 orderitems 表和 goods 表中的相关数据计算各订单的总金额,其中一个订单的总金额等于它所包含的各商品的金额之和,每种商品的金额等于数量乘以单价。并将计算的结果填入 orders 表的相应字段中。

图 8-22　表单 myform 样式

3）"退出"菜单命令的功能是关闭并释放表单。

运行表单并依次执行其中的"计算"和"退出"菜单命令。

操作步骤如下:

建立一个表单,并将其设置为"顶层表单";将新建的菜单也设置为顶层表单,完成菜单的代码编写。

1）新建一个表单,修改表单的 Caption 为"考试",ShowWindow 属性为"2-作为顶层表单"。

2）双击表单空白处，编写表单的 Init。

```
DO mymenu.mpr WITH THIS,"myform"
```

3）新建一个菜单，选择"显示"菜单下的"常规选项"命令，在弹出的"常规选项"对话框中勾选"顶层表单"。

4）输入菜单项"计算"和"退出"，结果均选择"过程"，然后单击两个菜单项后面的"创建"按钮，分别编写如下代码：

```
******"计算"菜单项中的命令代码******
SELECT Orderitems.订单号, sum(orderitems.数量*goods.单价) as 总金额;
  FROM  orderitems,goods ;
  WHERE  Orderitems.商品号 = Goods.商品号;
  GROUP BY Orderitems.订单号;
  ORDER BY Orderitems.订单号;
  INTO TABLE temp.dbf
CLOSE ALL
SELE 1
USE temp
INDEX ON 订单号 TO ddh1
SELE 2
USE orders
INDEX ON 订单号 TO ddh2
SET RELATION TO 订单号 INTO A
DO WHILE .NOT.EOF()
REPLACE 总金额 WITH temp.总金额
SKIP
ENDDO
BROW
**************************
******"退出"菜单项中的命令代码******
myform.Release
**************************
```

5）保存菜单名为"mymenu"并生成可执行文件。

6）保存表单名为"myform"并运行。

例 8-9 在"D:\"文件夹下，完成如下操作。

基于数据库 pdtmng 建立如图 8-23 所示顶层表单应用，表单文件名为 myform.scx，表单控件名为 goods，表单标题为"商品"。

1）表单内含一表格控件 Grid1（默认控件名），当表单运行时，该控件将按用户的选择（单击菜单）来显示 products.dbf 中某一类商品数据，RecordSourceType 的属性为 4－SQL 说明。

2）建立如图所示的菜单（菜单文件名为 mymenu.mnx），其条形菜单的菜单项为"商品分类"和"退出"，"商品分类"的下拉菜单为"小家电"、"饮料"和"酒类"（在过程中实现）；单击下拉菜单中任何一个菜单命令后，表格控件均会显示该类商品。

3）在表单的 Load 事件中执行菜单程序 mymenu.mpr。

4）菜单项"退出"的功能是关闭表单并返回到系统菜单（在过程中完成）。

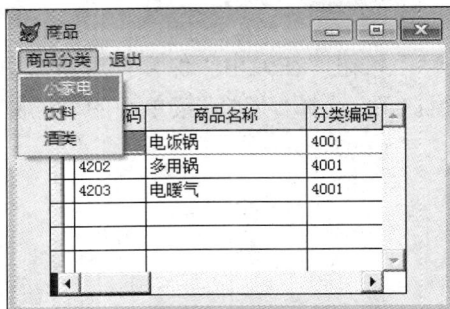

图 8-23　顶层表单 myform 样式

操作步骤如下：

1）单击常用工具栏中的"新建"按钮，文件类型选择"表单"，打开表单设计器。单击工具栏上"保存"按钮，在弹出"保存"对话框中输入"myform"即可。

2）在"表单设计器"中，在其"属性"对话框的 Name 处输入"goods"，在 Caption 处输入"商品"，在 ShowWindow 处选择"2-作为顶层表单"，双击"Load Event"，在"goods.Load"编辑窗口中输入"do mymenu.mpr"。双击"Init Event"选项，在"myform.Init"编辑窗口中输入"do mymenu.mpr with this,'xxx'"，启动菜单命令。双击 Destroy Event，在"myform.Destroy"编辑窗口中输入"release menuxxx extended"，在表单退出时释放菜单。

3）在"表单设计器"中，添加一个表格控件 Grid1，在其"属性"对话框的 RecordSourceType 处选择"4-SQL 说明"。

4）单击常用工具栏中的"新建"按钮，文件类型选择"菜单"，在"新建菜单"对话框中选择"菜单"按钮，在菜单设计器中的"菜单名称"中依次输入"商品分类"和"退出"这两个主菜单项，然后选择"商品分类"菜单项，在"结果"中选择"子菜单"，单击"创建"按钮，在"菜单设计器"中，输入 3 个子菜单项"小家电"、"饮料"和"酒类"。

5）在"小家电"子菜单的"结果"中选择"过程"命令并输入命令下列语句：

```
myform.grid1.recordsource="select * from products where 分类编码='4001';
   into cursor lsb"
```

6）在"饮料"子菜单的"结果"中选择"过程"命令并输入命令下列语句：

```
myform.grid1.recordsource="select * from products where 分类编码='1001';
   into cursor lsb"
```

7）在"酒类"子菜单的"结果"中选择"过程"命令并输入命令下列语句：

```
myform.grid1.recordsource="select * from products where 分类编码='3001';
   into cursor lsb"
```

8）在"退出"主菜单的"结果"中选择"过程"命令并输入下列命令：

```
myform.release
```

```
set sysmenu to default
```

9）选择"显示"菜单中"常规选项"命令，在"常规选项"对话框中勾选"顶层表单"复选框。

10）单击工具栏上"保存"按钮，在弹出"保存"对话框中输入"mymenu"即可。

11）在"菜单设计器"窗口下，选择"菜单"菜单中的"生成"命令，生成"mymenu.mpr"文件。

第 9 章 应用程序开发

Vsual FoxPro 开发的数据库应用系统是一种应用软件，由软件工程的理论作指导，同时又具有数据库自身的特点。开发软件不能等同于编制程序，需要应用系统工程方法。

9.1 应用程序开发的基本步骤

9.1.1 基本步骤

应用程序的开发，是一个复杂的工作，具体操作不尽相同。从大体上包括创建项目、创建和添加各类相关文件、初始化环境、连编应用程序等。

1）建立项目文件。创建一个项目文件，用来组织和管理应用程序相关的各个类型的文件。

2）创建应用程序所需要的各种类型文件。应用程序系统包含的基本组成大致有以下几部分：

① 一个或多个数据库。

② 用户界面，如开始界面、输入、输出表单、菜单等。

③ 支持基本处理功能的程序，如查询、统计、计算等。

④ 输出形式与界面，如浏览、排序、报表、标签等。

⑤ 主程序，设置应用程序系统环境和起始点。

前 4 种文件，可以利用前面学习的各类文件的创建和编辑方法进行设计。可以在项目管理器中创建编辑文件，也可以将已有的文件添加到项目中来。下面介绍创建项目中的主程序。

3）设置主程序。一个项目中，第一个运行的文件，是项目的入口。该文件为该项目的主程序。可以用程序文件、表单文件等作为主程序。

4）连编应用程序。对各个模块进行分调之后，需要对整个项目进行联合调试并编译，在 Visual FoxPro 中称为连编项目。

5）运行和调试应用程序。

9.1.2 主程序设计

作为整个应用程序的入口点，主程序应完成如下工作：

1）初始化环境。

2）初始化用户界面。

3）控制事件循环。

4）程序退出时，恢复原始的系统环境。

初始化环境包括两个方面的任务：一是设置程序运行前系统的环境，使其满足应用程序运行的要求；二是设置应用程序所需要特定的一些系统参数。

1. 获得系统当前环境

选择"工具"菜单中的"选项"命令，按 Shift 键的同时单击"确定"按钮，命令窗口中将显示环境的 SET 命令。将命令窗口的 SET 命令复制并粘贴到一个程序文件中，保存为 setup.prg。

2. 设置特定参数

1）打开 setup.prg，再添加环境设置的命令，例如：

```
SET DEFAULT TO D:\XSGL
SET CENTURY ON
CLEAR WINDOWS
CLEAR ALL
OPEN DATABASE 研究生库 EXCLUSIVE
USE stu
```

2）设置主程序。一个项目中只有一个主程序，可以做主程序的文件是：程序、表单、菜单、查询等。在项目管理器中，选择要作为该项目主程序的文件，点击鼠标右键，在弹出的快捷菜单中，选择设置主文件，如图 9-1 所示。例如，选择 setup.prg，将其设置为主程序文件。

9.1.3 连编应用程序

1. 设置文件的"排除"与"包含"

应用程序中的数据库文件，在连编时，可以选择文件的存在方式：排除或包含。

1）排除（带 φ 符号），指在将一个项目编译成一个应用程序时，设置为排除的文件可以由用户进行修改。排除的数据库文件仍然是应用程序的一部分。

图 9-1　设置主文件

2）包含，指在项目连编后，该文件为只读文件，不可修改。

设置方法：在项目管理器中，选择要设置排除或包含的数据文件右击，在弹出的快捷菜单中选择，若当前文件为排除，则菜单中有选项为"包含"，选择"包含"命令，该文件被设置为包含；若当前文件为包含，则菜单中有选项为"排除"，选择"排除"命令，该文件被设置为排除。

2. 连编的步骤

1）在"项目管理器"中，单击"连编"按钮。将弹出"连编选项"对话框，如图 9-2 所示。

2）在"连编选项"对话框中，勾选"连编应用程序"复选框，则生成一个.app 文件；勾选"连编可执行文件"复选框，则生成一个.exe 文件。

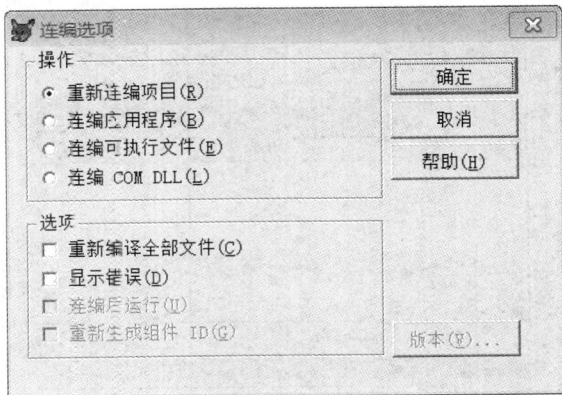

图 9-2 连编选项对话框

9.1.4 控制事件循环

1. 开始处理用户事件命令

【格式】READ EVENTS

【说明】该命令使 Visual FoxPro 开始处理例如单击、键入等用户事件。一般是在应用程序的环境建立之后，显示初始的用户界面，然后，用该命令建立一个事件循环来等待用户的交互动作。

2. 结束处理用户事件

【格式】CLEAR EVENTS

【说明】该命令将挂起 Visual Foxpro 的事件处理过程，同时将控制权返回给执行 READ EVENTS 命令并开始事件循环的程序。

注意：在执行 READ EVENTS 之前，必须确保在界面上存在一个可执行结束事件循环命令的机制，如一个退出按钮。

9.1.5 调试器

1. 打开调试器的方法

打开调试器的方法有两种：选择菜单，打开调试器；使用命令，打开调试器。

（1）选择菜单

在 Visual FoxPro 窗口中，选择"工具"菜单中的"调试器"命令，将打开调试器窗口，如图 9-3 所示。

（2）使用命令

在命令窗口中输入如下命令：

```
DEBUG
```

将弹出调试器窗口。

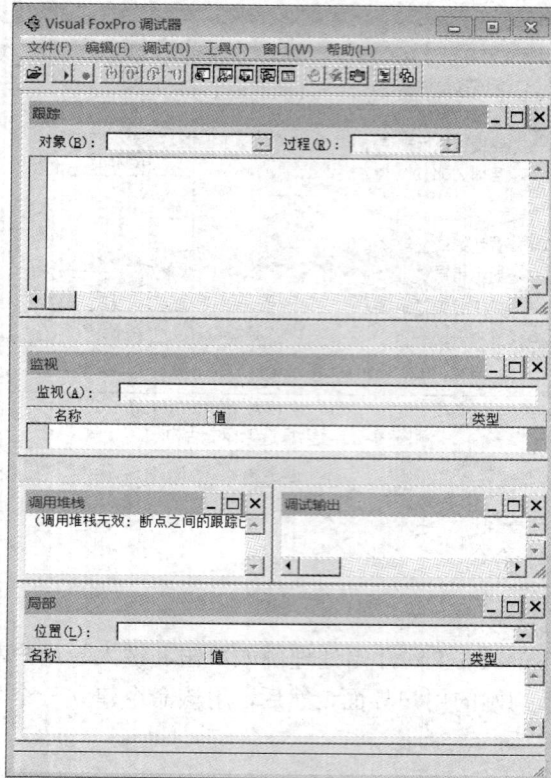

图 9-3　调试器窗口

2. 调试器的窗口

在打开的调试器窗口中，可以有 5 个子窗口，分别为跟踪窗口、监视窗口、局部窗口、调用堆栈窗口、调试输出窗口。

3. 要在输出窗口中显示表达式的值可写命令

```
DEBUGOUT 表达式
```

9.2　研究生院信息管理系统开发

掌握了 Visual FoxPro 系统软件的各种操作和命令之后，可以利用这些操作命令可以进行系统应用程序的开发，这里以研究生院管理系统为例，进行程序开发实践操作。

1. 系统需求分析

研究生院信息管理系统为一个简单应用系统，主要是对研究生的基本信息进行管理。可对研究生信息进行查询、更新、插入及统计打印，更为复杂的功能，也可参照相应操作进行添加。

2. 系统功能

1）系统初始化：实现对数据库的初始化。
2）数据维护：对研究生信息及成绩信息进行编辑，包括插入、删除、更新。
3）数据查询：按条件查询数据。
4）用户设置：修改用户信息。

3. 操作步骤

1）建立项目文件"研究生管理"。
2）创建数据库及相关的数据表。建立名为"研究生库"的数据库文件，建立"研究生.dbf"、"课程.dbf"、"成绩.dbf"表文件，并添加到数据库中。创建一个 user.dbf 表，用来存储用户名和密码。如表 9-1 所示，设现有两个合法用户。

表 9-1　系统用户表

序号	用 户 名	密 码
1	Admin	000
2	User	123

3）创建表单文件。创建研究生院信息管理系统多个界面：
登录界面（图 9-4）、日常管理界面、数据维护界面、数据查询界面。
4）设计顶层表单菜单。将其放置在系统管理界面上，如图 9-5 所示。

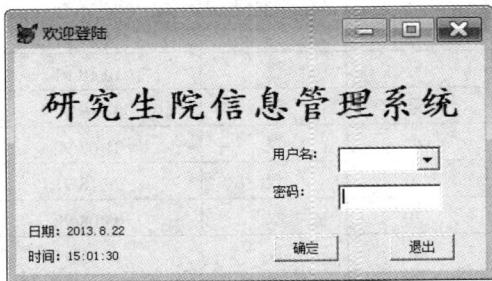

图 9-4　系统登录界面

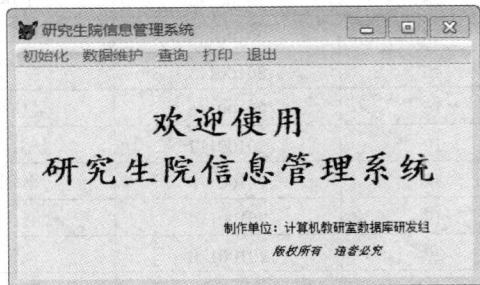

图 9-5　系统管理界面

5）设计主程序。编写主程序代码，调用登录表单文件。在项目管理器中设置主程序。
6）对项目进行连编。设置项目所包含的数据表的包含与排除。最后，进行项目连编，生成扩展名为.exe 或.app 的应用程序文件。
7）打包应用程序用"安装向导"创建一个可发布的应用程序包。新建一个文件夹，将连编好的可执行文件、数据文件及没有编译进可执行文件的其他文件置于该文件夹中。运行"安装向导"时指定此文件夹，则"安装向导"会创建发布所需的所有文件，包括所需的系统文件。
选择"工具"菜单中的"向导"命令，然后单击"全部"按钮，再从弹出的"向导选取"对话框中选择"安装向导"选项，按步骤进行即可。

附　录

附录1　书中所用的数据表

附表1　xuesheng.dbf

记 录 号	学 号	姓 名	性 别	民 族	出 生 日 期
1	20100101	朱银	女	汉	01/09/92
2	20100102	李仪军	男	汉	03/18/92
3	20100103	王立明	男	汉	02/20/92
4	20100104	杨小灵	女	汉	09/29/91
5	20100105	吴峻	男	满	11/19/91
6	20100106	李光	男	汉	02/28/92
7	20100107	赵小静	女	藏	05/12/92
8	20100108	刘言旭	男	汉	09/21/91
9	20100109	杨一凡	男	汉	03/08/92
10	20100110	韦小庆	男	回	01/11/92
11	20100111	李婧	女	汉	04/08/92
12	20100112	杨小阳	男	汉	10/31/91
13	20100113	王琪	女	满	03/12/92
14	20100114	罗小晴	女	汉	11/29/91
15	20100115	赵一军	男	汉	10/18/91
16	20100116	吴伟平	男	汉	02/19/92
17	20100117	杨兰兰	女	汉	01/07/92
18	20100118	李楠	女	汉	09/18/91
19	20100119	胡一非	男	汉	05/08/92
20	20100120	刘建	男	汉	11/05/91
21	20100121	胡志豪	男	满	02/19/92
22	20100122	吴岫玉	女	汉	10/15/91
23	20100123	李小倩	女	汉	11/09/91
24	20100124	王赞	男	汉	04/09/92
25	20100125	李晓蕾	女	汉	03/10/92
26	20110201	王征	女	汉	02/26/93
27	20110202	刘君帅	男	汉	10/08/92
28	20110203	王一涵	女	汉	11/10/92
29	20110204	潘丽娜	女	满	04/02/93
30	20110205	吴小宇	男	汉	01/07/93
31	20110206	李少鹏	男	汉	10/09/92
32	20110207	杨润博	男	汉	10/18/92
33	20110208	杨慧	女	汉	12/08/92

续表

记　录　号	学　号	姓　名	性　别	民　族	出生日期
34	20110209	周一明	男	汉	02/18/93
35	20110210	邹静	女	汉	03/10/93
36	20110211	李萌	女	汉	01/09/93
37	20110212	周立勇	男	汉	04/07/93
38	20110213	王靓颖	女	汉	11/22/92
39	20110214	胡小茜	女	汉	12/05/92
40	20110215	历吉鹏	男	汉	01/16/93
41	20110216	吴伟	男	汉	09/08/92
42	20110217	柳维	女	满	02/19/93
43	20110218	张楠	女	汉	05/22/93
44	20110219	于英东	男	汉	02/14/93
45	20110220	朱杨	男	汉	08/10/92
46	20110221	张盛名	男	藏	03/04/93
47	20110222	苏鹏	女	汉	12/23/92
48	20110223	黄赫	男	汉	10/02/92
49	20110224	郑小英	女	汉	12/16/92
50	20110225	林玲	女	汉	05/18/93
51	20110226	孟楠	男	藏	03/25/92

附表2　chengji.dbf

记　录　号	学　号	数　学	英　语	计算机	四级过否
1	20100101	78.0	80.0	92.0	.T.
2	20100102	86.0	85.5	88.0	.T.
3	20100103	92.0	72.0	95.0	.F.
4	20100104	82.0	80.0	90.5	.T.
5	20100105	88.0	82.0	93.0	.T.
6	20100106	69.0	88.0	85.0	.T.
7	20100107	88.8	86.5	89.0	.T.
8	20100108	75.0	60.0	86.0	.F.
9	20100109	56.0	86.0	78.0	.T.
10	20100110	90.0	92.0	73.5	.T.
11	20100111	88.0	80.0	86.0	.T.
12	20100112	87.0	85.0	90.0	.T.
13	20100113	85.0	55.0	87.0	.F.
14	20100114	88.0	90.0	89.0	.T.
15	20100115	79.0	78.0	92.0	.T.
16	20100116	58.0	60.0	70.0	.F.
17	20100117	70.0	80.0	75.0	.T.
18	20100118	85.0	80.0	89.0	.T.
19	20100119	86.0	88.0	85.0	.T.
20	20100120	90.0	79.0	95.0	.T.

续表

记 录 号	学 号	数 学	英 语	计 算 机	四 级 过 否
21	20100121	80.0	85.0	86.0	.T.
22	20100122	90.0	84.0	92.0	.T.
23	20100123	85.0	80.0	50.0	.T.
24	20100124	60.0	80.0	53.0	.T.
25	20100125	78.0	90.0	94.0	.T.
26	20110201	96.0	48.0	95.0	.F.
27	20110202	86.0	88.0	90.0	.T.
28	20110203	87.0	79.0	86.0	.T.
29	20110204	54.0	78.0	80.0	.T.
30	20110205	76.0	90.0	94.0	.T.
31	20110206	90.0	92.2	76.0	.T.
32	20110207	80.0	85.0	90.0	.T.
33	20110208	90.0	80.0	92.0	.T.
34	20110209	100.0	94.0	82.0	.T.
35	20110210	90.0	80.0	88.0	.T.
36	20110211	79.0	80.0	100.0	.T.
37	20110212	56.0	49.0	80.0	.F.
38	20110213	80.0	70.0	69.0	.F.
39	20110214	79.0	80.0	88.0	.T.
40	20110215	75.0	88.0	90.0	.T.
41	20110216	89.0	98.0	86.0	.T.
42	20110217	90.0	88.0	85.0	.T.
43	20110218	100.0	90.0	80.0	.T.
44	20110219	90.0	100.0	74.0	.T.
45	20110220	80.0	90.0	98.0	.T.
46	20110221	58.0	90.0	98.0	.T.
47	20110222	87.0	89.0	90.0	.T.
48	20110223	81.0	80.0	90.0	.T.
49	20110224	87.0	89.0	85.0	.T.
50	20110225	90.0	79.0	92.0	.T.
51	20110226	80.0	87.0	84.0	.T.

附表 3　xuanke.dbf

记 录 号	学 号	课 程 号	成 绩
1	20100101	1	98.0
2	20100102	1	74.0
3	20100103	1	66.0
4	20100104	1	84.0
5	20100105	2	69.0
6	20100106	2	81.0
7	20100107	2	77.0
8	20100108	2	67.0

续表

记 录 号	学 号	课 程 号	成 绩
9	20100109	2	53.0
10	20100110	3	75.0
11	20100101	3	82.0
12	20100102	3	77.0
13	20100103	3	91.0
14	20100104	4	70.0
15	20100105	4	69.0
16	20100106	4	50.0
17	20100107	4	81.0
18	20100108	5	76.0
19	20100109	5	64.0
20	20100110	5	66.0
21	20100121	5	90.0
22	20100122	7	86.0
23	20100123	7	79.0
24	20100124	7	65.0
25	20100125	7	78.0
26	20110201	8	79.0
27	20110202	8	82.0
28	20110203	8	91.0
29	20110204	8	77.0
30	20110205	9	54.0
31	20110206	9	86.0
32	20110207	9	71.0
33	20110208	9	83.0
34	20110209	10	66.0
35	20110210	10	76.0
36	20110211	10	71.0
37	20110212	10	65.0
38	20110213	11	85.0
39	20110214	11	97.0
40	20110215	11	93.0
41	20110216	11	96.0
42	20110217	12	84.0
43	20110218	12	76.0
44	20110219	12	94.0
45	20110220	12	93.0
46	20110221	13	85.0
47	20110222	13	83.0
48	20110223	13	72.0
49	20110224	13	97.0
50	20110225	5	88.0
51	20110226	6	78.0

附表 4 kecheng.dbf

记 录 号	课 程 号	课 程 名
1	1	大学英语
2	2	化学
3	3	物理
4	4	计算机基础
5	5	程序设计
6	6	高等数学
7	7	内科学
8	8	外科学
9	9	妇产科学
10	10	儿科
11	11	足球
12	12	篮球
13	13	健美操

附表 5 bumen.dbf

记 录 号	部 门 码	部 门 名
1	A1	基础学院
2	A2	药学院
3	B1	医疗学院
4	B2	高职学院
5	C1	研究生院
6	A4	外语部
7	A5	体育部
8	A3	计算机中心

附表 6 jiaoshi.dbf

记 录 号	职 工 号	部 门 码	姓 名	工 资	课 程 号
1	01	A1	肖力	6408.00	6
2	02	A2	王岩盐	4390.00	2
3	03	A3	刘星	2450.00	4
4	04	A4	张月新	3200.00	1
5	05	A5	李明月	4520.00	13
6	06	A1	孙田	2976.00	3
7	07	A2	钱名	4987.00	2
8	08	A3	韩金	6220.00	5
9	09	B1	王海龙	3980.00	8
10	10	A1	张栋梁	2400.00	3
11	11	A2	林新月	1800.00	6
12	12	A3	乔关宁	5400.00	4
13	13	A5	周兴池	3670.00	11
14	14	A2	欧阳秀	3345.00	6
15	15	A3	Jack	8000.00	4
16	16	A4	David	6000.00	1
17	17	A5	Diana	3408.00	13
18	18	A1	Elen	4390.00	7
19	19	B1	Herry	2450.00	9
20	20	A3	Maggie	3200.00	5
21	21	A4	Harry	4520.00	1
22	22	B1	Linda	2976.00	9
23	23	A1	Caroly	2987.00	10
24	24	A3	Cindy	3220.00	5
25	25	A4	Dolly	3980.00	1
26	26	A5	Frank	2400.00	12

续表

记 录 号	职 工 号	部 门 码	姓 名	工 资	课 程 号
27	27	A2	Thomas	1800.00	2
28	28	A4	Wallac	5400.00	1
29	29	A5	Mirana	3670.00	13
30	30	B1	杨素文	3345.00	10
31	31	A1	李同	10000.00	7
32	32	B1	尉迟竣	6000.00	8

附表 7 gongzi.dbf

记 录 号	职 工 号	奖 金	扣 款	实 发 工 资
1	01	1120.00	200.00	
2	02	750.00	13.00	
3	03	812.00	12.00	
4	04	520.00	15.00	
5	05	376.00	26.00	
6	06	218.00	38.00	
7	07	150.00	30.00	
8	08	330.00	70.00	
9	09	540.00	90.00	
10	10	612.00	55.00	
11	11	900.00	46.00	
12	12	300.00	118.00	
13	13	216.00	10.00	
14	14	70.00	5.00	
15	15			
16	16			
17	17			
18	18			
19	19			
20	20			
21	21			
22	22			
23	23			
24	24			
25	25			
26	26			
27	27			
28	28			
29	29			
30	30	66.00	4.00	
31	31	400.00	50.00	
32	32	350.00	10.00	

附表 8　zhicheng.dbf

记 录 号	职 工 号	职　　称	参加工作日期	汉 族 否	简　历	照　片
1	01	教授	07/13/85	.T.	memo	gen
2	02	讲师	07/21/03	.T.	memo	gen
3	03	助教	08/11/11	.T.	memo	gen
4	04	讲师	08/24/01	.T.	memo	gen
5	05	副教授	07/23/92	.F.	memo	gen
6	06	助教	08/29/12	.T.	memo	gen
7	07	副教授	07/25/93	.T.	memo	gen
8	08	教授	07/30/89	.F.	memo	gen
9	09	讲师	08/08/08	.T.	memo	gen
10	10	助教	08/01/12	.T.	memo	gen
11	11	助教	08/01/13	.T.	memo	gen
12	12	教授	08/01/88	.F.	memo	gen
13	13	讲师	07/19/05	.T.	memo	gen
14	14	讲师	08/07/02	.T.	memo	gen
15	15	教授	04/10/87	.F.	memo	gen
16	16	教授	03/05/90	.F.	memo	gen
17	17	讲师	03/03/99	.F.	memo	gen
18	18	副教授	02/16/92	.F.	memo	gen
19	19	助教	03/01/10	.F.	memo	gen
20	20	讲师	04/22/08	.F.	memo	gen
21	21	副教授	08/15/95	.F.	memo	gen
22	22	助教	04/17/11	.F.	memo	gen
23	23	助教	03/15/11	.F.	memo	gen
24	24	讲师	03/26/99	.F.	memo	gen
25	25	讲师	04/15/98	.F.	memo	gen
26	26	助教	05/12/10	.F.	memo	gen
27	27	助教	06/30/13	.F.	memo	gen
28	28	教授	03/02/91	.F.	memo	gen
29	29	讲师	06/18/97	.F.	memo	gen
30	30	讲师	08/21/95	.T.	memo	gen
31	31	教授	08/18/85	.T.	memo	gen
32	32	教授	07/28/89	.F.	memo	gen

附录 2　Visual FoxPro 常用函数

函 数 名	函 数 功 能
ABS()	返回指定数值表达式的绝对值
ADIR()	将文件的有关信息存入指定的数组中，然后返回文件数
AELEMENT()	由元素下标值返回数组元素的编号

续表

函 数 名	函 数 功 能
AERROR()	用于创建包含 VFP 或 ODBC 错误信息的内存变量
AFIELDS	把当前表的结构信息存放在一个数组中，并且返回表的字段数
AINSTANCE()	用于将类的所有实例存入内存变量数组中，然后返回数组中存放的实例数
ALEN()	返回数组中元素、行或者列数
ALIAS()	返回当前工作区或指定工作区内表的别名
ALLTRIM()	从指定字符表达式任首尾两端删除前导和尾随的空格字符，然后返回截去空格后的字符串
ASC()	用于返回指定字符表达式中最左字符的 ASCII 码值
ASIN()	计算并返回指定数值表达式反正弦值
ASORT()	按升序或降序排列数组中的元素
ASUBSCRIPT()	计算并返回指定元素号的行或者列坐标
AT()	返回一个字符表达式或备注字段在另一个字符表达式或备注字段中首次出现的位置，从最左边开始计数
ATC()	返回一个字符表达式或备注字段在另一个字符表达式或备注字段中首次出现的位置，此函数不区分字符大小写
ATCLINE()	返回一个字符表达式或备注字段在另一个字符表达式或备注字段中第一次出现的行号，不区分字符大小写
AUSED()	用于将一次会话期间的所有表别名和工作区存入变量数组之中
BETWEEN()	确定指定的表达式是否介于两个相同类型的表达式之间
BITOR()	计算并返回两个数值进行逐位或（OR）运算的结果
BOF()	确定当前记录指针是否在表头
CANDIDATE()	如果索引标记是候选索引标记则返回真，否则返回假
CDOW()	用于从给定 Date 或 Datetime 类型表达式中，返回该日期所对应的星期数
CDX()	用于返回打开的、具有指定索引号的复合索引文件名（.CDX）
CEILING()	返回大于或等于指定数值表达式的最小整数
CHR()	返回指定 ASCII 码值所对应的字符
CHRTRAN()	对字符表达式中的指定字符串进行转换
CMONTH()	从指定的 Date 或 Datetime 表达式返回该日期的月名称
COL()	用于返回光标的当前列位置
CTOD()	将字符表达式转换成日期表达式
CTOT()	从字符表达式返回一个日期时间值
CURDIR()	用于返回当前的目录或文件夹名
DATE()	返回当前的系统日期，是由操作系统控制的
DATETME()	以 DateTime 类型值的形式返回当前的日期和时间
DAY()	返回指定日期所对应的日子
DBC()	返回当前数据库的名和路径
DBF()	返回指定工作区打开表的名称或返回别名指定的表名称
DELETED()	用于测试并返回一个指示当前记录是否加删除标志的逻辑值
DISKSPACE()	返回缺省磁盘驱动器上的可用字节数
DMY()	从 Date 或 DateTime 类型表达式中返回日/月/年形式的字符串类型的日期
DOW()	从 Date 或 DateTime 类型表达式中返回表示星期几的数值
DTOC()	从 Date 或 DateTime 类型表达式中返回字符的日期
DTOS()	从指定的 Date 或 DateTime 类型表达式中返回字符串形式的日期，它的具体格式是 yyyymmdd（年月日）

续表

函 数 名	函 数 功 能
DTOT()	从日期表达式中返回 DateTime 类型的值
EMPTY()	用于确定指定表达式是否为空
EOF()	确定记录指针位置是否超出当前表或指定表中的最后一个记录
ERROR()	返回 ON ERROR 例程捕获错误的编号
EVALUATE()	计算字符表达式，然后返回其结果值
EXP()	返回以自然对数为底的函数值
FCOUNT()	返回表中的字段数
FDATE()	返回文件的最后修改日期
FIELD()	返回表中某个字段的名称
FILE()	用于在磁盘中寻找指定的文件，如果被测试的文件存在，函数返回真
FILTER()	返回由 SET FILTER 命令设置的表过滤器表达式
FKLABEL()	从对应的功能键号中返回功能键的名称（如 F1、F2 等）
FKMAX()	返回键盘中可编程的功能键和组合键数
FLDLIST()	返回 SET FIELDS 命令中指定的字段或可计算字段表达式
FLOOR()	计算并返回小于或等于指定数值的最大整数
FOR()	返回指定工作区中打开的 IDX 索引文件或索引标记的索引过滤表达式
FOUND()	用于测试并返回 CONTINUE、FIND、LOCATE 或 SEEK 命令的执行情况
FSIZE()	返回指定字段的字节数（长度）
FTIME()	返回文件的最后修改时间
FULLPATH()	返回指定文件的路径，或相对另一个文件的路径
GETFONT()	显示"字体"对话框，返回所选择的字体名
GOMONTH()	返回某个指定日期之前或之后若干月的那个日期
HEADER()	返回当前或指定表文件头的字节数
HOUR()	从 DateTime 类型表达式中返回它的小时数
IDXCOLLATE()	返回索引文件或索引标记的整理顺序
IIF()	根据逻辑表达式的值，返回两个指定值之一
INDBC()	用于测试指定的数据库对象是否在指定的数据库中
INKEY()	返回与单击鼠标按钮或键盘缓冲区中按键相对应的数值
INLIST()	判断一个表达式是否与一组表达式中的某一个相匹配
INSMODE()	返回当前插入状态，或设置插入状态为 On 或 Off
INT()	计算表达式的值，然后返回整数部分
ISALPHA()	用于测试字符表达式中的最左字符是否是一个字母字符
ISBLANK()	用于确定表达式是否是空表达式
ISLOWER()	用于确定指定字符表达式的最左字符是否是一个小写字母字符
ISMOUSE()	测试并返回系统中是否安装有鼠标器械
ISNULL()	用于测试表达式的值是否为空值
ISREADONLY()	用于测试表达式是否按只读方式打开的
ISUPPER()	用于确定指定字符表达式的最左字符是否是一个大写的字母字符
KEY()	用于返回索引标记或索引文件的索引关键字表达式
KEYMATCH()	寻找在索引标记或索引文件中指定的索引键值
LASTKEY()	返回最后一次击键的键值

续表

函 数 名	函 数 功 能
LEFT()	从指定字符串的最左字符开始，返回规定数量的字符
LEN()	返回指定字符表达式中的字符个数（字符串长度）
LIKE()	确定一个字符表达式是否与另一个字符表达式相匹配
LOCK()	用于锁定表中的一个或多个记录
LOG()	返回给定数值表达式的自然对数（底数为 e）
LOG10()	返回给定数值表达式的常用对数（以 10 为底）
LOWER()	把指定的字符表达式中的字母转变为小写字母，然后返回该字符串
LTRIM()	删除指定字符表达式中的前导空白，然后返回该字符串
MAX()	计算一组表达式，然后返回其中值最大的表达式
MDOWN()	用于确定是否有鼠标按钮按下
MDX()	返回已经打开的、指定序号的.CDX 复合索引文件名
MDY()	将指定的日期表达式或日期时间表达式转换成月日年的形式，并且其中的月份采用全英文的名称
MEMORY()	返回为了运行一个外部程序而可以使用的内存总量
MESSAGE()	返回当前的错误提示信息，或返回产生的程序内容
MESSAGEBOX()	显示用户自定义的对话框
MIN()	计算一组表达式的值，然后返回其中的最小值
MINUTE()	返回 DATETIME 类型表达式的分钟部分的值
MLINE()	以字符串型从备注字段中返回指定的行
MOD()	将两个数值表达进行相除然后返回它们的余数
MONTH()	返回由 DATE 或 DATETIME 类型表达式所确定日期中的月份数
MROW()	返回 VFP 主窗口或用户自定义窗口中鼠标指针的行位置
MTON()	从 Currency（货币）表达式中返回 Numeric 类型的值
MWINDOW()	返回鼠标指针所指窗口的名称
NDX()	返回当前表或指定表中打开.IDX 索引文件的名称
NORMALIZE()	将字符表达式转换成可以用 VFP 函数进行比较，返回其值的形式
NTOM()	从数值表达式中标成具有四位小数的货币类型的货币值
NUMLOCK()	返回当前 NumLock 键的状态，或者设置其状态
NVL()	从两个表达式中返回一个非空的值
OBJNUM()	返回控件的对象号，可以使用控制的 TabIndex 属性代替它
OBJVAR()	返回与@…GET 控件相关的内在变量、数组元素或字段名
OCCURS()	返回字符表达式在另一字符表达式中出现的次数
OEMTOANSI()	将指定字符表达式中的每个字符转换成 ANSI 字符集中的相应字符
OLDVAL()	返回被编辑的但没有更改的字段的原始值
ORDER()	返回当前表或指定表中控件索引文件或控件索引标记的名称
OS()	返回 VFP 正在运行的操作系统的名称和版本号
PARAMETERS()	返回最近传递给被调用程序、过程或用户自定义函数的参数个数
PCOL()	返回打印机头的当前列位置
PI()	返回圆周率的值
PRIMARY()	用于测试并返回索引标记是否是主索引标记
PROGRAM()	返回当前执行的程序名或返回错误发生时正在执行的程序名
PROPER()	从字符表达式中返回一个字符串，字符串中的每个首字母大写

续表

函 数 名	函 数 功 能
PROW()	返回打印机打印头的当前位置
PRTINFO()	返回当前指定的打印机设置
PV()	返回某次投资的现值
RAND()	返回介于 0 到 1 之间的随机数
RECCOUNT()	返回当前或指定表中的记录数
RECNO()	返回当前表或指定表中当前记录的记录号
RECSIZE()	返回表中记录的长度（记录宽度）
REFRESH()	刷新当前表或指定表中的记录
RELATION()	返回在指定工作区中打开表的指定关联表达式
REPLICATE()	将指定的字符表达式重复规定的次数，返回所形成的字符串
RGB()	根据一组红、绿、蓝颜色成分返回一个单一的颜色值
RGBSCHEME()	从指定调色板中返回 RGB 颜色对或返回 RGB 颜色对列表
RIGHT()	从字符串中返回最右边的指定字符
ROUND()	返回对数值表达式中的小数部分进行舍入处理后的数值
ROW()	返回光标的当前行位置
RTRIM()	删除字符表达式中尾随的空格，然后返回此字符串
SEC()	返回 DateTime 类型表达式中的秒部分值
SEEK()	寻找被索引的表中，索引关键字值与指定的表达式相匹配的第一个记录，然后再返回一个值表示是否成功找到匹配记录
SELECT()	返回当前工作区号，或返回最大未用工作区的号
SIGN()	根据指定表达式的值，返回它的正负号
SIN()	返回角的正弦值
SPACE()	返回由指定个数的空格字符组成的字符串
SQRT()	计算并返回数值表达式的平方根
SROWS()	返回主 VFP 窗口中可用的行数
STR()	返回与指定数值表达式对应的字符
STRTRAN()	在字符表达式或备注字段中搜索另一字符表达式或备注字段，找到后再用指定字符表达式或备注字段替代
STUFF()	用字符表达式置换另一字符表达式中指定数量的字符，然后返回新的字符串
SUBSTR()	从字符表达式或备注字段中截取一个子串，然后返回此字符串
SYSMETRIC()	返回操作系统屏幕元素的大小
TAG()	返回打开的、多入口复合索引文件的标记名或返回打开的、单入口的文件名
TAGCOUNT()	返回复合索引文件中的标记以及所打开的单入口索引文件的总数
TAGNO()	用于返回复合索引文件中的标记以及打开的单入口.IDX 索引文件的索引位置
TAN()	返回一个角的正切值
TIME()	以 24 小时，8 个字符（hh：mm：ss）的形式返回当前的系统时间
TRIM()	用于删除指定字符表达式中的尾空格，然后返回新的字符串
TTOC()	从日期时间表达式中返回一个字符值
TTOD()	从日期时间表达式中返回一个日期值
TXTWIDTH()	根据字体的平均字符宽度返回字符表达式的长度
TYPE()	计算字符表达式并返回其内容的数据类型

函 数 名	函 数 功 能
UNIQUE()	如果指定的索引标记或索引文件，在建立时位于 SET UNIQUE ON 状态或使用了关键字 UNIQUE，则函数返回真；否则，函数返回假
UPDATED()	如果在当前 READ 期间数据发生变化，则返回逻辑值真
UPPER()	以大写字母形式返回指定的字符表达式
USED()	确定表是否在指定工作区中打开
VAL()	从包含字符串的字符表达式中返回一数值
VERSION()	返回字符串，其中包含正在使用的 VFP 版本号
WBORDER()	用于确定活动的窗口或指定的窗口是否有边界
WCHILD()	根据在父窗口栈中的顺序，返回子窗口数或名称
WCOLS()	返回活动窗口或指定窗口的列数
WEEK()	从 Date 或 DateTime 表达式返回表示一年中第几个星期的数值
WEXIST()	用于确定指定的用户自定义窗口是否存在
WLCOL()	返回活动窗口或指定窗口的左上角列坐标
WLROW()	返回活动窗口或指定窗口的左上角行坐标
WMAXIMUM()	用于确定活动窗口或指定窗口是否处于最大化状态
WMINIMUM()	用于确定活动窗口或指定窗口是否处于最小化状态
WONTOP()	用于确定活动窗口或指定窗口是否处于所有其他窗口的前面
WOUTPUT()	用于确定显示内容是否输出到活动窗口或指定窗口
WPARENT()	返回活动窗口或指定窗口的父窗口名
WREAD()	确定活动窗口或指定窗口是否对应于当前 READ 命令
WROWS()	返回活动窗口或指定窗口中的行数
WTITLE()	返回活动窗口或指定窗口的标题
WVISIBLE()	用于确定指定窗口是否已激活，并处于非隐藏状态
YEAR()	从指定的 Date 或 DateTime 表达式中返回年号

附录 3　Visual FoxPro 常用命令

常 用 命 令	功　　能
=	为表达式赋值命令
?	在下一行显示表达式的值
??	在当前行显示表达式的值
@<行，列>	将数据按用户设定的格式显示在屏幕上或在打印机上打印
ACCEPT	把一个字符串赋给内存变量
APPEND	给表文件追加记录
APPEND FROM	从其他表文件将记录添加到表文件中
AVERAGE	计算数值表达式的算术平均值
BROWSE	全屏幕显示和编辑表记录
CANCEL	终止程序执行，返回命令窗口
CASE	在多重选择语句中，指定一个条件
CHANGE	对表中的指定字段和记录进行编辑

续表

常用命令	功　能
CLEAR	清除屏幕，将光标移动到屏幕左上角
CLEAR ALL	关闭所有打开的文件，释放所有内存变量，选择 1 号工作区
CLEAR GETS	从全屏幕 READ 中释放任何当前 GET 语句的变量
CLEAR MEMORY	清除当前所有内存变量
CLOSE	关闭指定类型文件
CONTINUE	把记录指针指到下一个满足 LOCATE 命令给定条件的记录，在 LOCATE 命令后出现。无 LOCATE 则出错
COPY FILE	复制任何类型的文件
COPY STRUCTURE TO	将正在使用的表文件的结构复制到目的表文件中
COPY TO	将使用的表文件复制另一个表文件或文本文件
COUNT	计算给定范围内指定记录的个数
CREATE	定义一个新表文件结构并将其登记到目录中
CREAT DATABASE	创建并打开一个数据库
CREATE FROM	根据表结构文件建立一个新的表文件
CREATE LABEL	建立并编辑一个标签格式文件
CREATE REPORT	建立并编辑一个报表格式文件
DELETE	给指定的记录加上删除标记
DELETE DATABASE	从磁盘上删除数据库
DELETE FILE	删除一个未打开的文件
DIMENSION	定义内存变量数组
DIR 或 DIRECTORY	列出指定磁盘上的文件目录
DISPLAY	显示一个打开的表文件的记录和字段
DISPLAY FILES	查阅磁盘上的文件
DISPLAY HISTORY	查阅执行过的命令
DISPLAY MEMORY	分页显示当前的内存变量
DISPLAY STATUS	显示系统状态和系统参数
DISPLAY STRUCTURE	显示当前表文件的结构
DO	执行 VFP 程序
DO CASE...ENDCASE	根据不同的条件表达式结果执行不同的命令
DO WHILE...ENDDO	在一个条件循环里执行一组命令
EDIT	编辑数据表的内容
ELSE	在 IF...ENDIF 结构中提供另一个条件选择路线
ERASE	从目录中删除指定文件
EXIT	在循环体内执行退出循环的命令
FOR...ENDFOR	按指定的次数重复执行一组命令
FIND	将记录指针移动到第一个含有与给定字符串一致的索引关键字的记录上
GATHER FROM	将数组元素的值赋予表的当前记录中
GO/GOTO	将记录指针移动到指定的记录号
HELP	激活帮助菜单，解释 FOXBASE+的命令
IF...ENDIF	根据逻辑表达式值，有选择地执行一组命令
INDEX	根据指定的关键词生成索引文件

续表

常 用 命 令	功 能
INPUT	接受键盘键入的一个表达式并赋予指定的内存变量
INSERT	在指定的位置插入一个记录
JOIN	从两个表文件中把指定的记录和字段组合成另一个表文件
KEYBOARD	将字符串填入键盘缓冲区
LABEL FROM	用指定的标签格式文件打印标签
LIST	列出表文件的记录和字段
LIST MEMORY	列出当前内存变量及其值
LIST STATUS	列出当前系统状态和系统参数
LIST STRUCTURE	列出当前宣用的表的表结构
LOCATE	将记录指针移动到对给定条件为真的记录上
LOOP	跳过循环体内 LOOP 与 ENDDO 之间的所有语句，返回到循环体首行
MENU TO	激活一组@...PROMPT 命令定义的菜单
MODIFY COMMAND	进入 VFP 系统的字处理状态，并编辑一个 ASCII 码文本文件（如果指定文件名以.PRG 为后缀，则编辑一个 VFP 命令文件）
MODIFY LABEL	建立并编辑一个标签（.LBL）文件
MODIFY REPORT	建立并编辑一个报表格式文件（.FRM）文件
MODIFY STRUCTURE	修改当前使用的表文件结构
NOTE/*	在命令文件（程序）中插入以行注释（本行不被执行）
OPEN DATABASE	打开一个数据库
ON ERROR	指定当出现错误时执行的命令
OTHERWISE	在多重判断（DO CASE）中指定除给定条件外的其他情况
PACK	彻底删除加有删除标记的记录
PARAMETERS	指定子过程接受主过程传递来的参数所存放的内存变量
PRIVATE	在当前程序中隐藏指定的、在调用程序中定义的内存变量或数组
PROCEDURE	一个子过程开始的标志
PUBLIC	定义内存变量为全局性质
QUIT	结束当前 VFP 工作期，并将控制权返回给操作系统
READ	激活 GET 语句，并正是接受在 GET 语句中输入的数据
RECALL	恢复用 DELETE 加上删除标记的记录
REINDEX	重新建立正在使用的原有索引文件
RELEASE	从内存中删除内存变量和数组
RENAME	修改文件名
REPLACE	用指定的数据替换表字段中原有的内容
REPORT FORM	显示数据报表
RESTORE FROM	从内存变量文件（.MEM）中恢复内存变量
RESUME	使暂停的程序从暂停的断点继续执行
RETRY	从当前执行的子程序返回调用程序，并从原调用行重新执行
RETURN	结束子程序，返回调用程序
RUN/!	在 VFP 中执行一个操作系统程序
SAVE SCREEN	将当前屏幕显示内容存储在指定的内存变量中
SAVE TO	把当前内存变量及其值存入指定的磁盘文件（.MEM）

常 用 命 令	功　　能
SCAN…ENDSCAN	自动将记录指针移到下一条满足指定条件的记录，并执行相应的命令块
SCATTER	将当前表文件中的数据移到指定的数组中
SEEK	将记录指针移到第一个含有与指定表达式相符的索引关键字的记录
SELECT	选择一个工作区
SET	设置 VFP 控制参数
SET CARRY ON/OFF	决定使用 INSERT、APPEND 和 BROWSE 命令创建新记录时，是否将当前记录数据复制到新记录中
SET CENTURY ON/OFF	设置日期型变量显示/不显示世纪值
SET CLEAR ON/OFF	设置屏幕信息能/不能被清除
SET COLOR TO	设置屏幕显示色彩
SET CONFIRM ON/OFF	指定是否可以用在文本框中键入最后一个字符的方法退出文本框
SET CONSOLE ON/OFF	激活或废止从程序中向 VFP 主窗口或活动的用户自定义窗口的输出
SET DATE	指定日期表达式和日期时间表达式的显示格式
SET DEBUG ON/OFF	决定能否从 VFP 的菜单系统中打开调试窗口和跟踪窗口
SET DECIMALS TO	设置计算结果需要显示的小数位数
SET DEFAULT TO	设置默认的驱动器
SET DELETED ON/OFF	设置隐藏/显示有删除标记的记录
SET DELIMITER ON/OFF	选择可选的定界符
SET DELIMITER TO	为全屏幕显示字段和变量设置定界符
SET ECHO ON/OFF	为调试程序打开/关闭跟踪窗口
SET ESCAPE ON/OFF	决定是否可以通过按 Esc 键中断程序和命令的运行
SET EXACT ON/OFF	在字符串的比较中，是否为精确比较
SET FIELDS ON/OFF	设置当前打开的表中部分/全部字段为可用
SET FIELDS TO	指定打开的表中可被访问的字段
SET FILTER TO	在操作中将表中所有不满足给定条件的记录排除
SET FIXED ON/OFF	固定/不固定显示的小数位数
SET FORMAT TO	打开指定的格式文件
SET FUNCTION	设置 F1～F9 功能键值
SET HEADING ON/OFF	设置 LIST 或 DISPLAY 时，显示/不显示字段名
SET HELP ON/OFF	确定在出现错误时，是否给用户提示
SET HISTORY ON/OFF	决定是/否把命令存储起来以便重新调用
SET HISTORY TO	决定显示历史命令的数目
SET INDEX TO	打开指定的索引文件
SET MEMOWIDTH TO	定义备注型字段输出宽度和 REPORT 命令隐含宽度
SET MENU ON/OFF	确定在全屏幕操作中是否显示菜单
SET MESSAGE TO	定义菜单中屏幕底行显示的字符串
SET ODOMETER TO	改变 TALK 命令响应间隔时间
SET ORDER TO	指定索引文件列表中的索引文件
SET PATH TO	为文件检索指定路径
SET PRINT ON/OFF	传送/不传送输出数据到打印机
SET PRINTER TO	把打印的数据输送到另一种设备或一个文件中

续表

常 用 命 令	功　　能
SET PROCEDURE TO	打开指定的过程文件
SET RELATION TO	根据一个关键字表达式连接两个表文件
SET SAFETY ON/OFF	设置保护，在重写文件时提示用户确认
SET STATUS ON/OFF	显示或移去基于字符的状态栏
SET STEP ON/OFF	每当执行完一条命令后，暂停/不暂停程序的执行
SET TALK ON/OFF	决定 VFP 是否显示命令结果
SET UNIQUE ON/OFF	在索引文件中出现相同关键字的第一个/所有记录
SKIP	以当前记录指针为准，前后移动指针
SORT TO	对当前选定表进行排序，并将排过序的记录输出到新表中
STORE	赋值语句
SUM	对当前选定表的指定数值字段或全部数值字段进行求和
SUSPEND	使用 SUSPEND 可暂停程序的执行，并返回到 VFP 的交互状态
TEXT...ENDTEXT	输出文本行、表达式和函数的结果及内存变量的内容
TOTAL TO	计算当前选定表中数值字段的总和
TYPE	显示 ASCII 码文件的内容
USE	打开/关闭一个表文件
WAIT	暂停程序执行，按任意键继续执行
ZAP	删除当前表文件的所有记录（不可恢复）

参 考 文 献

安晓飞. 2010. Visual Foxpro 数据库设计与应用[M]. 北京：机械工业出版社.

傅翠娇. 2007. Visual FoxPro 典型系统实战与解析[M]. 北京：电子工业出版社.

教育部考试中心. 2008. 全国计算机等级考试二级教程——Visual Foxpro 数据库程序设计[M]. 北京：高等教育出版社.

匡松. 2010. Visual Foxpro 大学应用教程[M]. 北京：高等教育出版社.

辽宁省教育厅. 2003. Visual Foxpro 程序设计[M]. 沈阳：辽海出版社.

史济民，汤观全. 2007. Visual FoxPro 及其应用系统开发[M]. 北京：清华大学出版社.

王世伟. 2006. Visual Foxpro 程序设计教程[M]. 北京：中国铁道出版社.

周玉萍. 2008. Visual FoxPro 数据库应用教程[M]. 北京：人民邮电出版社.

朱珍. 2005. Visual Foxpro 数据库程序设计[M]. 北京：中国铁道出版社.